U0214014

住房和城乡建设部"十四五"规划教材

高等职业教育建设工程管理类专业"十四五"数字化新形态教材

工程造价控制

陈蓉芳 吴 洋 主 编

张晓波 文 雅 佘 勇 副主编

胡六星 主 审

中国建筑工业出版社

图书在版编目（CIP）数据

工程造价控制 / 陈蓉芳，吴洋主编；张晓波，文雅，
余勇副主编. — 北京：中国建筑工业出版社，2022.9（2025.2 重印）
　　住房和城乡建设部"十四五"规划教材　高等职业教
育建设工程管理类专业"十四五"数字化新形态教材
　　ISBN 978-7-112-27768-1

　　Ⅰ．①工… Ⅱ．①陈… ②吴… ③张… ④文… ⑤余
… Ⅲ．①工程造价控制－高等职业教育－教材 Ⅳ.
①TU723.3

　　中国版本图书馆 CIP 数据核字（2022）第 150502 号

　　本教材是根据高等职业教育工程造价专业国家专业教学标准及专业技能考核的要求而编写，同时参照了二级造价工程师、一级造价工程师执业资格考试标准，吸收了行业企业的新技术、新工艺、新标准和新规范，融入了"1＋X"工程造价数字应用等级证书考核内容，并通过校校合作的方式，广泛征求了行业企业专家的意见。

　　本教材以对接工程造价专业岗位实际工作任务为导向，将教材内容按照全过程工程造价管理划分为 5 个模块，分别是：建设项目决策阶段工程计价与控制、建设项目设计阶段工程计价与控制、建设项目发承包阶段工程计价与控制、建设项目施工阶段工程造价确定与控制、建设项目竣工阶段工程计价与控制。每个模块下分设有工程计价和工程造价管理的内容，共有 17 个学习任务。

　　本教材可作为高等职业教育工程造价专业及相关专业课程教材，也可作为行业从业人员的学习、参考用书。

　　为更好地支持相应课程的教学，我们向采用本书作为教材的教师提供教学课件，有需要者可与出版社联系，邮箱：jckj@ cabp. com. cn，电话：（010）58337285，建工书院 http: //edu. cabplink. com。

责任编辑：吴越恺　张　晶
责任校对：李美娜

住房和城乡建设部"十四五"规划教材
高等职业教育建设工程管理类专业"十四五"数字化新形态教材

工程造价控制

陈蓉芳　吴　洋　主　编
张晓波　文　雅　余　勇　副主编
胡六星　主　审

*

中国建筑工业出版社出版、发行（北京海淀三里河路 9 号）
各地新华书店、建筑书店经销
北京红光制版公司制版
北京市密东印刷有限公司印刷

*

开本：787 毫米×1092 毫米　1/16　印张：19½　字数：472 千字
2022 年 9 月第一版　　2025 年 2 月第三次印刷
定价：**59.00 元**（赠教师课件）
ISBN 978-7-112-27768-1
（39948）

出 版 说 明

　　党和国家高度重视教材建设。2016年，中办国办印发了《关于加强和改进新形势下大中小学教材建设的意见》，提出要健全国家教材制度。2019年12月，教育部牵头制定了《普通高等学校教材管理办法》和《职业院校教材管理办法》，旨在全面加强党的领导，切实提高教材建设的科学化水平，打造精品教材。住房和城乡建设部历来重视土建类学科专业教材建设，从"九五"开始组织部级规划教材立项工作，经过近30年的不断建设，规划教材提升了住房和城乡建设行业教材质量和认可度，出版了一系列精品教材，有效促进了行业部门引导专业教育，推动了行业高质量发展。

　　为进一步加强高等教育、职业教育住房和城乡建设领域学科专业教材建设工作，提高住房和城乡建设行业人才培养质量，2020年12月，住房和城乡建设部办公厅印发《关于申报高等教育职业教育住房和城乡建设领域学科专业"十四五"规划教材的通知》（建办人函〔2020〕656号），开展了住房和城乡建设部"十四五"规划教材选题的申报工作。经过专家评审和部人事司审核，512项选题列入住房和城乡建设领域学科专业"十四五"规划教材（简称规划教材）。2021年9月，住房和城乡建设部印发了《高等教育职业教育住房和城乡建设领域学科专业"十四五"规划教材选题的通知》（建人函〔2021〕36号）。为做好"十四五"规划教材的编写、审核、出版等工作，《通知》要求：（1）规划教材的编著者应依据《住房和城乡建设领域学科专业"十四五"规划教材申请书》（简称《申请书》）中的立项目标、申报依据、工作安排及进度，按时编写出高质量的教材；（2）规划教材编著者所在单位应履行《申请书》中的学校保证计划实施的主要条件，支持编著者按计划完成书稿编写工作；（3）高等学校土建类专业课程教材与教学资源专家委员会、全国住房和城乡建设职业教育教学指导委员会、住房和城乡建设部中等职业教育专业指导委员会应做好规划教材的指导、协调和审稿等工作，保证编写质量；（4）规划教材出版单位应积极配合，做好编辑、出版、发行等工作；（5）规划教材封面和书脊应标注"住房和城乡建设部'十四五'规划教材"字样和统一标识；（6）规划教材应在"十四五"期间完成出版，逾期不能完成的，不再作为《住房和城乡建设领域学科专业"十四五"规划教材》。

　　住房和城乡建设领域学科专业"十四五"规划教材的特点，一是重点以修订教育部、住房和城乡建设部"十二五""十三五"规划教材为主；二是严格按照专业标准规范要求编写，体现新发展理念；三是系列教材具有明显特点，满足不同层次和类型的学校专业教学要求；四是配备了数字资源，适应现代化教学的要求。规划教材的出版凝聚了作者、主审及编辑的心血，得到了有关院校、出版单位的大力支持，教材建设管理过程有严格保障。希望广大院校及各专业师生在选用、使用过程中，对规划教材的编写、出版质量进行反馈，以促进规划教材建设质量不断提高。

住房和城乡建设部"十四五"规划教材办公室

2021年11月

前　言

"工程造价控制"是高等职业教育工程造价专业的核心专业课程，其教学目的是培养学生具备全过程工程造价管理能力。本教材以工程造价从业人员岗位标准为依据，融入一、二级造价工程师考试、工程造价数字应用证书考核内容，对接国家《高等职业教育工程造价专业教学标准》和《湖南省高等职业院校学生技能考核标准（工程造价专业）》，将建筑工程造价员岗位的典型工程任务合理地嵌入教材中。

在编写过程中，本教材充分吸收了最新颁布的有关工程造价管理的法规、规章、政策，力求体现行业最新发展水平和高职工程造价专业人才培养的特点。教材将全过程工程造价管理按照建设过程分为5个学习模块，每个模块均涉及工程计价和工程造价管理，均以工作任务的形式呈现，全面分析工程实际案例具体工作任务的解决过程。

教材编写团队积极贯彻落实教育部《国家职业教育改革实施方案》《职业院校教材管理办法》等文件关于"三教"改革的要求，联合企业开发新型活页式教材。同时，全面贯彻"德技并修、工学结合"的教育理念，课程思政融入有载体，课证融通有路径，以润物细无声的方式实现专业人才培养目标。

本教材在筛选大量典型工程案例的基础上，以探究式的学习方式呈现，让学生通过"动手做，学中做、做中学"，主动地发现问题并解决问题，培养学生创新精神和实践能力。同时，教材在任务分析中，提供了大量的数字化资源，让学生对于任务解决的重难点有更直观的了解和更好的学习体验。

本教材由湖南城建职业技术学院陈蓉芳、吴洋负责统稿并担任主编，张晓波、文雅、佘勇担任副主编，湖南城建职业技术学院胡六星担任主审。具体编写分工如下：模块1由湖南城建职业技术学院陈蓉芳、刘欲意、董彦辰、湖南化工职业技术学院朱再英编写；模块2由湖南城建职业技术学院张晓波、刘霁、伍娇娇、李旋、娄南羽、长沙南方职业技术学院叶蓓编写；模块3由湖南城建职业技术学院吴洋、张佳顺、刘欲意、湖南有色金属职业技术学院佘勇编写；模块4由湖南城建职业技术学院陈蓉芳、吴志超、姜安民、刘璨、湖南省工业设备安装公司陈英、湖南和丰工程造价咨询有限公司周有名编写；模块5由湖南城建职业技术学院文雅、邹品增、湖南工程职业技术学院周怡安编写。

本教材编写人员长期在教学、科研、生产一线从事相关工作，具有丰富的专业知识、教学经验和实践经验。

因本教材编写时间仓促，编者的经验和水平有限，书中难免存在疏漏与不足之处，敬请广大读者提出宝贵意见，以便教材修订时进一步修改完善。

作　者

2022年5月

目 录

模块 1 建设项目决策阶段工程计价与控制

任务 1.1 建设项目总投资构成及计算

 案例导入

湖南省某市 2021 年拟建一年产 20 万 t 化工产品的工业项目。该项目所需设备分为进口设备与国产设备两部分。进口设备重量 1000t，装运港船上交货价为 400 万美元。国际运费标准为 300 美元/t，海上运输保险费率为 3‰，银行财务费率为 5‰，外贸手续费率为 1.5%，关税税率为 20%，增值税税率为 13%，消费税税率为 10%，银行外汇牌价按 1 美元＝6.9 元人民币。

国产设备有标准设备和非标准设备两种，其带有备件的标准设备订货合同价为 800 万元人民币。采购的一台国产非标准设备，材料费为 20 万元，加工费为 2 万元，辅助材料费为 4000 元。专用工具费率为 1.5%，废品损失费率为 10%，外购配套件费为 5 万元，包装费率为 1%，利润率为 7%，增值税率为 13%，非标准设备设计费为 2 万元。

该项目设备的设备运杂费率为 3‰，工具、器具及生产家具购置费率为 4%。

该项目建筑工程费中人工费为 700 万元，材料费为 2500 万元，施工机具费为 500 万元，企业管理费为 400 万元，利润为 200 万元，其中包含增值税可抵扣进项税额 450 万元；安装工程费为 1800 万元；工程建设其他费合计为 1200 万元；基本预备费费率为 8%。项目建设前期年限为 1 年，建设期为 3 年，各年投资计划额为：第一年完成投资 20%，第二年 60%，第三年 20%。年均投资价格上涨率为 6%，流动资金估计为 4800 万元。

项目的资金来源分为自有资金与贷款。贷款分年均衡进行，其贷款计划为：建设期第一年贷款 1500 万元人民币；建设期第二年贷款 1000 万元人民币；建设期第三年贷款 800 万元人民币。贷款利率 8%。

请确定该项目总投资额。

 知识目标

(1) 掌握建设项目总投资的构成及计算；
(2) 掌握设备及工器具购置费的构成及计算（重点、难点）；
(3) 掌握建筑安装工程费的构成及计算（重点）；
(4) 掌握工程建设其他费的构成及计算；
(5) 掌握预备费的构成及计算；
(6) 掌握建设期贷款利息的计算（重点、难点）。

 能力目标

    (1) 具备确定建设项目总投资的能力；

    (2) 具备确定设备及工器具购置费的能力；

    (3) 具备确定建筑安装工程费的能力；

    (4) 具备确定工程建设其他费的能力；

    (5) 具备确定预备费的能力；

    (6) 具备确定建设期贷款利息的能力。

 思政与素养目标

    (1) 培养崇尚自力更生，认同民族文化的精神追求；

    (2) 培养认真细致、精益求精工作作风；

    (3) 培养全局意识；

    (4) 培养热爱劳动的意识。

设备购置费的计算

建筑安装工程
费的计算

预备费和贷款
利息的计算

1.1.1　我国建设项目总投资及工程造价的构成

建设项目总投资是为完成工程项目建设并达到使用要求或生产条件，在建设期内预计或实际投入的全部费用总和。生产性建设项目总投资包括建设投资、建设期利息和流动资金三部分；非生产性建设项目总投资包括建设投资和建设期利息两部分。其中建设投资和建设期利息之和对应于固定资产投资，固定资产投资与建设项目的工程造价在数量上相等。工程造价基本构成包括用于购买工程项目所含各种设备的费用、用于建筑施工和安装施工所需支出的费用、用于委托工程勘察设计应支付的费用、用于获取土地使用权所需的费用及用于建设单位自身进行项目筹建和项目管理所花费的费用等。总之，工程造价是指在建设期预计或实际支出的建设费用。

工程造价中的主要构成部分是建设投资，建设投资是为完成工程项目建设，在建设期内投入且形成现金流出的全部费用。根据国家发展改革委和原建设部发布的《建设项目经济评价方法与参数（第三版）》（发改投资〔2006〕1325 号）的规定，建设投资包括工程费用、工程建设其他费用和预备费三部分。工程费用是指建设期内直接用于工程建造、设备购置及其安装的建设投资，可以分为建筑安装工程费和设备及工器具购置费。工程建设其他费用是指建设期为项目建设或运营必须发生的但不包括在工程费用中的费用。预备费是在建设期内因各种不可预见因素的变化而预留的可能增加的费用，包括基本预备费和价差预备费。建设项目总投资的具体构成如图 1-1-1 所示。

流动资金指为进行正常生产运营，用于购买原材料、燃料、支付工资及其他运营费用等所需的周转资金。在可行性研究阶段用于财务分析时计为全部流动资金，在初步设计及以后阶段用于计算"项目报批总投资"或"项目概算总投资"时计为铺底流动资金。铺底流动资金是指生产经营性建设项目为保证投产后正常的生产运营所需，并在项目资本金中筹措的自有流动资金。

图 1-1-1 仅是以建筑工程为例阐述建设项目总投资构成，其他专业类别的工程造价及

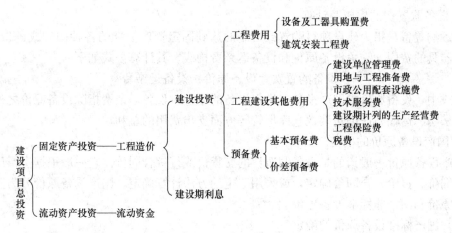

图 1-1-1　建设项目总投资构成图（生产性建设项目）

总投资构成与建筑工程有所不同。例如，水利工程总投资由工程部分投资、建设征地移民补偿投资、环境保护工程投资、水土保持工程投资、价差预备费和建设期融资利息组成。公路工程总投资由建筑安装工程费、土地使用及拆迁补偿费、工程建设其他费、预备费和建设期贷款利息构成。铁路工程投资总额由建筑安装工程费、设备购置费、其他费、基本预备费、工程造价增长预留费和建设期债务性资金利息、机车车辆（动车）购置费和铺底流动资金构成。水运工程总投资由工程费用、工程建设其他费用、预留费用、建设期贷款利息和专项估算组成等。

1. 根据我国现行建设项目总投资构成规定，固定资产投资的计算公式为（　　）。

A. 工程费用＋工程建设其他费用＋建设期利息

B. 建设投资＋预备费＋建设期利息

C. 工程费用＋工程建设其他费用＋预备费

D. 工程费用＋工程建设其他费用＋预备费＋建设期利息

2. 根据我国现行建设工程总投资及工程造价的构成，下列资金在数额上和工程造价相等的是（　　）。

A. 固定资产投资＋流动资金

B. 固定资产投资＋铺底流动资金

C. 固定资产投资

D. 建设投资

1.1.2　设备及工器具购置费用的构成和计算

设备及工器具购置费用是由设备购置费和工具、器具及生产家具购置费组成的，它是固定资产投资中的积极部分。在生产性工程建设中，设备及工器具购置费用占工程造价比重的增大，意味着生产技术的进步和资本有机构成的提高。

1. 设备购置费的构成及计算

设备购置费是指为建设项目购置或自制的达到固定资产标准的各种国产或进口设备、工具、器具的费用。它由设备原价和设备运杂费构成。其计算公式如下：

设备购置费＝设备原价＋设备运杂费

上式中，设备原价指国产设备或进口设备的原价；设备运杂费指除设备原价之外的关于设备采购、运输、途中包装及仓库保管等方面支出费用的总和。

2. 国产设备原价的确定

国产设备原价一般指的是设备制造厂的交货价或订货合同价。它一般根据生产厂或供应商的询价、报价、合同价确定，或采用一定的方法计算确定。国产设备原价分为国产标准设备原价和国产非标准设备原价。

（1）国产标准设备原价的确定

国产标准设备是指按照主管部门颁布的标准图纸和技术要求，由我国设备生产厂批量生产的、符合国家质量检测标准的设备。国产标准设备原价有两种，即带有备件的原价和不带备件的原价。在计算时，一般采用带有备件的原价。国产标准设备一般有完善的设备交易市场，因此可通过查询相关交易市场价格或向设备生产厂家询价得到国产标准设备原价。

（2）国产非标准设备原价的计算

国产非标准设备是指国家尚无定型标准，各设备生产厂不可能在工艺过程中采用批量生产，只能按订货要求并根据具体的设计图纸制造的设备。非标准设备由于单件生产、无定型标准，所以无法获取市场交易价格，只能按其成本构成或相关技术参数估算其价格。非标准设备原价有多种不同的计算方法，如成本计算估价法、系列设备插入估价法、分部组合估价法、定额估价法等。但无论采用哪种方法都应该使非标准设备计价接近实际出厂价，并且计算方法要简便。成本计算估价法是一种比较常用的估算非标准设备原价的方法。按成本计算估价法，非标准设备的原价由以下各项费用组成：材料费、加工费、辅助材料费、专用工具费、废品损失费、外购配套件费、包装费、利润、税金、非标准设备设计费。

1）材料费。其计算公式如下：

材料费＝材料净重×(1+加工损耗系数)×每吨材料综合价

2）加工费：包括生产工人工资和工资附加费、燃料动力费、设备折旧费、车间经费等。其计算公式如下：

加工费＝设备总重量(t)×设备每吨加工费

3）辅助材料费（简称辅材费）：包括焊条、焊丝、氧气、氩气、氮气、油漆、电石等费用。其计算公式如下：

辅助材料费＝设备总重量×辅助材料费指标

4）专用工具费：按1）～3）项之和乘以一定百分比计算。

5）废品损失费：按1）～4）项之和乘以一定百分比计算。

6）外购配套件费：按设备设计图纸所列的外购配套件的名称、型号、规格、数量根据相应的价格加运杂费计算。

7）包装费：按以上1）～6）项之和乘以一定百分比计算。

8）利润：可按 1）～5）项加第 7）项之和乘以一定利润率计算。

9）税金：主要指增值税。一般按简易征收办法估算，计算公式为：

增值税＝当期销项税额－当期进项税额

当期销项税额＝销售额×适用增值税率（％）

其中：销售额为上述 1）～8）项之和。

10）非标准设备设计费：按国家规定的设计费收费标准计算。

综上所述，单台非标准设备原价可利用下面的公式计算：

单台非标准设备原价＝{［（材料费＋加工费＋辅助材料费）×（1＋专用工具费率）×（1＋废品损失费率）＋外购配套件费］×（1＋包装费率）－外购配套件费}×（1＋利润率）＋销项税额＋非标准设备设计费＋外购配套件费

【例 1-1-1】某工厂采购一台国产非标准设备，材料费 20 万元，加工费 2 万元，辅助材料费 4000 元。专用工具费率 1.5％，废品损失费率 10％，外购配套件费 5 万元，包装费率 1％，利润率 7％，增值税率 13％，非标准设备设计费 2 万元，求该国产非标准设备的原价。

解：专用工具费＝（20＋2＋0.4）×1.5％＝0.336 万元

废品损失费＝（20＋2＋0.4＋0.336）×10％＝2.274 万元

包装费＝（22.4＋0.336＋2.274＋5）×1％＝0.300 万元

利润＝（22.4＋0.336＋2.274＋0.3）×7％＝1.772 万元

销项税额＝（22.4＋0.336＋2.274＋5＋0.3＋1.772）×13％＝4.171 万元

该国产非标准设备的原价＝22.4＋0.336＋2.274＋5＋0.3＋1.772＋4.171＋2＝38.253 万元

3. 进口设备原价的构成及计算

（1）进口设备的交易价格

在国际贸易中，较为广泛使用的交易价格术语有 FOB、CFR 和 CIF。

FOB（Free on Board），意为装运港船上交货，亦称为离岸价格。FOB 是指当货物在指定的装运港越过船舷，卖方即完成交货义务。风险转移以在指定的装运港货物越过船舷时为分界点。费用划分与风险转移的分界点相一致。

在 FOB 交货方式下，卖方的基本义务有：①办理出口清关手续，自负风险和费用，领取出口许可证及其他官方文件；②在约定的日期或期限内，在合同规定的装运港，把货物装上买方指定的船只，并及时通知买方；③承担货物在装运港越过船舷之前的一切费用和风险；④向买方提供商业发票和证明货物已交至船上的装运单据或具有同等效力的电子单证。买方的基本义务有：①负责租船订舱，按时派船到合同约定的装运港接运货物，支付运费，并将船期、船名及装船地点及时通知卖方；②负担货物在装运港越过船舷后的各种费用以及货物灭失或损坏的一切风险；③负责获取进口许可证或其他官方文件，以及办理货物入境手续；④受领卖方提供的各种单证，按合同规定支付货款。

CFR（Cost and Freight），意为成本加运费，或称之为运费在内价。CFR 是指虽然在装运港货物超过船舷后卖方即完成交货，但是卖方还必须支付将货物运至指定的目的港所需的国际运费，但交货后货物灭失或损坏的风险，以及由于各种事件造成的任何额外费用，却由卖方转移到买方。与 FOB 价格相比，CFR 的费用划分与风险转移的分界点是不一致的。

在 CFR 交货方式下，卖方的基本义务有：①提供合同规定的货物，负责订立运输合同并租船订舱，在合同规定的装运港和规定的期限内，将货物装上船并及时通知买方，支付运至目的港的运费；②负责办理出口清关手续，提供出口许可证或其他官方批准的文件；③承担货物在装运港越过船舷之前的一切费用和风险；④按合同规定提供正式有效的运输单据、发票或具有同等效力的电子单证。买方的基本义务有：①承担货物在装运港越过船舷以后的一切风险及运输途中因遭遇风险所引起的额外费用；②在合同规定的目的港受领货物，办理进口清关手续，交纳进口税；③受领卖方提供的各种约定的单证，并按合同规定支付货款。

CIF（Cost Insurance and Freight），意为成本加保险费、运费，习惯称到岸价格。在 CIF 术语中，卖方除负有与 CFR 相同的义务外，还应办理货物在运输途中最低险别的海运保险，并应支付保险费。如买方需要更高的保险险别，则需要与卖方明确地达成协议，或者自行作出额外的保险安排。除保险这项义务之外，买方的义务与 CFR 相同。

进口设备的原价是指进口设备的抵岸价，通常是由两个部分构成：①进口设备到岸价（CIF）；②进口从属费。

进口设备的到岸价，即抵达买方边境港口或边境车站的价格。在国际贸易中，交易双方所使用的交货类别不同，则交易价格的构成内容也有所差异。

进口从属费用包括银行财务费、外贸手续费、进口关税、消费税、进口环节增值税等。进口车辆的，还需缴纳车辆购置税。

（2）进口设备原价的计算

1）进口设备到岸价的计算

进口设备到岸价（CIF）＝离岸价格（FOB）＋国际运费＋运输保险费

＝运费在内价（CFR）＋运输保险费

① 货价。一般指装运港船上交货价（FOB）。设备货价分为原币货价和人民币货价，原币货价一律折算为美元表示；人民币货价按原币货价乘以外汇市场美元兑换人民币汇率中间价确定。进口设备货价按有关生产厂商询价、报价、订货合同价计算。

② 国际运费。即从装运港（站）到达我国目的港（站）的运费。我国进口设备大部分采用海洋运输，小部分采用铁路运输，个别采用航空运输。进口设备国际运费计算公式为：

国际运费（海、陆、空）＝原币货价（FOB）×运费率（％）

国际运费（海、陆、空）＝单位运价×运量

其中，运费率或单位运价参照有关部门或进出口公司的规定执行。

③ 运输保险费。对外贸易货物运输保险是由保险人（保险公司）与被保险人（出口人或进口人）订立保险契约，在被保险人交付议定的保险费后，保险人根据保险契约的规定对货物在运输过程中发生的承保责任范围内的损失给予经济上的补偿。这是一种财产保险。其计算公式为：

$$运输保险费＝\frac{原币货价（FOB）＋国际运费}{1－保险费率（％）}×保险费率（％）$$

其中，保险费率按保险公司规定的进口货物保险费率计算。

2）进口从属费的计算

进口从属费＝银行财务费＋外贸手续费＋关税＋消费税＋进口环节增值税＋车辆购置税

① 银行财务费。一般是指在国际贸易结算中，中国银行为进出口商提供金融结算服务所收取的费用，可按下式简化计算：

银行财务费＝离岸价格（FOB）×人民币外汇汇率×银行财务费率

银行财务费率一般为 0.4%～0.5%。

② 外贸手续费。指按对外经济贸易部规定的外贸手续费率计取的费用。其计算公式为：

外贸手续费＝到岸价格（CIF）×人民币外汇汇率×外贸手续费率

外贸手续费率一般为 1.5%。

③ 关税。由海关对进出国境或关境的货物和物品征收的一种税。计算公式为：

关税＝到岸价格（CIF）×人民币外汇汇率×进口关税税率

到岸价格作为关税的计征基数时，通常又可称为关税完税价格。进口关税税率分为优惠和普通两种。优惠税率适用于我国签订关税互惠条款的贸易条约或协定的国家的进口设备。普通税率适用于未与我国签订关税互惠条款的贸易条约或协定的国家的进口设备。进口关税税率按我国海关总署发布的进口关税税率计算。

④ 消费税。仅对部分进口设备（如轿车、摩托车等）征收，一般计算公式为：

$$应纳消费税税额＝\frac{到岸价格（CIF）×人民币外汇汇率＋关税}{1-消费税税率（\%）}×消费税税率（\%）$$

⑤ 进口环节增值税。是对从事进口贸易的单位和个人，在进口商品报关进口后征收的税种。我国增值税条例规定，进口应税产品均按组成计税价格和增值税税率直接计算应纳税额。即：

进口环节增值税额＝组成计税价格×增值税税率（%）

组成计税价格＝关税完税价格＋关税＋消费税

⑥ 车辆购置税。进口车辆需缴进口车辆购置税。其计算公式如下：

进口车辆购置税＝（关税完税价格＋关税＋消费税）×车辆购置税率（%）

【例 1-1-2】我国某公司从某国进口应纳消费税的设备，重量1000t，装运港船上交货价为 400 万美元，工程建设项目位于国内某省会城市。如果国际运费标准为 300 美元/t，海上运输保险费率为 3‰，银行财务费率为 5‰，外贸手续费率为 1.5%，关税税率为20%，增值税税率为 13%，消费税税率 10%，银行外汇牌价按 1 美元＝6.9 元人民币。试对该设备的原价进行估算。

解：进口设备 FOB＝400×6.9＝2760 万元

国际运费＝300×1000×6.9＝207 万元

$$海运保险费＝\frac{2760＋207}{1-0.3\%}×0.3\%＝8.93 万元$$

CIF＝2760＋207＋8.93＝2975.93 万元

银行财务费＝2760×5‰＝13.8 万元

外贸手续费＝2975.93×1.5%＝44.64 万元

关税＝2975.93×20%＝595.19 万元

消费税$=\dfrac{2975.93+595.19}{1-10\%}\times10\%=396.79$ 万元

增值税$=(2975.93+595.19+396.79)\times13\%=515.83$ 万元

进口从属费$=13.8+44.64+595.19+396.79+515.83=1566.25$ 万元

进口设备原价$=2975.93+1566.25=4542.18$ 万元

4. 设备运杂费的构成及计算

（1）设备运杂费的构成

设备运杂费通常由运费和装卸费、包装费、设备供销部门的手续费、采购与仓库保管费构成。

1）运费和装卸费。国产设备由设备制造厂交货地点起至工地仓库（或施工组织设计指定的需要安装设备的堆放地点）止所发生的运费和装卸费；进口设备则由我国到岸港口或边境车站起至工地仓库（或施工组织设计指定的需安装设备的堆放地点）止所发生的运费和装卸费。

2）包装费。在设备原价中没有包含的，为运输而进行的包装支出的各种费用。

3）设备供销部门的手续费。该费用按有关部门规定的统一费率计算。

4）采购与仓库保管费。指采购、验收、保管和收发设备所发生的各种费用，包括设备采购人员、保管人员和管理人员的工资，工资附加费、办公费、差旅交通费，设备供应部门办公和仓库所占固定资产使用费、工具用具使用费、劳动保护费、检验试验费等。这些费用可按主管部门规定的采购与保管费费率计算。

（2）设备运杂费的计算

设备运杂费按设备原价乘以设备运杂费率计算，其公式为：

$$设备运杂费=设备原价\times设备运杂费率（\%）$$

其中，设备运杂费率按各部门及省、自治区、直辖市有关规定计取。

5. 工具、器具及生产家具购置费的构成及计算

工具、器具及生产家具购置费，是指新建或扩建项目初步设计规定的，保证初期正常生产必须购置的没有达到固定资产标准的设备、仪器、工卡模具、器具、生产家具和备品备件等的购置费用。该项费用一般以设备购置费为计算基数，按照部门或行业规定的工具、器具及生产家具费率计算。计算公式为：

$$工具、器具及生产家具购置费=设备购置费\times定额费率$$

 课证融通小测

1. 关于设备购置费中的设备原价，下列说法正确的是（　　）。

A. 包含随设备同时订购的首套备品备件费

B. 包括施工现场自制设备的制造费

C. 包括达到固定资产标准的办公家具购置费

D. 包括进口设备从来源地到买方边境的运输费

E. 包括设备采购、保管人员的工资费

2. 采用成本计算估价法计算国产非标准设备的原价时，下列费用中，应作为利润计

算基础的是（　　）。

A. 加工费　　　　　　　　　　　　B. 辅助材料费

C. 废品损失费　　　　　　　　　　D. 外购配套件费

E. 包装费

1.1.3　建安工程费用的构成及计算

1. 建安工程费用的构成

建安工程费用包括建筑工程费用和安装工程费用两部分。

建筑工程费用是指建筑物、构筑物及与其配套的线路、管道等的建造、装饰费用。其主要包括以下四个方面的费用：①各类房屋建筑工程和列入房屋建筑工程预算的供水、供暖、卫生、通风、煤气等设备费用及其装饰、油饰工程的费用，列入建筑工程预算的各种管道、电力、电信和敷设工程的费用。②设备基础、支柱、工作台、烟囱、水塔、水池、灰塔等建筑工程，以及各种炉窑的砌筑工程和金属结构工程的费用。③为施工而进行的场地平整，工程和水文地质勘察，原有建筑物和障碍物的拆除，以及施工临时用水、电、气、路和完工后的场地清理、环境绿化、美化等工作的费用。④矿井开凿、井巷延伸、露天矿剥离，石油、天然气钻井，修建铁路、公路、桥梁、水库、堤坝、灌渠及防洪等工程的费用。

安装工程费用是指设备、工艺设施及其附属物的组合、装配、调试等费用。其主要包括以下两个方面的费用：①生产、动力、起重、运输、传动和医疗、实验等各种需要安装的机械设备的装配费用，与设备相连的工作台、梯子、栏杆等装设工程费用，附属于被安装设备的管线敷设工程费用，以及被安装设备的绝缘、防腐、保温、油漆等工作的材料费和安装费。②为测定安装工程质量，对单台设备进行单机试运转、对系统设备进行系统联动无负荷试运转工作的调试费。

根据住房和城乡建设部和财政部《关于印发〈建筑安装工程费用项目组成〉的通知》（建标〔2013〕44 号）文件规定，我国现行建筑安装工程费用项目可按两种不同的方式划分，即按费用构成要素划分和按造价形成划分，其具体构成如图 1-1-2 所示。

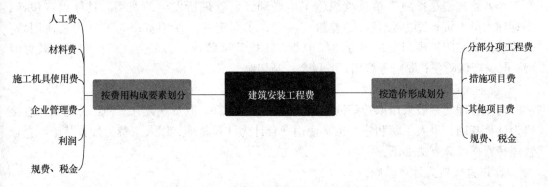

图 1-1-2　建筑安装工程费用项目构成图

2. 按费用构成要素划分建筑安装工程费用项目构成和计算

我国建筑安装工程费用项目按费用构成要素组成划分为：人工费、材料费（包含设备购置及工器具费，下同）、施工机具使用费、企业管理费、利润、规费和税金（增值税）。

(1) 人工费

人工费是指按工资总额构成规定，支付给从事建筑安装工程施工的生产工人和附属生产单位工人的各项费用。计算人工费的基本要素有两个，即人工工日消耗量和人工日工资单价。

人工费的基本计算公式为：

$$人工费 = \Sigma(工日消耗量 \times 日工资单价)$$

(2) 材料费

材料费是指工程施工过程中耗费的各种原材料、半成品、构配件的费用，以及周转材料等的摊销、租赁费用。计算材料费的基本要素是材料消耗量和材料单价。

材料费的基本计算公式为：

$$材料费 = \Sigma(材料消耗量 \times 材料单价)$$

(3) 施工机具使用费

施工机具使用费是指施工作业所发生的施工机械、仪器仪表使用费或其租赁费，包括施工机械使用费和施工仪器仪表使用费。

1) 施工机械使用费：指施工机械作业发生的使用费或租赁费。

施工机械使用费的基本计算公式为：

$$施工机械使用费 = \Sigma(施工机械台班消耗量 \times 机械台班单价)$$

2) 施工仪器仪表使用费是指工程施工所发生的仪器仪表使用费或租赁费。施工仪器仪表使用费以施工仪器仪表台班耗用量与施工仪器仪表台班单价的乘积表示。

仪器仪表使用费的基本计算公式为：

$$仪器仪表使用费 = \Sigma(仪器仪表台班消耗量 \times 仪器仪表台班单价)$$

仪器仪表台班单价通常由折旧费、维护费、校验费和动力费组成。

当采用一般计税方法时，施工机械台班单价和仪器仪表台班单价中的相关子项均需扣除增值税进项税额。

(4) 企业管理费

1) 企业管理费的内容

企业管理费是指施工单位组织施工生产和经营管理所发生的费用。具体内容包括：①管理人员工资；②办公费；③差旅交通费；④固定资产使用费；⑤工具用具使用费；⑥劳动保险和职工福利费；⑦劳动保护费；⑧检验试验费；⑨工会经费；⑩职工教育经费；⑪财产保险费；⑫财务费用；⑬税金；⑭其他。

2) 企业管理费的计算方法

企业管理费一般采用取费基数乘以费率的方法计算。取费基数有三种，分别是以直接费为计算基础、以人工费和施工机具使用费合计为计算基础、以人工费为计算基础。企业管理费费率计算方法如下：

① 以直接费为计算基础：

$$企业管理费费率(\%) = \frac{生产工人年平均管理费}{年有效施工天数 \times 人工单价} \times 人工费占直接费的比例(\%)$$

② 以人工费和施工机具使用费合计为计算基础：

$$企业管理费费率(\%) = \frac{生产工人年平均管理费}{年有效施工天数 \times (人工单价 + 每一台班施工机具使用费)} \times 100\%$$

③ 以人工费为计算基础：

$$企业管理费费率(\%) = \frac{生产工人年平均管理费}{年有效施工天数 \times 人工单价} \times 100\%$$

工程造价管理机构在确定计价定额中的企业管理费时，应以定额人工费或定额人工费与施工机具使用费之和作为计算基数，其费率根据历年积累的工程造价资料，辅以调查数据确定。

（5）利润

利润是指施工单位从事建筑安装工程施工所获得的盈利，由施工企业根据企业自身需求并结合建筑市场实际自主确定。工程造价管理机构在确定计价定额中利润时，应以定额人工费、材料费和施工机具使用费之和，或以定额人工费、定额人工费与施工机具使用费之和作为计算基数，其费率根据历年积累的工程造价资料，并结合建筑市场实际、项目竞争情况、项目规模与难易程度等确定，以单位（单项）工程测算，利润在税前建筑安装工程费的比重可按不低于5%且不高于7%的费率计算。

（6）规费

1）规费的内容

规费是指按国家法律、法规规定，由省级政府和省级有关行政部门规定必须缴纳或计取的费用。规费的主要内容包括社会保险费和住房公积金，即"五险一金"。

2）规费的计算

社会保险费和住房公积金应以定额人工费为计算基础，根据工程所在地省、自治区、直辖市或行业建设主管部门规定费率计算。

社会保险费和住房公积金 = Σ（工程定额人工费 × 社会保险费和住房公积金费率）

社会保险费和住房公积金费率可以每万元发承包价的生产工人人工费和管理人员工资含量与工程所在地规定的缴纳标准综合分析取定。

其他应列而未列入的规费，按实际发生计取。

（7）税金

建筑安装工程费用中的税金是指国家税法规定的应计入建筑安装工程造价内的增值税。增值税是指国家税法规定应计入建筑安装工程造价内的增值税销项税额。其计税方法有一般计税方法和简易计税方法两种。

1）采用一般计税方法时增值税的计算

增值税一般纳税人通常采用一般计税方法。当采用一般计税方法时，建筑业增值税税率为9%。计算公式为：

$$增值税 = 税前造价 \times 9\%$$

式中，税前造价为人工费、材料费、施工机具使用费、企业管理费、利润和规费之和，各费用项目均以不包含增值税（可抵扣进项税额）的价格计算。

2）采用简易计税方法时增值税的计算

当采用简易计税方法时，建筑业增值税税率为3%。计算公式为：

$$增值税 = 税前造价 \times 3\%$$

式中，税前造价为人工费、材料费、施工机具使用费、企业管理费、利润和规费之和，各费用项目均以包含增值税进项税额的含税价格计算。

3. 按造价形成划分建筑安装工程费用项目构成和计算

为指导工程造价专业人员计算建筑安装工程造价，将建筑安装工程费用按工程造价形成顺序划分为：分部分项工程费、措施项目费、其他项目费、规费和税金。

（1）分部分项工程费

分部分项工程费是指各专业工程的分部分项工程应予列支的各项费用。分部分项工程费通常用分部分项工程量乘以综合单价进行计算。其计算公式如下：

$$分部分项工程 = \Sigma(分部分项工程量 \times 综合单价)$$

式中，综合单价包括人工费、材料费、施工机具使用费、企业管理费和利润，以及一定范围的风险费用。各类专业工程的分部分项工程划分遵循国家或行业工程量计算规范的规定。

（2）措施项目费

1）措施项目费的构成

措施项目费是指为完成建设工程施工，发生于该工程施工准备和施工过程中的技术、生活、安全、环境保护等方面的费用。措施项目及其包含的内容应遵循各类专业工程的现行国家或行业工程量计算规范。

《房屋建筑与装饰工程工程量计算规范》GB 50854—2013 中规定，措施项目费可以归纳为以下几项：

① 安全文明施工费。安全文明施工费是指工程项目施工期间，施工单位为保证安全施工、文明施工和保护现场内外环境等所发生的措施项目费用。通常由环境保护费、文明施工费、安全施工费、临时设施费组成。

② 夜间施工增加费。夜间施工增加费是指因夜间施工所发生的夜班补助费、夜间施工降效、夜间施工照明设备摊销及照明用电等措施费用。

③ 非夜间施工照明费。非夜间施工照明费是指为保证工程施工正常进行，在地下室等特殊施工部位施工时所采用的照明设备的安拆、维护及照明用电等费用。

④ 二次搬运费。二次搬运费是指因施工管理需要或因场地狭小等原因，导致建筑材料、设备等不能一次搬运到位，必须发生的二次或以上搬运所需的费用。

⑤ 冬雨季施工增加费。冬雨季施工增加费是指因冬雨季天气原因导致施工效率降低，加大投入而增加的费用，以及为确保冬雨季施工质量和安全而采取的保温、防雨等措施所需的费用。

⑥ 地上、地下设施、建筑物的临时保护设施费。在工程施工过程中，对已建成的地上、地下设施和建筑物进行的遮盖、封闭、隔离等必要保护措施所发生的费用。

⑦ 已完工程及设备保护费。竣工验收前，对已完工程及设备采取的覆盖、包裹、封闭、隔离等必要保护措施所发生的费用。

⑧ 脚手架费。脚手架费是指施工需要的各种脚手架搭、拆、运输费用以及脚手架购置费的摊销（或租赁）费用。

⑨ 混凝土模板及支架（撑）费。混凝土施工过程中需要的各种钢模板、木模板、支架等的支拆、运输费用及模板、支架的摊销（或租赁）费用。

⑩ 垂直运输费。垂直运输费是指现场所用材料、机具从地面运至相应高度以及职工人员上下工作面等所发生的运输费用。

⑪ 超高施工增加费。当单层建筑物檐口高度超过 20m，多层建筑物超过 6 层时，可计算超高施工增加费。

⑫ 大型机械设备进出场及安拆费。机械整体或分体自停放场地运至施工现场或由一个施工地点运至另一个施工地点，所发生的机械进出场运输和转移费用及机械在施工现场进行安装、拆卸所需的人工费、材料费、机具费、试运转费和安装所需的辅助设施的费用。

⑬ 施工排水、降水费。施工排水、降水费是指将施工期间有碍施工作业和影响工程质量的水排到施工场地以外，以及防止在地下水位较高的地区开挖深基坑出现基坑浸水，地基承载力下降，在动水压力作用下还可能引起流砂、管涌和边坡失稳等现象而必须采取有效的降水和排水措施费用。

⑭ 其他。根据项目的专业特点或所在地区不同，可能会出现其他的措施项目。如工程定位复测费和特殊地区施工增加费等。

2）措施项目费的计算

按照有关专业工程量计算规范规定，措施项目分为应予计量的措施项目和不宜计量的措施项目两类。

① 应予计量的措施项目。其计算方法与分部分项工程费的计算方法基本相同，计算公式为：

$$措施项目费 = \Sigma(措施项目工程量 \times 综合单价)$$

② 不宜计量的措施项目。对于不宜计量的措施项目，通常用计算基数乘以费率的方法予以计算。

A. 安全文明施工费。计算公式为：

$$安全文明施工费 = 计算基数 \times 安全文明施工费费率（\%）$$

计算基数应为定额基价（定额分部分项工程费＋定额中可以计量的措施项目费）、定额人工费或定额人工费与施工机具使用费之和，其费率由工程造价管理机构根据各专业工程的特点综合确定。

B. 其余不宜计量的措施项目。包括夜间施工增加费，非夜间施工照明费，二次搬运费，冬雨季施工增加费，地上、地下设施、建筑物的临时保护设施费，已完工程及设备保护费等。计算公式为：

$$措施项目费 = 计算基数 \times 措施项目费费率（\%）$$

公式中的计算基数应为定额人工费或定额人工费与定额施工机具使用费之和，其费率由工程造价管理机构根据各专业工程特点和调查资料综合分析后确定。

（3）其他项目费

1）暂列金额

暂列金额是指建设单位在工程量清单中暂定并包括在工程合同价款中的一笔款项。用于施工合同签订时尚未确定或者不可预见的所需材料、工程设备、服务的采购，施工中可能发生的工程变更、合同约定调整因素出现时的工程价款调整以及发生的索赔、现场签证确认等的费用。

暂列金额由建设单位根据工程特点，按有关计价规定估算，施工过程中由建设单位掌握使用，扣除合同价款调整后如有余额，归建设单位。

2）暂估价

暂估价是指招标人在工程量清单中提供的用于支付必然发生但暂时不能确定价格的材料、工程设备的单价以及专业工程的金额。

暂估价中的材料、工程设备暂估单价根据工程造价信息或参照市场价格估算，计入综合单价；专业工程暂估价分不同专业，按有关计价规定估算。暂估价在施工中按照合同约定再加以调整。

3）计日工

计日工是指在施工过程中，施工单位完成建设单位提出的工程合同范围以外的零星项目或工作，按照合同中约定的单价计价形成的费用。

计日工按照建设单位和施工单位按施工过程中形成的有效签证计价。

4）总承包服务费

总承包服务费是指总承包人为配合、协调建设单位进行的专业工程发包，对建设单位自行采购的材料、工程设备等进行保管以及施工现场管理、竣工资料汇总整理等服务所需的费用。

总承包服务费由建设单位在最高投标限价中根据总包范围和有关计价规定编制，施工单位投标时自主报价，施工过程中按签约合同价执行。

（4）规费和税金

规费和税金的构成和计算与按费用构成要素划分建筑安装工程费用项目组成部分是相同的。

课证融通小测

1. 根据我国现行建筑安装工程造价计税方法，下列情况中，可以选择适用简易计税法的有（   ）。

A. 小规模纳税人发生的应税行为

B. 一般纳税人以清包工形式提供的建筑服务

C. 一般纳税人为甲供工程提供的建筑服务

D. 《建筑工程施工许可证》注明的开工日期在 2016 年 4 月 30 日前的建筑工程项目

E. 实际开工日期在 2016 年 4 月 30 日前的建筑服务

2. 根据现行建筑安装工程费用项目组成规定，下列关于施工企业管理费中工具用具使用费的说法正确的是（   ）。

A. 指企业管理使用，而非施工生产使用的工具用具费用

B. 指企业施工生产使用，而非企业管理使用的工具用具费用

C. 采用一般计税方法时，工具用具使用费中增值税进项税额可以抵扣

D. 包括各类资产标准的工具用具的购置、维修和摊销费用

3. 按照费用构成要素划分的建筑安装工程费用项目组成规定，下列费用项目应列入材料费的有（   ）。

A. 周转材料的摊销、租赁费用

B. 材料运输损耗费用

C. 施工企业对材料进行一般鉴定、检查发生的费用

D. 材料运杂费中的增值税进项税额

E. 材料采购及保管费用

1.1.4 　工程建设其他费用的构成和计算

工程建设其他费用是指建设期发生的与土地使用权取得、全部工程项目建设以及未来生产经营有关的，除工程费用、预备费、增值税、建设期融资费用、流动资金以外的费用。

政府有关部门对建设项目管理监督所发生的，并由其部门财政支出的费用，不得列入相应建设项目的工程造价。

1. 建设单位管理费

（1）建设单位管理费的内容

建设单位管理费是指项目建设单位从项目筹建之日起至办理竣工财务决算之日止发生的管理性质的支出。其包括工作人员薪酬及相关费用、办公费、办公场地租用费、差旅交通费、劳动保护费、工具用具使用费、固定资产使用费、招募生产工人费、技术图书资料费（含软件）、业务招待费、竣工验收费和其他管理性质开支。

（2）建设单位管理费的计算

建设单位管理费按照工程费用之和（包括设备工器具购置费和建筑安装工程费用）乘以建设单位管理费费率计算。

$$建设单位管理费＝工程费用之和×建设单位管理费费率$$

实行代建制管理的项目，计列代建管理费等同建设单位管理费，不得同时计列建设单位管理费。委托第三方行使部分管理职能的，支付的管理费或咨询费列入技术服务费项目。

2. 用地与工程准备费

用地与工程准备费是指取得土地与工程建设施工准备所发生的费用，其包括土地使用费和补偿费场地准备费、临时设施费等。

（1）土地使用费和补偿费

建设用地的取得，实质是依法获取国有土地的使用权。根据《中华人民共和国土地管理法》《中华人民共和国土地管理法实施条例》《中华人民共和国城市房地产管理法》规定，获取国有土地使用权的基本方法有两种：一是出让方式；二是划拨方式。建设用地取得的基本方式还可能包括转让和租赁方式。土地使用权出让是指国家以土地所有者的身份将土地使用权在一定年限内让与土地使用者，并由土地使用者向国家支付土地使用权出让金的行为；土地使用权转让是指土地使用者将土地使用权再转移的行为，包括出售、交换和赠与；土地使用权租赁是指国家将国有土地出租给使用者使用，使用者支付租金的行为，是土地使用权出让方式的补充，但对于经营性房地产开发用地，不实行租赁。

建设用地如通过行政划拨方式取得，须承担征地补偿费用或对原用地单位或个人的拆迁补偿费用；若通过市场机制取得，则不但承担以上费用，还须向土地所有者支付有偿使用费，即土地出让金。

1）征地补偿费

① 土地补偿费。土地补偿费是对农村集体经济组织因土地被征用而造成的经济损失的一种补偿。土地补偿费归农村集体经济组织所有。征收农用地的土地补偿费标准由省、自治区、直辖市通过制定公布区片综合地价确定，并至少每三年调整或者重新公布一次。大中型水利、水电工程建设征收土地的补偿费标准和移民安置办法，由国务院另行规定。

② 青苗补偿费和地上附着物补偿费。青苗补偿费是因征地时对其正在生长的农作物受到损害而做出的一种赔偿。在农村实行承包责任制后，农民自行承包土地的青苗补偿费应付给本人，属于集体种植的青苗补偿费可纳入当年集体收益。凡在协商征地方案后抢种的农作物、树木等，一律不予补偿。地上附着物是指房屋、水井、树木、涵洞、桥梁、公路、水利设施、林木等地面建筑物、构筑物、附着物等。如附着物产权属个人，则该项补助费付给个人。地上附着物和青苗等的补偿标准由省、自治区、直辖市制定。对其中的农村村民住宅，应当按照先补偿后搬迁、居住条件有改善的原则，尊重农村村民意愿，采取重新安排宅基地建房、提供安置房或者货币补偿等方式给予公平、合理的补偿，并对因征收造成的搬迁、临时安置等费用予以补偿，保障农村村民居住的权利和合法的住房财产权益。

③ 安置补助费。安置补助费应支付给被征地单位和安置劳动力的单位，作为劳动力安置与培训的支出，以及作为不能就业人员的生活补助。征收农用地的安置补助费标准由省、自治区、直辖市通过制定公布区片综合地价确定，并至少每三年调整或者重新公布一次。县级以上地方人民政府应当将被征地农民纳入相应的养老等社会保障体系。被征地农民的社会保障费用主要用于符合条件的被征地农民的养老保险等社会保险缴费补贴，依据省、自治区、直辖市规定的标准单独列支。

④ 耕地开垦费和森林植被恢复费。国家实行占用耕地补偿制度。非农业建设经批准占用耕地的，按照"占多少，垦多少"的原则，由占用耕地的单位负责开垦与所占用耕地的数量和质量相当的耕地；没有条件开垦或者开垦的耕地不符合要求的，应当按照省、自治区、直辖市的规定缴纳耕地开垦费，专款用于开垦新的耕地。涉及占用森林草原的还应列支森林植被恢复费用。

⑤ 生态补偿与压覆矿产资源补偿费。生态补偿费是指建设项目对水土保持等生态造成影响所发生的除工程费用之外补救或者补偿费用；压覆矿产资源补偿费是指项目工程对被其压覆的矿产资源利用造成影响所发生的补偿费用。

⑥ 其他补偿费。其他补偿费是指建设项目涉及的对房屋、市政、铁路、公路、管道、通信、电力、河道、水利、厂区、林区、保护区、矿区等不附属于建设用地但与建设项目相关的建筑物、构筑物或设施的拆除、迁建补偿、搬迁运输补偿等费用。

2）拆迁补偿费用

在城镇规划区内国有土地上实施房屋拆迁，拆迁人应当对被拆迁人给予补偿、安置。

① 拆迁补偿金，补偿方式可以实行货币补偿，也可以实行房屋产权调换。

货币补偿的金额，根据被拆迁房屋的区位、用途、建筑面积等因素，以房地产市场评估价格确定。具体办法由省、自治区、直辖市人民政府制定。

实行房屋产权调换的，拆迁人与被拆迁人按照计算得到的被拆迁房屋的补偿金额和所调换房屋的价格，结清产权调换的差价。

② 迁移补偿费，包括征用土地上的房屋及附属构筑物、城市公共设施等拆除、迁建

补偿费、搬迁运输费，企业单位因搬迁造成的减产、停工损失补贴费，拆迁管理费等。

拆迁人应当对被拆迁人或者房屋承租人支付搬迁补助费，对于在规定的搬迁期限届满前搬迁的，拆迁人可以付给提前搬家奖励费；在过渡期限内，被拆迁人或者房屋承租人自行安排住处的，拆迁人应当支付临时安置补助费；被拆迁人或者房屋承租人使用拆迁人提供的周转房的，拆迁人不支付临时安置补助费。

迁移补偿费的标准，由省、自治区、直辖市人民政府规定。

3）土地出让金

以出让等有偿使用方式取得国有土地使用权的建设单位，按照国务院规定的标准和办法缴纳土地使用权出让金等土地有偿使用费和其他费用后，方可使用土地。土地使用权出让金为用地单位向国家支付的土地所有权收益，出让金标准一般参考城市基准地价并结合其他因素制定。基准地价是指在城镇规划区范围内，对不同级别的土地或者土地条件相当的均质地域，按照商业、居住、工业等用途分别评估的，并由市、县以上人民政府公布的，国有土地使用权的平均价格。

在有偿出让和转让土地时，政府对地价不做统一规定，但应坚持以下原则：即地价对目前的投资环境不产生大的影响；地价与当地的社会经济承受能力相适应；地价要考虑已投入的土地开发费用、土地市场供求关系、土地用途、所在区类、容积率和使用年限等。有偿出让和转让使用权，要向土地受让者征收契税；转让土地如有增值，要向转让者征收土地增值税；土地使用者每年应按规定的标准缴纳土地使用费。土地使用权出让或转让，应先由地价评估机构进行价格评估后，再签订土地使用权出让和转让合同。

土地使用权出让合同约定的使用年限届满，土地使用者需要继续使用土地的，应当至迟于届满前一年申请续期，除根据社会公共利益需要收回该幅土地的，应当予以批准。经批准准予续期的，应当重新签订土地使用权出让合同，依照规定支付土地使用权出让金。

（2）场地准备及临时设施费

1）场地准备及临时设施费的内容

① 建设项目场地准备费是指为使工程项目的建设场地达到开工条件，由建设单位组织进行的场地平整等准备工作而发生的费用。

② 建设单位临时设施费是指建设单位为满足施工建设需要而提供的未列入工程费用的临时水、电、路、信、气、热等工程和临时仓库等建（构）筑物的建设、维修、拆除、摊销费用或租赁费用，以及货场、码头租赁等费用。

2）场地准备及临时设施费的计算

① 场地准备及临时设施应尽量与永久性工程统一考虑。建设场地的大型土石方工程应计入工程费用中的总图运输费用。

② 新建项目的场地准备和临时设施费应根据实际工程量估算，或按工程费用的比例计算。改扩建项目一般只计拆除清理费。

$$场地准备和临时设施费＝工程费用×费率＋拆除清理费$$

③ 发生拆除清理费时可按新建同类工程造价或主材费、设备费的比例计算。凡可回收材料的拆除工程采用以料抵工方式冲抵拆除清理费。

④ 此项费用不包括已列入建筑安装工程费用中的施工单位临时设施费用。

3. 市政公用配套设施费

市政公用配套设施费是指使用市政公用配套设施的工程项目，按照项目所在地政府有关规定建设或缴纳的市政公用设施建设配套费用。

市政公用配套设施可以是界区外配套的水、电、路、信等，包括绿化、人防等配套设施。

4. 技术服务费

技术服务费是指在项目建设全部过程中委托第三方提供项目策划、技术咨询、勘察设计、项目管理和跟踪验收评估等技术服务发生的费用。技术服务费包括可行性研究费、专项评价费、勘察设计费、监理费、研究试验费、特殊设备安全监督检验费、监造费、招标费、设计评审费、技术经济标准使用费、工程造价咨询费及其他咨询费。按照国家发展改革委《关于进一步放开建设项目专业服务价格的通知》（发改价格〔2015〕299号）的规定，技术服务费应实行市场调节价。

（1）可行性研究费

可行性研究费是指在工程项目投资决策阶段，对有关建设方案、技术方案或生产经营方案进行的技术经济论证，以及编制、评审可行性研究报告等所需的费用。

（2）专项评价费

专项评价费是指建设单位按照国家规定委托相关单位开展专项评价及有关验收工作发生的费用。

专项评价费包括环境影响评价费、安全预评价费、职业病危害预评价费、地质灾害危险性评价费、水土保持评价费、压覆矿产资源评价费、节能评估费、危险与可操作性分析及安全完整性评价费以及其他专项评价费。

（3）勘察设计费

1）勘察费

勘察费是指勘察人根据发包人的委托，收集已有资料、现场踏勘、制定勘察纲要，进行勘察作业，以及编制工程勘察文件和岩土工程设计文件等收取的费用。

2）设计费

设计费是指设计人根据发包人的委托，提供编制建设项目初步设计文件、施工图设计文件、非标准设备设计文件、竣工图文件等服务所收取的费用。

（4）监理费

监理费是指受建设单位委托，工程监理单位为工程建设提供监理服务所发生的费用。

（5）研究试验费

研究试验费是指为建设项目提供或验证设计参数、数据、资料等进行必要的研究试验，以及设计规定在建设过程中必须进行试验、验证所需的费用，包括自行或委托其他部门的专题研究、试验所需人工费、材料费、试验设备及仪器使用费等。这项费用按照设计单位根据本工程项目的需要提出的研究试验内容和要求计算。在计算时要注意不应包括以下项目：

1）应由科技三项费用（即新产品试制费、中间试验费和重要科学研究补助费）开支的项目。

2）应在建筑安装费用中列支的施工企业对建筑材料、构件和建筑物进行一般鉴定、检查所发生的费用及技术革新的研究试验费。

3）应由勘察设计费或工程费用中开支的项目。

（6）特殊设备安全监督检验费

特殊设备安全监督检验费是指对在施工现场安装的列入国家特种设备范围内的设备（设施）检验检测和监督检查所发生的应列入项目开支的费用。

（7）监造费

监造费是指对项目所需设备材料制造过程、质量进行驻场监督所发生的费用。

设备材料监造是指承担设备、材料监造工作的单位受项目法人或建设单位的委托，按照设备、材料供货合同的要求，坚持客观公正、诚信科学的原则，对工程项目所需设备、材料在制造和生产过程中的工艺流程、制造质量等进行监督，并对委托人（项目法人或建设单位）负责的服务。

（8）招标费

招标费是指建设单位委托招标代理机构进行招标服务所发生的费用。

（9）设计评审费

设计评审费是指建设单位委托有资质的机构对设计文件进行评审的费用。设计文件包括初步设计文件和施工图设计文件等。

（10）技术经济标准使用费

技术经济标准使用费是指建设项目投资确定与计价、费用控制过程中使用相关技术经济标准时发生的费用。

（11）工程造价咨询费

工程造价咨询费是指建设单位委托造价咨询机构进行各阶段相关造价业务工作所发生的费用。

5. 建设期计列的生产经营费

建设期计列的生产经营费是指为达到生产经营条件在建设期发生或将要发生的费用。包括专利及专有技术使用费、联合试运转费、生产准备费等。

（1）专利及专有技术使用费

专利及专有技术使用费是指在建设期内为取得专利、专有技术、商标权、商誉、特许经营权等发生的费用。

1）专利及专有技术使用费的主要内容

① 工艺包费、设计及技术资料费、有效专利、专有技术使用费、技术保密费和技术服务费等。

② 商标权、商誉和特许经营权费。

③ 软件费等。

2）专利及专有技术使用费的计算

专利及专有技术使用费的计算应注意以下问题：

① 按专利使用许可协议和专有技术使用合同的规定计列。

② 专有技术的界定应以省、部级鉴定批准为依据。

③ 项目投资中只计需在建设期支付的专利及专有技术使用费。协议或合同规定在生产期支付的使用费应在生产成本中核算。

④ 一次性支付的商标权、商誉及特许经营权费按协议或合同规定计列。协议或合同规定在生产期支付的商标权或特许经营权费应在生产成本中核算。

（2）联合试运转费

联合试运转费是指新建或新增加生产能力的工程项目，在交付生产前按照设计文件规定的工程质量标准和技术要求，对整个生产线或装置进行负荷联合试运转所发生的费用净支出（试运转支出大于收入的差额部分费用）。试运转支出包括试运转所需原材料、燃料及动力消耗、低值易耗品、其他物料消耗、工具用具使用费、机械使用费、联合试运转人员工资、施工单位参加试运转人员工资、专家指导费以及必要的工业炉烘炉费等；试运转收入包括试运转期间的产品销售收入和其他收入。联合试运转费不包括应由设备安装工程费用开支的调试及试车费用，以及在试运转中暴露出来的因施工原因或设备缺陷等发生的处理费用。

（3）生产准备费

1）生产准备费的内容

在建设期内，建设单位为保证项目正常生产所做的提前准备工作发生的费用，包括人员培训、提前进场费以及投产使用必备的办公、生活家具用具及工器具等的购置费用。包括：

① 人员培训及提前进场费。包括自行组织培训或委托其他单位培训的人员工资、工资性补贴、职工福利费、差旅交通费、劳动保护费、学习资料费等。

② 为保证初期正常生产（或营业、使用）所必需的生产办公、生活家具用具购置费。

2）生产准备费的计算

① 新建项目按设计定员为基数计算，改扩建项目按新增设计定员为基数计算：

$$生产准备费＝设计定员×生产准备费指标（元/人）$$

② 可采用综合的生产准备费指标进行计算，也可以按费用内容的分类指标计算。

6. 工程保险费

工程保险费是指为转移工程项目建设的意外风险，在建设期内对建筑工程、安装工程、机械设备和人身安全进行投保而发生的费用。包括建筑安装工程一切险、引进设备财产保险和人身意外伤害险等。不同的建设项目可根据工程特点选择投保险种。

根据不同的工程类别，分别以其建筑、安装工程费乘以建筑、安装工程保险费率计算。民用建筑（住宅楼、综合性大楼、商场、旅馆、医院、学校）占建筑工程费的 2‰～4‰；其他建筑（工业厂房、仓库、道路、码头、水坝、隧道、桥梁、管道等）占建筑工程费的 3‰～6‰；安装工程（农业、工业、机械、电子、电器、纺织、矿山、石油、化学及钢铁工业、钢结构桥梁）占建筑工程费的 3‰～6‰。

7. 税金

税金是指按财政部《基本建设项目建设成本管理规定》（财建〔2016〕504号）统一归纳计列的城镇土地使用税、耕地占用税、契税、车船税、印花税等除增值税外的税金。

 课证融通小测

1. 关于工程建设其他费中的市政公用配套设施费及其构成，下列说法正确的是（　　）。

A. 包含在用地与工程准备费中

B. 包括界区内水、电、路、电信等设施建设费

C. 包括界区外绿化、人防等配套设施建设费

D. 包括项目配套建设的产权不归本单位的专用铁路、公路建设费

2. 下列费用中，应计入工程建设其他费用中用地与工程准备费的有(　　)。

A. 建设场地大型土石方工程费

B. 土地使用费和补偿费

C. 场地准备费

D. 建设单位临时设施费

E. 施工单位平整场地费

3. 下列费用中，计入技术服务费中勘察设计费的是(　　)。

A. 设计评审费

B. 技术经济标准使用费

C. 技术革新研究试验费

D. 非标准设备设计文件编制费

1.1.5　预备费的构成和计算

预备费是指在建设期内因各种不可预见因素的变化而预留的可能增加的费用，包括基本预备费和价差预备费。

1. 基本预备费

(1) 基本预备费的内容

基本预备费是指投资估算或工程概算阶段预留的，由于工程实施中不可预见的工程变更及洽商、一般自然灾害处理、地下障碍物处理、超规超限设备运输等而可能增加的费用，亦可称为工程建设不可预见费。基本预备费一般由以下 4 部分构成：

1) 工程变更及洽商。在批准的初步设计范围内，技术设计、施工图设计及施工过程中所增加的工程费用；设计变更、工程变更、材料代用、局部地基处理等增加的费用。

2) 一般自然灾害处理。一般自然灾害造成的损失和预防自然灾害所采取的措施费用。实行工程保险的工程项目，该费用应适当降低。

3) 不可预见的地下障碍物处理的费用。

4) 超规超限设备运输增加的费用。

(2) 基本预备费的计算

基本预备费是按工程费用与工程建设其他费用之和为计取基础，乘以基本预备费率进行计算。基本预备费率的取值应执行国家及有关部门的规定。

$$基本预备费＝(工程费用＋工程建设其他费用)×基本预备费率$$

2. 价差预备费

(1) 价差预备费的内容

价差预备费是指为在建设期内利率、汇率或价格等因素的变化而预留的可能增加的费用，亦称为价格变动不可预见费。价差预备费的内容包括：人工、设备、材料、施工机具的价差费，建筑安装工程费及工程建设其他费用调整，利率、汇率调整等增加的费用。

(2) 价差预备费的计算

价差预备费一般根据国家规定的投资综合价格指数，按估算年份价格水平的投资额为基数，采用复利方法计算。计算公式为：

$$PF = \sum_{t=1}^{n} I_t \left[(1+f)^m (1+f)^{0.5} (1+f)^{t-1} - 1 \right]$$

式中　PF——价差预备费；

　　　n——建设期年份数；

　　　I_t——建设期中第 t 年的静态投资计划额，包括工程费用、工程建设其他费用及基本预备费；

　　　f——年涨价率（政府部门有规定的按规定执行，没有规定的由可行性研究人员预测）；

　　　m——建设前期年限（从编制估算到开工建设，单位：年）。

【例 1-1-3】 某建设项目建安工程费 5000 万元，设备购置费 3000 万元，工程建设其他费用 2000 万元，已知基本预备费率 5%，项目建设前期年限为 1 年，建设期为 3 年，各年投资计划额为：第一年完成投资 20%，第二年 60%，第三年 20%。年均投资价格上涨率为 6%。试计算建设项目建设期间价差预备费。

解： 基本预备费=(5000+3000+2000)×5%=500 万元

静态投资=5000+3000+2000+500=10500 万元

建设期第一年完成投资=10500×20%=2100 万元

第一年价差预备费为：$PF_1 = I_1 \times [(1+f) \times (1+f) \times 0.5 - 1] = 191.8$ 万元

第二年完成投资=10500×60%=6300 万元

第二年价差预备费为：$PF_2 = I_2 \times [(1+f) \times (1+f) \times 0.5 \times (1+f) - 1] = 987.9$ 万元

第三年完成投资=10500×20%=2100 万元

第三年价差预备费为：$PF_3 = I_3 \times [(1+f) \times (1+f) \times 0.5 \times (1+f) \times 2 - 1] = 475.1$ 万元

所以，建设期的价差预备费为：

$PF = 191.8 + 987.9 + 475.1 = 1654.8$ 万元

 课证融通小测

下列费用中，属于基本预备费支出范围的是（　　　　）。

A. 超规超限设备运输增加费

B. 人工、材料、施工机具的价差费

C. 建设期内利率调整增加费

D. 未明确项目的准备金

1.1.6　建设期利息的计算

建设期利息（资金筹措费）主要是指在建设期内发生的为工程项目筹措资金的融资费用及债务资金利息。

建设期利息的计算，根据建设期资金用款计划，在总贷款分年均衡发放前提下，可按当年借款在年中支用考虑，即当年借款按半年计息，上年借款按全年计息。计算公式为：

$$q_j = \left(P_{j-1} + \frac{1}{2} A_j \right) \times i$$

式中　q_j——建设期第 j 年应计利息；

P_{j-1}——建设期第 $(j-1)$ 年末累计贷款本金与利息之和；

A_j——建设期第 j 年贷款金额；

i——年利率。

利用国外贷款的利息计算中，年利率应综合考虑贷款协议中向贷款方加收的手续费、管理费、承诺费以及国内代理机构向贷款方收取的转贷费、担保费和管理费等。

【例 1-1-4】 某新建项目，建设期为 3 年，分年均衡进行贷款，第一年贷款 300 万元，第二年贷款 600 万元，第三年贷款 400 万元，年利率为 12%，建设期内利息只计息不支付。试计算建设期利息。

解：

$$q_1 = \frac{1}{2}A_1 \cdot i = \frac{1}{2} \times 300 \times 12\% = 18 \text{ 万元}$$

$$q_2 = \left(P_1 + \frac{1}{2}A_2\right) \cdot i = \left(300 + 18 + \frac{1}{2} \times 600\right) \times 12\% = 74.16 \text{ 万元}$$

$$q_3 = \left(P_2 + \frac{1}{2}A_3\right) \cdot i = \left(318 + 600 + 74.16 + \frac{1}{2} \times 400\right) \times 12\% = 143.06 \text{ 万元}$$

所以，建设期利息 $= q_1 + q_2 + q_3 = 18 + 74.16 + 143.06 = 235.22$ 万元

 课证融通小测

关于建设期利息计算公式 $q_j = \left(P_{j-1} + \frac{1}{2}A_j\right) \times i$ 的应用，下列说法正确的是（　　）。

A. 按总贷款在建设期内均衡发放考虑

B. P_{j-1} 为第 $(j-1)$ 年年初累计贷款本金和利息之和

C. 按贷款在年中发放和支用考虑

D. 按建设期内支付贷款利息考虑

1.1.7　流动资金的估算

流动资金是指生产经营性项目投产后，为进行正常生产运营，用于购买原材料、燃料，支付工资及其他经营费用等所需的周转资金。流动资金估算一般采用分项详细估算法。个别情况或者小型项目可采用扩大指标估算法。

 素养提升

1. 通过国产设备原价和进口设备原价的构成与计算，使同学们养成支持国产品牌、认同民族文化的精神追求。

2. 通过精确计算总投资各构成要素，使同学们养成认真细致、精益求精的工作作风。

3. 通过预备费的学习，科学规划过程投资额，使同学们养成全局意识。

4. 通过整理与清理作业环境，使同学们养成热爱劳动的意识。

任务 1.1　工作任务单

01　学生任务分配表

班级		组号		指导教师	
组长		学号			
组员 （组员姓名、 学号）					
任务分工					

02 任务准备表

工作目标		根据任务背景，填写各项费用的数额或费率			
序号	费用名称	数额或费率	序号	费用名称	数额或费率
简述各项费用确定中的注意事项					

03   计算方案工作单

组号		姓名		学号	
工作目标		制定该项目总投资计算方案			
工程费用					
工程建设其他费用					
预备费					
建设贷款利息					
流动资金					
总投资					

04 小组合作

组号		姓名		学号	
工作目标		小组交流讨论，教师参与，形成正确的计算方案			
错误信息		产生的原因		改进的措施	
自己在任务工作中的不足					

05 小组总结

组号		姓名		学号	
工作目标		小组推荐一位小组长，汇报计算方案，借鉴各组经验，进一步优化方案			
费用名称		计算方案			
本组工作的不足					

06　建设项目总投资计算

组号		姓名		学号	
工作目标		(1) 根据计算方案，确定建设项目总投资； (2) 对比分析建设项目总投资计算实际数据，并进行订正			

任务 1.1 案例详解：

07 评价反馈——自我评价

班级		组名		日期	
评价指标	评价内容			分数	分数评定
信息检索	能有效利用网络、图书资源查找有用的相关信息；能将查到的信息有效地应用到学习中			10 分	
感知工作	是否熟悉造价工作岗位，认同工作价值；在工作中是否能获得满足感			10 分	
参与态度	是否积极主动与教师、同学交流，相互尊重、理解、平等；与教师、同学之间是否能够保持多向、丰富、适宜的信息交流			15 分	
	是否能处理好合作学习和独立思考的关系，做到有效学习；能提出有意义的问题或能发表个人见解			15 分	
学习方法	学习方法是否得体，是否获得了进一步学习的能力			15 分	
思维态度辩证分析	是否能发现问题、提出问题、分析问题、解决问题			10 分	
自评反思	按时保质完成任务；较好地掌握了知识点；具有较强的信息分析能力和理解能力；具有较为全面严谨的思维能力并能条理清楚明晰表达成文			25 分	
自评分数					
有益的经验和做法					
总结反馈建议					

08 评价反馈——组内互评

班级			组名		日期	
评价指标		评价内容			分数	分数评定
信息检索		该同学能有效利用网络、图书资源查找有用的相关信息；能将查到的信息有效地应用到工作中			10分	
感知工作		该同学是否熟悉造价工作岗位，认同工作价值；在工作中是否能获得满足感			10分	
参与态度		该同学是否能积极主动与教师、同学交流，相互尊重、理解、平等；与教师、同学之间是否能够保持多向、丰富、适宜的信息交流			15分	
		该同学是否能处理好合作学习和独立思考的关系，做到有效学习；能提出有意义的问题或能发表个人见解			15分	
学习方法		该同学学习方法是否得体，是否获得了进一步学习的能力			15分	
思维态度		该同学是否能发现问题、提出问题、分析问题、解决问题			10分	
自评反馈		该同学是否能按时保质完成任务；较好地掌握了知识点；具有较强的信息分析能力和理解能力；具有较为全面严谨的思维能力并能条理清楚明晰表达成文			25分	
评价分数						
该同学的不足之处						
有针对性的改进建议						

09　组间互评表

班级		评价小组		日期	
评价指标		评价内容		分数	分数评定
汇报表述		表述准确		15分	
		语言流畅		10分	
		准确反映完成情况		15分	
内容正确度		内容正确		30分	
		语言表达到位		30分	
互评分数					
简要评述					

10　教师评价表

班级		组名		姓名	
出勤情况					
评价内容	评价要点	考察要点		分数	分数评定
查阅文献	任务实施过程中文献查阅	(1) 积极查阅信息资料		20分	
		(2) 正确运用信息资料			
互动交流	组内交流，教学互动	(1) 积极参与交流		30分	
		(2) 主动接受教师指导			
任务完成	规定时间内完成度	按规定时间完成任务		20分	
	任务完成正确度	任务完成的正确性		30分	
合计				100分	

任务 1.2　投资估算及投资估算文件编制

 案例导入

湖南省某市 2021 年拟建一年产 20 万 t 化工产品的项目。

项目建议书阶段估算项目总投资。根据调查，该地区 2018 年建设的年产 10 万 t 相同产品的已建项目的投资额为 5000 万元。生产能力指数为 0.6，2018—2021 年工程造价平均每年递增 10%。

随着项目的推进，为了保证总投资的精确度，可行性研究阶段该项目再次进行估算。项目资料如下：

主要生产项目 6800 万元，其中设备购置费 3500 万元，建筑工程费 2500 万元，安装工程费 800 万元；辅助生产项目 2000 万元，其中设备购置费 800 万元，建筑工程费 1000 万元，安装工程费 200 万元；公用工程 1200 万元，其中设备购置费 400 万元，建筑工程费 700 万元，安装工程费 100 万元。

工程建设其他费合计为 1200 万元；基本预备费费率为 8%，项目建设前期年限为 1 年，建设期为 3 年，各年投资计划额为：第一年完成投资 20%，第二年 60%，第三年 20%。年均投资价格上涨率为 6%。

该项目的资金来源分为自有资金与贷款。贷款分年均衡进行，其贷款计划为：建设期第一年贷款 2000 万元人民币；建设期第二年贷款 2000 万元人民币；建设期第三年贷款 1000 万元人民币。贷款利率 8%。

流动资金估计为 1500 万元人民币。

请分阶段确定该项目投资估算额度并编制以下投资估算表（表 1-2-1～表 1-2-3）。

建设投资估算表　　　　　　　　　　　　　　　　表 1-2-1

人民币单位：万元　　　　　　　　　　　　　　　　　　　　　　外币单位：

序号	工程或费用名称	估算价值					技术经济指标	
		建筑工程费	设备购置费	安装工程费	工程建设其他费用	合计	其中：外币	比例（%）
1	工程费用							
1.1	主体工程							
1.2	辅助工程							
1.3	公用工程							
2	工程建设其他费							
3	预备费							
3.1	基本预备费							
3.2	价差预备费							
4	建设投资合计							
	比例（%）							

建设期利息估算表   表 1-2-2

序号	项目名称	合计	建设期（年）	
			1	2
1	借款			
1.1	建设期利息			
1.1.1	期初借款余额			
1.1.2	当期借款			
1.1.3	当期应计利息			
1.1.4	期末借款余额			

项目总投资估算汇总表   表 1-2-3

工程名称：

序号	费用名称	估算价值				
		建筑工程费	设备及工器具购置费	安装工程费	其他费用	合计
一	工程费用					
（一）	主要生产系统					
（二）	辅助生产系统					
（三）	公用及福利设施					
	小计					
二	工程建设其他费					
1	……					
2	小计					
三	预备费					
1	基本预备费					
2	价差预备费					
3	小计					
四	建设期利息					
五	流动资金					
	投资估算合计					
比例（%）						

🏛 知识目标

（1）掌握项目决策与工程造价的关系；

（2）掌握投资估算的概念及其编制内容；

（3）掌握静态投资的编制方法（重点、难点）；

（4）掌握动态投资部分的编制方法；

（5）掌握流动资金的编制方法；

（6）掌握投资估算文件的编制（重点）。

静态投资的
编制方法

能力目标

(1) 具备确定静态投资额的能力；
(2) 具备确定动态投资部分的能力；
(3) 具备确定流动资金的能力；
(4) 具备编制投资估算文件能力。

思政与素养目标

投资估算
文件的编制

(1) 培养严谨、细致的工作作风；
(2) 培养创新的思维和应变的实践能力；
(3) 培养全局意识；
(4) 培养热爱劳动的意识。

1.2.1　项目决策与工程造价的关系

1. 项目决策的概念

项目决策是指投资者在调查分析、研究的基础上，选择和决定投资行动方案的过程，是对拟建项目的必要性和可行性进行技术经济论证，对不同建设方案进行技术经济比较并作出判断和决定的过程。项目决策的正确与否，直接关系到项目建设的成败，关系到工程造价的高低及投资效果的好坏。总之，项目投资决策是投资行动的准则，正确的项目投资行动来源于正确的项目投资决策，正确的决策是正确估算和有效控制工程造价的前提。

2. 项目决策与工程造价的关系

(1) 项目决策的正确性是工程造价合理性的前提

项目决策正确，意味着对项目建设做出科学的决断，优选出最佳投资行动方案，达到资源的合理配置，在此基础上合理地估算工程造价，以在实施最优投资方案过程中，有效控制工程造价。项目决策失误，例如项目选择失误、建设地点选择错误，或者建设方案不合理等，会带来不必要的资金投入，甚至造成不可弥补的损失。因此，为达到工程造价的合理性，事先就要保证项目决策的正确性，避免决策失误。

(2) 项目决策的内容是决定工程造价的基础

决策阶段是项目建设全过程的起始阶段，决策阶段的工程计价对项目全过程的造价起着宏观控制作用。决策阶段各项技术经济决策，对该项目的工程造价有重大影响，特别是建设标准的确定、建设地点的选择、工艺的评选、设备的选用等，直接关系到工程造价的高低。据有关资料统计，在项目建设各阶段中，投资决策阶段影响工程造价的程度最高。因此，决策阶段是决定工程造价的基础阶段。

(3) 项目决策的深度影响投资估算的精确度

投资决策是一个由浅入深、不断深化的过程，不同阶段决策的深度不同，投资估算的精度也不同。例如，在项目规划和项目建议书阶段，投资估算的误差率在$\pm 30\%$左右；而在可行性研究阶段，误差率在$\pm 10\%$以内。在项目建设的各个阶段，通过工程造价的确定与控制，形成相应的投资估算、设计概算、施工图预算、合同价、结算价和竣工决算价，各造价形式之间存在着前者控制后者，后者补充前者的相互作用关系。因此，只有加强项目决策的深度，采用科学的估算方法和可靠的数据资料，合理地计算投资估算，才能保证其他阶段的造价被控制在合理范围，避免"三超"现象的发生，继而实现投资控制目标。

（4）工程造价的数额影响项目决策的结果

项目决策影响着项目造价的高低以及拟投入资金的多少，反之亦然。项目决策阶段形成的投资估算是进行投资方案选择的重要依据之一，同时也是决定项目是否可行及主管部门进行项目审批的参考依据。因此，项目投资估算的数额，从某种程度上也影响着项目决策。

3. 影响工程造价的主要因素

在项目决策阶段，影响工程造价的主要因素包括建设规模、建设地区及建设地点（场址）、技术方案、设备方案、工程方案、环境保护措施等。

关于项目决策与工程造价的关系，下列说法正确的是（　　）。

A. 项目不同决策阶段的投资估算精度要求是一致的

B. 项目决策的内容与工程造价无关

C. 项目决策的正确性不影响设备选型

D. 工程造价的金额影响项目决策的结果

1.2.2　建设工程可行性研究

1. 可行性研究报告概述

（1）可行性研究报告的概念

所谓可行性研究报告是从事一种经济活动（投资）之前，运用多种科学手段综合论证一个工程项目在技术上是否先进、实用和可靠，在财务上是否盈利，并做出环境影响、社会效益和经济效益的分析和评价，以及工程项目抗风险能力分析等，据此提出该项目是否应该投资建设，以及选定最佳投资建设方案等结论性意见的一种书面文件，为投资决策提供科学依据。

如果在实施中才发现工程费用过高，投资不足或原材料不能保证等问题，将会给投资者造成巨大损失。因此，无论是发达国家还是发展中国家，都把可行性研究视为重要环节。投资者为了排除盲目性，减少风险，在竞争中取得最大利润，宁愿在投资前花费一定的代价，也要进行投资项目的可行性研究，以提高投资获利的可靠程度。

（2）可行性研究报告的作用

对于新建、改建和扩建项目，在项目投资决策之前，都需要编制可行性研究报告，从而使项目投资决策科学化，减少和避免投资决策的失误，提高项目投资的经济效益。具体来说，可行性研究报告的作用主要包括以下几点：

1）可行性研究报告可作为建设项目投资决策的依据。项目的开发和建设需要投入大量的人力、物力和财力，受到社会、技术、经济等各种因素的影响，不能只凭感觉或经验确定，而是要在投资决策前，对项目进行深入细致的可行性研究，从社会、技术、经济等方面对项目进行分析、评价，项目投资决策者主要根据可行性研究报告的评价结果，决定一个建设项目是否应该投资和如何投资。因此，它是项目投资的主要依据。

2）可行性研究报告是筹集资金时向银行申请贷款的依据。我国的建设银行、国家开发银行和投资银行等，以及其他境内外的各类金融机构在接受项目建设贷款时，都要对贷款项目进行全面、细致的分析评估。银行等金融机构只有在确认项目具有偿还贷款能力、不承担过大风险的情况下，才会同意贷款。

3）可行性研究可作为项目主管部门商谈合同、签订协议的依据。根据可行性研究报告，建设项目主管部门可同国内有关部门签订项目所需原材料、能源资源和基础设施等方面的协议和合同，以及同国外厂商引进技术和设备。

4）可行性研究可作为项目进行工程设计、设备订货、施工准备等基本建设前期工作的依据。可行性研究报告一经审批通过，就意味着该项目正式批准立项，可以进行初步设计。在可行性研究工作中，对项目选址、建设规模、主要生产流程、设备选型等方面都进行了比较详细的论证和研究，编制设计文件、进行建设准备工作都应以可行性研究报告为依据。

5）可行性研究报告可作为项目拟采用的新技术、新设备的研制和进行地形、地质及工业性试验工作的依据。项目拟采用新技术、新设备必须是经过技术经济论证认为可行的，方能拟订研制计划。

6）可行性研究报告可作为环保部门审查项目对环境影响的依据，也可作为向项目建设所在地政府和规划部门申请施工许可证的依据。

2. 可行性研究报告的编制

(1) 可行性研究报告的编制依据

1）国民经济发展的长远规划、国家经济建设的方针、任务和技术经济政策。根据国民经济发展的长远规划和国家经济建设方针确定的基本建设的投资方向和规模，提出需要进行可行性研究的项目建议书。这样可以有计划地统筹安排各部门、各地区、各行业及企业产品生产的协作与配套项目，有利于搞好综合平衡，也符合我国经济建设的要求。

2）项目建议书和委托单位的要求。项目建议书是做各项准备工作和进行可行性研究的重要依据，只有在项目建议书经上级主管部门和国家计划部门审查同意，并经汇总平衡纳入建设前期工作计划后，方可进行可行性研究的各项工作。建设单位在委托可行性研究任务时，应向承担可行性研究工作的单位提出建设项目的目标和其他要求，以及说明有关市场、原材料、资金来源等。

3）有关基础资料。进行厂址选择、工程设计、技术经济分析需要可靠的地理、气象、地质等自然、经济和社会等基础资料和数据。

4）有关技术经济方面的规范、标准、定额等指标。承担可行性研究的单位必须具备这些资料，因为这些资料都是进行项目设计和技术经济评价的基本依据。

5）有关项目经济评价的基本参数和指标。例如，基准收益率、折现率、固定资产折旧率、外汇汇率、价格水平、工资标准、同类项目的生产成本等，这些参数和指标是进行项目经济评价的基准和依据。

(2) 建设项目可行性研究报告的编制要求

1）确保可行性研究报告的真实性和科学性。可行性研究是一项技术性、经济性、政策性很强的工作。编制单位必须站在公正的立场并保持独立性，按照事物的客观经济规律和科学研究工作的客观规律办事，在调查研究的基础上，按客观实际情况实事求是地进行技术经济论证、技术方案比较和评价，切忌主观臆断、行政干预、"画框框、定调子"，以保证可行性研究的严肃性、客观性、真实性、科学性和可靠性，确保可行性研究的质量。

2）编制单位必须具备承担可行性研究的条件。建设项目可行性研究报告的内容涉及面广，还有一定的深度要求。因此，需要由具备一定的技术力量、技术装备、技术手段和相当实践经验等条件的工程咨询公司、设计院等专门单位来承担。参加可行性研究的成员应由工业经济专家、市场分析专家、工程技术人员、机械工程师、土木工程师、企业管理人员、财会人员等组成，必要时可聘请地质、土壤等方面的专家短期协助工作。

3）可行性研究的内容和深度及计算指标必须达到标准要求。不同行业、不同性质、不同特点的建设项目，其可行性研究的内容和深度及计算指标，必须满足作为项目投资决策和进行设计的要求。

4）可行性研究报告必须经签证与审批。可行性研究报告编完后，应有编制单位的行政、技术、经济方面负责人的签字，并对研究报告的质量负责。另外，还需要上报主管部门审批。通常，大中型项目的可行性研究报告，由各主管部门、各省和自治区、直辖市或全国性专业公司负责预审，报国家发展改革委审批，或由国家发展改革委委托有关单位审批。小型项目的可行性研究报告，按隶属关系由各主管部门、各省和自治区、直辖市审批。重大和特殊建设项目的可行性研究报告，由国家发展改革委会同有关部门预审，报国务院审批。可行性研究报告的预审单位，对预审结论负责。可行性研究报告的审批单位，对审批意见负责。若发现工作中有弄虚作假现象，则应追究有关负责人的责任。

（3）可行性研究报告的编制程序

根据我国现行的工程项目建设程序和国家颁布的《关于建设项目进行可行性研究试行管理办法》，可行性研究报告的编制程序如下：

1）建设单位提出项目建议书和初步可行性研究报告。各投资单位根据国家经济发展的长远规划、经济建设的方针任务和技术经济政策，结合资源情况、建设布局等条件，在广泛收集各种资料的基础上，提出需要进行可行性研究的项目建议书和初步可行性研究报告。

2）项目业主、承办单位委托有资格的单位进行可行性研究。当项目建议书经国家计划部门、贷款部门审定批准后，该项目即可立项。项目业主和承办单位即可以签订合同的方式委托有资格的工程咨询公司（或设计单位）着手编制拟建项目的可行性研究报告。

3）咨询或设计单位进行可行性研究工作，编制完整的可行性研究报告。一般按以下步骤开展工作：

① 了解有关部门与委托单位对建设项目的意图，并组建工作小组，制订工作计划。

② 调查研究与收集资料。调查研究主要从市场调查和资源调查两方面着手，通过分析论证，研究项目建设的必要性。

③ 方案设计和优选。建立几种可供选择的技术方案和建设方案，结合实际条件进行方案论证和比较，从中选出最优方案，研究论证项目在技术上的可行性。

④ 经济分析和评价。项目经济分析人员根据调查资料和有关规定，选定与本项目有关的经济评价基础数据和参数，对选定的最佳建设总体方案进行详细的财务预测、财务效

益分析、国民经济评价和社会效益评价。

⑤ 编写可行性研究报告。项目可行性研究的各专业方案经过技术经济论证和优化后，由各专业组分工编写，经项目负责人衔接协调，综合汇总，提出可行性研究报告初稿。

⑥ 与委托单位交换意见。

（4）可行性研究报告的编制内容

根据国家发展改革委批复的有关规定，项目可行性研究报告一般应按以下结构和内容编写：

1）总论。主要说明项目提出的背景、概况、问题及建议。

2）市场分析。市场分析包括市场调查和市场预测，是可行性研究的重要环节，其内容包括市场现状调查、产品供需预测、价格预测、竞争力分析、市场风险分析。

3）资源条件评价。主要内容为资源可利用量、资源品质情况、资源储存条件、资源开发价值。

4）建设规模与产品方案。主要内容为建设规模与产品方案构成、建设规模与产品方案比选、推荐的建设规模与产品方案、技术改造项目与原有设施利用情况等。

5）场址选择。主要内容为场址现状、场址方案比选、推荐的场址方案、技术改造项目当前场址的利用情况。

6）技术方案、设备方案和工程方案。主要内容包括技术方案选择、主要设备方案选择、工程方案选择、技术改造项目改造前后的比较。

7）原材料及燃料供应。主要内容包括主要原材料供应方案、燃料供应方案。

8）总图、运输与公用辅助工程。主要内容包括总图布置方案、场内外运输方案、公用工程与辅助工程方案、技术改造项目现有公用辅助设施利用情况。

9）节能措施。主要内容包括节能措施、能耗指标分析。

10）节水措施。主要内容包括节水措施、水耗指标分析。

11）环境影响评价。主要内容包括环境条件调查、影响环境因素分析、环境保护措施。

12）劳动安全卫生与消防。主要内容包括危险因素和危害程度分析、安全防范措施、卫生保健措施、消防设施。

13）组织机构与人力资源配置。主要内容包括组织机构设置、人力资源配置、员工培训等。

14）项目实施进度。主要内容包括建设工期、实施进度安排、技术改造项目建设与生产的衔接。

15）投资估算。主要内容包括建设投资估算、流动资金估算、投资估算表。

16）融资方案。主要内容包括融资组织形式、资本金筹措、债务资金筹措、融资方案分析。

17）财务评价。主要内容包括财务评价基础数据与参数选取、销售收入与成本费用估算、财务评价报表、盈利能力分析、偿债能力分析、不确定性分析、财务评价结论。

18）国民经济评价。主要内容包括影子价格及评价参数选取、效益费用范围与数值调整、国民经济评价报表、国民经济评价指标、国民经济评价结论。

19）社会评价。主要内容包括项目对社会影响分析、项目与所在地互适性分析、社会风险分析、社会评价结论。

20）风险分析。主要内容包括项目主要风险识别、风险程度分析、防范风险对策。

21）研究结论与建议。主要内容包括推荐方案总体描述、推荐方案优缺点描述、主要对比方案、结论与建议。

3. 可行性研究报告的审批

根据 2004 年《国务院关于投资体制改革的决定》，政府对于投资项目的管理分为审批、核准和备案三种方式。

（1）政府对于非政府资金投资建设项目的管理

凡企业不使用政府性资金投资建设的项目，政府区别不同情况实行核准制或备案制。其中，政府仅对重大项目和限制类项目从维护社会公共利益角度进行核准，其他项目无论规模大小，均改为备案制。对实行核准制的项目，仅须向政府提交项目申请报告，而无须报批项目建议书、可行性研究报告和开工报告；备案制则无须提交项目申请报告，只要备案即可。

（2）政府对政府投资项目的管理

对于政府投资项目，只有直接投资和资本金注入方式的项目，政府需要对可行性研究报告进行审批，其他项目无须审批可行性研究报告。具体规定如下：

1）使用中央预算内投资、中央专项建设基金、中央统还国外贷款 5 亿元及以上的项目，或使用中央预算内投资、中央专项建设基金、统借自还国外贷款的总投资 50 亿元及以上的项目由国家发展改革委审核报国务院审批。

2）国家发展改革委对地方政府投资项目只需审批项目建议书，无须审批可行性研究报告。

3）对于使用国外援助性资金的项目，由中央统借统还的项目，按照中央政府直接投资项目进行管理，其可行性研究报告由国家发展改革委审批或审核后报国务院审批；省级政府负责偿还或提供还款担保的项目，按照省级政府直接投资项目进行管理，其项目审批权限按国务院及国家发展改革委的有关规定执行；由项目用款单位自行偿还且不需政府担保的项目，参照《政府核准的投资项目目录》规定办理。

1.2.3 投资估算的概念及其编制内容

1. 投资估算的含义及作用

（1）投资估算的含义

投资估算是在投资决策阶段，以方案设计或可行性研究文件为依据，按照规定的程序、方法和依据，对拟建项目所需总投资及其构成进行的预测和估计，是在研究并确定项目的建设规模、产品方案、技术方案、工艺技术、设备方案、厂址方案、工程建设方案以及项目进度计划等的基础上，依据特定的方法，估算项目从筹建、施工直至建成投产所需全部建设资金总额并测算建设期各年资金使用计划的过程。投资估算的成果文件称作投资估算书（也简称为投资估算）。投资估算书是项目建议书或可行性研究报告的重要组成部分，是项目决策的重要依据之一。

投资估算按委托内容可分为建设项目的投资估算、单项工程投资估算、单位工程投资估算。投资估算的准确与否不仅影响可行性研究工作的质量和经济评价结果，而且直接关系到下一阶段设计概算和施工图预算的编制，以及建设项目的资金筹措方案。因此，全面准确地估算建设项目的工程造价，是可行性研究乃至整个决策阶段造价管理的重要任务。

（2）投资估算的作用

投资估算作为论证拟建项目的重要经济文件，既是建设项目技术经济评价和投资决策的重要依据，又是该项目实施阶段投资控制的目标值。投资估算在建设工程的投资决策、造价控制、筹集资金等方面都有重要作用。

1）项目建议书阶段的投资估算，是项目主管部门审批项目建议书的依据之一，也是编制项目规划、确定建设规模的参考依据。

2）项目可行性研究阶段的投资估算，是项目投资决策的重要依据，也是研究、分析、计算项目投资经济效果的重要条件。政府投资项目的可行性研究报告被批准后，其投资估算额将作为设计任务书中下达的投资限额，即建设项目投资的最高限额，不能随意突破。

3）项目投资估算是设计阶段造价控制的依据，投资估算一经确定，即成为限额设计的依据，用于对各设计专业实行投资切块分配，作为控制和指导设计的尺度。

4）项目投资估算可作为项目资金筹措及制订建设贷款计划的依据，建设单位可根据批准的项目投资估算额，进行资金筹措和向银行申请贷款。

5）项目投资估算是核算建设项目固定资产投资需要额和编制固定资产投资计划的重要依据。

6）投资估算是建设工程设计招标、优选设计单位和设计方案的重要依据。在工程设计招标阶段，投标单位报送的投标书中包括项目设计方案、项目的投资估算和经济性分析，招标单位根据投资估算对各项设计方案的经济合理性进行分析、衡量、比较，在此基础上，择优确定设计单位和设计方案。

（3）投资估算的内容

投资估算按照编制估算的工程对象划分，包括建设项目投资估算、单项工程投资估算和单位工程投资估算等。投资估算文件一般由封面、签署页、编制说明、投资估算分析、总投资估算表、单项工程估算表、主要技术经济指标等内容组成。

1）投资估算编制说明

投资估算编制说明一般包括以下内容：

① 工程概况。

② 编制范围。说明建设项目总投资估算中所包括的和不包括的工程项目和费用，如有几个单位共同编制时，说明分工编制的情况。

③ 编制方法。

④ 编制依据。

⑤ 主要技术经济指标，包括投资、用地和主要材料用量指标。当设计规模有远、近期不同的考虑时，或者土建与安装的规模不同时，应分别计算后再综合。

⑥ 有关参数、率值选定的说明，如征地拆迁、供电供水、考察咨询等费用的费率标准选用情况。

⑦ 特殊问题的说明（包括采用新技术、新材料、新设备、新工艺）；必须说明的价格的确定；进口材料、设备、技术费用的构成与技术参数；采用特殊结构的费用估算方法；安全、节能、环保、消防等专项投资占总投资的比重；建设项目总投资中未计算项目或费用的必要说明等。

⑧ 采用限额设计的工程还应对投资限额和投资分解做进一步说明。

⑨ 采用方案比选的工程还应对方案比选的估算和经济指标做进一步说明。

⑩ 资金筹措方式。

2. 投资估算分析

投资估算分析应包括以下内容：

(1) 工程投资比例分析

一般民用项目要分析土建及装修、给水排水、消防、供暖、通风空调、电气等主体工程和道路、广场、围墙、大门、室外管线、绿化等室外附属/总体工程占建设项目总投资的比例；一般工业项目要分析主要生产系统（需列出各生产装置）、辅助生产系统、公用工程（给水排水、供电和通信、供气、总图运输等）、服务性工程、生活福利设施、场外工程等占建设项目总投资的比例。

(2) 各类费用构成占比分析

分析设备及工器具购置费、建筑工程费、安装工程费、工程建设其他费用、预备费占建设项目总投资的比例；分析引进设备费用占全部设备费用的比例等。

(3) 分析影响投资的主要因素。

(4) 与类似工程项目的比较，对投资总额进行分析。

3. 总投资估算

总投资估算包括汇总单项工程估算、工程建设其他费用、基本预备费、价差预备费、计算建设期利息等。

4. 单项工程投资估算

单项工程投资估算中，应按建设项目划分的各个单项工程分别计算组成工程费用的建筑工程费、设备及工器具购置费和安装工程费。

5. 工程建设其他费用估算

工程建设其他费用估算应按预期将要发生的工程建设其他费用种类，逐项详细估算其费用金额。

6. 主要技术经济指标

工程造价人员应根据项目特点，计算并分析整个建设项目、各单项工程和主要单位工程的主要技术经济指标。

 课证融通小测

关于项目投资估算的作用，下列说法中正确的是（　　　）。

A. 项目建议书阶段的投资估算，是确定建设投资最高限额的依据

B. 可行性研究阶段的投资估算，是项目投资决策的重要依据，不得突破

C. 投资估算不能作为制定建设贷款计划的依据

D. 投资估算是核算建设项目固定资产需要额的重要依据

1.2.4 投资估算的编制

1. 投资估算的编制依据、要求及步骤

(1) 投资估算的编制依据

建设项目投资估算编制依据是指在编制投资估算时所遵循的计量规则、市场价格、费用标准及工程计价有关参数、率值等基础资料，主要有以下几个方面：

1）国家、行业和地方政府的有关法律、法规或规定；政府有关部门、金融机构等发布的价格指数、利率、汇率、税率等有关参数。

2）行业部门、项目所在地工程造价管理机构或行业协会等编制的投资估算指标、概算指标（定额）、工程建设其他费用定额（规定）、综合单价、各类工程造价指标、指数和有关造价文件等。

3）类似工程的各种技术经济指标和参数。

4）工程所在地同期的人工、材料、机具市场价格，建筑、工艺及附属设备的市场价格和有关费用。

5）与建设项目有关的工程地质资料、设计文件、图纸或有关设计专业提供的主要工程量和主要设备清单等。

6）委托单位提供的其他技术经济资料。

（2）投资估算的编制要求

建设项目投资估算编制时，应满足以下要求：

1）应根据主体专业设计的阶段和深度，结合各行业的特点，所采用生产工艺流程的成熟性，以及国家及地区、行业或部门、市场相关投资估算基础资料和数据的合理、可靠、完整程度，采用合适的方法，对建设项目投资估算进行编制，并对主要技术经济指标进行分析。

2）应做到工程内容和费用构成齐全，不重不漏，不提高或降低估算标准，计算合理。

3）应充分考虑拟建项目设计的技术参数和投资估算所采用的估算系数、估算指标，在质和量方面所综合的内容，应遵循口径一致的原则。

4）参考工程造价管理部门发布的投资估算指标或各类工程造价指标和指数等，依据工程所在地市场价格水平，结合项目实际情况及科学合理的建造工艺，全面反映建设项目建设前期和建设期的全部投资。对于建设项目的边界条件，如建设用地费和外部交通、水、电、通信条件，或市政基础设施配套条件等差异所产生的与主要生产内容投资无必然关联的费用，应结合建设项目的实际情况进行修正。

5）应对影响造价变动的因素进行敏感性分析，分析市场的变动因素，充分估计物价上涨因素和市场供求情况对项目造价的影响，确保投资估算的编制质量。

6）投资估算精度应能满足控制初步设计概算要求，并尽量减少投资估算的误差。

（3）投资估算的编制步骤

根据投资估算的不同阶段，主要包括项目建议书阶段及可行性研究阶段的投资估算。可行性研究阶段的投资估算的编制一般包含静态投资部分、动态投资部分与流动资金估算三部分，主要包括以下步骤：

1）分别估算各单项工程所需建筑工程费、设备及工器具购置费、安装工程费，在汇总各单项工程费用的基础上，估算工程建设其他费用和基本预备费，完成工程项目静态投资部分的估算。

2）在静态投资部分的基础上，估算价差预备费和建设期利息，完成工程项目动态投资部分的估算。

3）估算流动资金。

4）估算建设项目总投资。

投资估算编制的具体流程图，如图 1-2-1 所示。

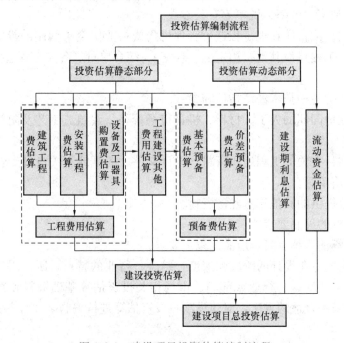

图 1-2-1 建设项目投资估算编制流程

2. 静态投资部分的估算方法

静态投资部分估算的方法很多，各有其适用的条件和范围，而且误差程度也不相同。一般情况下，应根据项目的性质、占有的技术经济资料和数据的具体情况，选用适宜的估算方法。在项目建议书阶段，投资估算的精度较低，可采取简单的匡算法，如生产能力指数法、系数估算法、比例估算法或混合法等，在条件允许时，也可采用指标估算法；在可行性研究阶段，投资估算精度要求高，需采用相对详细的投资估算方法，如指标估算法等。

（1）项目建议书阶段投资估算方法

1）生产能力指数法，又称为指数估算法，是根据已建成的类似项目生产能力和投资额来粗略估算同类但生产能力不同的拟建项目静态投资额的方法，其计算公式为：

$$C_2 = C_1 \left(\frac{Q_2}{Q_1}\right)^x \cdot f$$

式中 C_1——已建成类似项目的静态投资额；

C_2——拟建项目静态投资额；

Q_1——已建类似项目的生产能力；

Q_2——拟建项目的生产能力；

f——不同时期、不同地点的定额、单价、费用和其他差异的综合调整系数；

x——生产能力指数。

上式表明造价与规模（或容量）呈非线性关系，且单位造价随工程规模（或容量）的增大而减小。生产能力指数法的关键是生产能力指数的确定，一般要结合行业特点确定，并应有可靠的例证。正常情况下，$0 \leqslant x \leqslant 1$。不同生产率水平的国家和不同性质的项目中，$x$ 的取值是不同的。若已建类似项目规模和拟建项目规模的比值在 0.5～2 之间时，x 的取值近似为 1；若已建类似项目规模与拟建项目规模的比值为 2～50，且拟建项目生产规模的扩大仅靠增大设备规模来达到时，则 x 的取值为 0.6～0.7；若是靠增加相同规格设备的数量达到时，x 的取值在 0.8～0.9 之间。

生产能力指数法误差可控制在 $\pm 20\%$ 以内。生产能力指数法主要应用于设计深度不足，拟建建设项目与类似建设项目的规模不同，设计定型并系列化，行业内相关指数和系数等基础资料完备的情况。一般拟建项目与已建类似项目生产能力比值不宜大于 50，在 10 倍以内效果较好，否则误差就会增大。另外，尽管该办法估价误差仍较大，但有其独特的优点，即这种估价方法不需要详细的工程设计资料，只需要知道工艺流程及规模就可以，在总承包工程报价时，承包人大都采用这种方法。

【例 1-2-1】 某地 2023 年拟建一座年产 20 万 t 的化工厂。该地区 2021 年建成的年产 15 万 t 相同产品的类似项目实际建设投资为 6000 万元。2021 年和 2023 年该地区的工程造价指数（定基指数）分别为 1.12 和 1.15，生产能力指数为 0.7，预计该项目建设期的两年内工程造价仍将年均上涨 5%。试计算该项目的静态投资金额。

解： 该项目的静态投资 $= 6000 \times (20/15)^{0.7} \times (1.15/1.12) = 7535.09$ 万元。

2）系数估算法，也称为因子估算法，是以拟建项目的主体工程费或主要设备购置费为基数，以其他辅助配套工程费与主体工程费或设备购置费的百分比为系数，依此估算拟建项目静态投资的方法。本办法主要应用于设计深度不足，拟建建设项目与类似建设项目的主体工程费或主要设备购置费比重较大，行业内相关系数等基础资料完备的情况。在我国国内常用的方法有设备系数法和主体专业系数法，世界银行项目投资估算常用的方法是朗格系数法。

① 设备系数法，是指以拟建项目的设备购置费为基数，根据已建成的同类项目的建筑安装工程费和其他工程费等与设备价值的百分比，求出拟建项目建筑安装工程费和其他工程费，进而求出项目的静态投资，其计算公式为：

$$C = E(1 + f_1 P_1 + f_2 P_2 + f_3 P_3 + \cdots\cdots) + I$$

式中　　　　C——拟建项目的静态投资；

E——拟建项目根据当时当地价格计算的设备购置费；

P_1、P_2、$P_3 \cdots\cdots$——已建成类似项目中建筑安装工程费及其他工程费等与设备购置费的比例；

f_1、f_2、$f_3 \cdots\cdots$——不同建设时间、地点而产生的定额、价格、费用标准等差异的调整系数；

I——拟建项目的其他费用。

② 主体专业系数法，是指以拟建项目中投资比重较大并与生产能力直接相关的工艺设备投资为基数，根据已建同类项目的有关统计资料，计算出拟建项目各专业工程（总图、土建、供暖、给水排水、管道、电气、自控等）与工艺设备投资的百分比，据此求出拟建项目各专业投资，然后汇总即为拟建项目的静态投资，其计算公式为：

$$C = E(1 + f_1 P_1' + f_2 P_2' + f_3 P_3' + \cdots\cdots) + I$$

式中 C——拟建项目的静态投资；

      E——与生产能力直接相关的工艺设备投资；

P_1'、P_2'、P_3'……——已建项目中各专业工程费用（总图、土建、供暖、给水排水等）与工艺设备投资的比重。

f_1、f_2、f_3……——不同建设时间、地点而产生的定额、价格、费用标准等差异的调整系数；

      I——拟建项目的其他费用。

【例 1-2-2】 已知某项目主厂房工艺设备 3600 万元，主厂房其他各专业工程投资占工艺设备投资比例见表 1-2-4。试用系数估算法估算该项目主厂房工程费用投资。

某项目厂房各专业工程投资占工艺设备投资比例表   表 1-2-4

加热炉	汽化冷却	余热锅炉	自动化仪表	起重设备	供电与传动	建安工程
0.12	0.01	0.04	0.02	0.09	0.18	0.40

解：

工程费用 $= 3600 \times (0.12 + 0.01 + 0.04 + 0.02 + 0.09 + 0.18 + 0.40) + 3600 = 6696$ 万元

3）朗格系数法，即以设备购置费为基数，乘以适当系数来推算项目的静态投资。这种方法在国内不常见，是世界银行项目投资估算常采用的方法。该方法的基本原理是将项目建设中的总成本费用中的直接成本和间接成本分别计算，再合计为项目的静态投资，其计算公式为：

$$C = E \cdot (1 + \sum K_i) \cdot K_c$$

式中 C——拟建项目的静态投资；

   E——拟建项目根据当时当地价格计算的设备购置费；

   K_i——管线、仪表、建筑物等项费用的估算系数；

   K_c——管理费、合同费、应急费等间接费用在内的总估算系数。

朗格系数 $= K_L$ 静态投资 / 设备购置费

朗格系数 $K_L = (1 + \sum K_i) \cdot K_c$

总投资 = 直接费 + 间接费

朗格系数法包含的内容见表 1-2-5。

朗格系数包含的内容   表 1-2-5

项目		固体流程	固流流程	流体流程
朗格系数 K_L		3.1	3.63	4.74
内容	(a) 包括基础、设备、绝热、油漆及设备安装费	$E \times 1.43$		
	(b) 包括上述在内和配管工程费	(a) ×1.1	(a) ×1.25	(a) ×1.6
	(c) 装置直接费		(b) ×1.5	
	(d) 包括上述在内和间接费，即总投资 C	(c) ×1.31	(c) ×1.35	(c) ×1.38

朗格系数法是国际上估算一个工程项目或一套装置的费用时，较为广泛采用的方法。但是应用朗格系数法进行工程项目或装置估价的精度仍不是很高，主要原因是：①装置规模大小发生变化；②不同地区自然地理条件的差异；③不同地区经济地理条件的差异；

④不同地区气候条件的差异；⑤主要设备材质发生变化时，设备费用变化较大而安装费变化不大。

尽管如此，由于朗格系数法是以设备购置费为计算基础，而设备费用在一项工程中所占的比重较大，对于石油、石化、化工工程而言占45%~55%。同时，一项工程中每台设备所含的管道、电气、自控仪表、绝热、油漆、建筑等，都有一定的规律。所以，只要对各种不同类型工程的朗格系数掌握得准确，估算精度仍可较高。朗格系数法估算误差一般在10%~15%。

【例 1-2-3】 在北非某地建设一座年产30万套汽车轮胎的工厂，已知该工厂的设备到达工地的费用为2204万美元，项目相关信息见表1-2-6。试估算该工厂的静态投资。

某汽车轮胎工厂项目相关信息表　　　　　　　　　　　　　表 1-2-6

项目		固体流程	固流流程	流体流程
朗格系数 K_L		3.1	3.63	4.74
内容	(a) 包括基础、设备、绝热、油漆及设备安装费	$E \times 1.43$		
	(b) 包括上述在内和配管工程费	(a) $\times 1.1$	(a) $\times 1.25$	(a) $\times 1.6$
	(c) 装置直接费	(b) $\times 1.5$		
	(d) 包括上述在内和间接费，即总投资 C	(c) $\times 1.31$	(c) $\times 1.35$	(c) $\times 1.38$
项目		固体流程	固流流程	流体流程
朗格系数 K_L		3.1	3.63	4.74
内容	(a) 包括基础、设备、绝热、油漆及设备安装费	(a) $=2204 \times 1.43 = 3151.72$		
	(b) 包括上述在内和配管工程费	$3151.72 \times 1.1 = 3466.89$	(a) $\times 1.25$	(a) $\times 1.6$
	(c) 装置直接费	$3466.89 \times 1.5 = 5200.34$		
	(d) 包括上述在内和间接费，即总投资 C	$5200.34 \times 1.31 = 6812.45$	(c) $\times 1.35$	(c) $\times 1.38$

解： 汽车轮胎工厂的生产流程基本上属于固体流程，因此在采用朗格系数法时，全部数据应采用固体流程的数据。现计算如下：

1）设备到达现场的费用2204万美元。

2）根据前表计算费用（a）

$$(a) = E \times 1.43 = 2204 \times 1.43 = 3151.72 \text{ 万美元}$$

则设备基础、绝热、刷油及安装费用为：3151.72−2204＝947.72万美元

3）计算费用（b）

（b）$= E \times 1.43 \times 1.1 = 2204 \times 1.43 \times 1.1 = 3466.89$ 万美元。则其中配管（管道工程）费用为：3466.89−3151.72＝315.17万美元

4）计算费用（c）即装置直接费：

$$(c) = E \times 1.43 \times 1.1 \times 1.5 = 5200.34 \text{ 万美元}$$

则电气、仪表、建筑等工程费用为：5200.34−3466.89＝1733.45万美元

5）计算总投资 C

$$C = E \times 1.43 \times 1.1 \times 1.5 \times 1.31 = 6812.45 \text{ 万美元}$$

则间接费用为：6812.45−5200.34＝1612.11万美元。

由此估算出该工厂的总投资为 6812.45 万美元，其中间接费用为 1612.11 万美元。

4) 比例估算法，是根据已知的同类建设项目主要设备购置费占整个建设项目静态投资的比例，先逐项估算出拟建项目主要设备购置费，再按比例估算拟建项目的静态投资的方法。本办法主要应用于设计深度不足，拟建建设项目与类似建设项目的主要设备购置费比重较大，行业内相关系数等基础资料完备的情况，其计算公式为：

$$I = \frac{1}{K} \sum_{i=1}^{n} Q_i P_i$$

式中　　I——拟建项目的静态投资；

　　　　K——已建项目主要设备购置费占已建项目静态投资的比例；

　　　　n——主要设备种类数；

　　　　Q_i——第 i 种主要设备的数量；

　　　　P_i——第 i 种主要设备的购置单价（到厂价格）。

5) 混合法，是根据主体专业设计的阶段和深度，投资估算编制者所掌握的各类主体发布的相关投资估算基础资料和数据，以及其他统计和积累的可靠的相关造价基础资料，对一个拟建项目采用上述多种方法混合估算其静态投资额的方法。

（2）可行性研究阶段投资估算方法

指标估算法是投资估算的主要方法。为了保证编制精度，可行性研究阶段建设项目投资估算原则上应采用指标估算法。指标估算法是指依据投资估算指标，对各单位工程或单项工程费用进行估算，进而估算建设项目总投资的方法。首先，把拟建建设项目以单项工程或单位工程为单位，按建设内容纵向划分为各个主要生产系统、辅助生产系统、公用工程、服务性工程、生活福利设施，以及各项其他工程费用；同时，按费用性质横向划分为建筑工程、设备购置、安装工程费用等。其次，根据各种具体的投资估算指标，进行各单位工程或单项工程投资的估算，在此基础上汇集编制成拟建项目的各个单项工程费用和拟建项目的工程费用投资估算。最后，再按相关规定估算工程建设其他费、基本预备费等，形成拟建项目静态投资。

在条件具备时，对于对投资有重大影响的主体工程应估算出分部分项工程量，套用相关综合定额（概算指标）或概算定额进行编制。对于子项单一的大型民用公共建筑，主要单项工程估算应细化到单位工程估算书。

可行性研究阶段投资估算均应满足项目的可行性研究与评估需要，并最终满足国家和地方相关部门批复或备案的要求。预可行性研究阶段、方案设计阶段项目建设投资估算视设计深度，宜参照可行性研究阶段的编制办法进行。当采用指标估算法时，可行性研究阶段投资估算的具体编制方法是：

1) 建筑工程费用估算。建筑工程费用是指为建造永久性建筑物和构筑物所需要的费用。主要采用单位实物工程量投资估算法，是以单位实物工程量的建筑工程费乘以实物工程总量来估算建筑工程费的方法。当无适当估算指标或类似工程造价资料时，可采用计算主体实物工程量套用相关综合定额或概算定额进行估算，但通常需要较为详细的工程资料，工作量较大，实际工作中可根据具体条件和要求选用。建筑工程费估算通常应根据不同的专业工程选择不同的实物工程量计算方法。

① 工业与民用建筑物以"m²"或"m³"为单位，套用规模相当、结构形式和建筑标准相

适应的投资估算指标或类似工程造价资料进行估算；构筑物以"延长米""m²""m³"或"座"为单位，套用技术标准、结构形式相适应的投资估算指标或类似工程造价资料进行估算。

②　大型土方、总平面竖向布置、道路及场地铺砌、室外综合管网和线路、围墙大门等，分别以"m³""m²""延长米"或"座"为单位，套用技术标准、结构形式相适应的投资估算指标或类似工程造价资料进行估算。

③　矿山井巷开拓、露天剥离工程、坝体堆砌等，分别以"m³""延长米"为单位，套用技术标准、结构形式、施工方法相适应的投资估算指标或类似工程造价资料进行估算。

④　公路、铁路、桥梁、隧道、涵洞设施等，分别以"km"（铁路、公路）、"100m²桥面（桥梁）""100m² 断面（隧道）""道（涵洞）"为单位，套用技术标准、结构形式、施工方法相适应的投资估算指标或类似工程造价资料进行估算。

2）设备及工器具购置费估算。设备购置费根据项目主要设备表及价格、费用资料编制，工器具购置费按设备费的一定比例计取。对于价值高的设备应按单台（套）估算购置费，价值较小的设备可按类估算，国内设备和进口设备应分别估算。

3）安装工程费估算。安装工程费包括安装主材费和安装费。其中，安装主材费可以根据行业和地方相关部门定期发布的价格信息或市场询价进行估算；安装费根据设备专业属性，可按以下方法估算：

①　工艺设备安装费估算，以单项工程为单元，根据单项工程的专业特点和各种具体的投资估算指标，采用按设备费百分比估算指标进行估算；或根据单项工程设备总重，采用以"t"为单位的综合单价指标进行估算，即：

$$安装工程费＝设备原价×设备安装费率$$
$$安装工程费＝设备吨重×单位重量（t）安装费指标$$

②　工艺非标准件、金属结构和管道安装费估算，以单项工程为单元，根据设计选用的材质、规格，以"t"为单位，套用技术标准、材质和规格、施工方法相适应的投资估算指标或类似工程造价资料进行估算，即：

$$安装工程费＝重量总量×单位重量（t）安装费指标$$

③　工业炉窑砌筑和保温工程安装费估算，以单项工程为单元，以"t""m³"或"m²"为单位，套用技术标准、材质和规格、施工方法相适应的投资估算指标或类似工程造价资料进行估算。

$$安装工程费＝重量（体积、面积）总量×单位重量（"m³"或"m²"）安装费指标$$

④　电气设备及自控仪表安装费估算，以单项工程为单元，根据该专业设计的具体内容，采用相适应的投资估算指标或类似工程造价资料进行估算，或根据设备台套数、变配电容量、装机容量、桥架重量、电缆长度等工程量，采用相应综合单价指标进行估算，即：

$$安装工程费＝设备工程量×单位工程量安装费指标$$

4）工程建设其他费用估算。工程建设其他费用的估算应结合拟建项目的具体情况，有合同或协议明确的费用按合同或协议列入；无合同或协议明确的费用，根据国家和各行业部门、工程所在地地方政府的有关工程建设其他费用定额（规定）和计算办法估算，没有定额或计算办法的，参照市场价格标准计算。

5）基本预备费估算。基本预备费的估算一般是以建设项目的工程费用和工程建设其他费用之和为基础，乘以基本预备费率进行计算。基本预备费率的大小，应根据建设项目的设计阶段和具体的设计深度，以及在估算中所采用的各项估算指标与设计内容的贴近度、项目所属行业主管部门的具体规定确定。

$$基本预备费＝（工程费用＋工程建设其他费用）×基本预备费费率$$

6) 指标估算法注意事项。使用指标估算法，应注意以下事项：

① 影响投资估算精度的因素主要包括价格变化、现场施工条件、项目特征的变化等。因而，在应用指标估算法时，应根据不同地区、建设年代、条件等进行调整。因为地区、年代不同，人工、材料与设备的价格均有差异，调整方法可以以人工、主要材料消耗量或"工程量"为计算依据，也可以按不同工程项目的"万元工料消耗定额"确定相应系数。在有关部门颁布定额或人工、材料价差系数（物价指数）以及其他各类工程造价指数时，可以据其调整。

② 使用估算指标法进行投资估算绝不能生搬硬套，必须对工艺流程、定额、价格及费用标准进行分析，经过实事求是的调整与换算后，才能提高其精确度。

7) 投资估算方法的发展趋势。随着工程造价信息化进程的加速，工程造价信息资源建设日渐成熟和丰富，估价人员也可以借助多元主体发布的各类市场价格信息、造价指标、指数、工程案例信息等进行投资估算的编制。例如，通过工程造价指标中的建设投资指标，结合拟建项目的建设规模，按照指标给定的单位建设规模单价，就能计算出建设项目的各项工程费用、工程建设其他费、基本预备费，进而形成静态投资总额及各项费用占比。再如，可以在工程造价数据库中按照拟建项目的主要特征检索选取类似工程案例信息，通过适当的分解与换算，再综合考虑当前项目建设期的人材机等市场价格，用类比的方法得出较为可靠的工程投资估算额。随着 BIM 技术的深度应用和造价管理的数字化发展，可以利用模型化指标数据库协助投资估算。例如，根据项目用途等标准化的项目特征描述，依据标准分类的项目清单库、构件库和指标库，快速建立符合建设意图的模拟项目 BIM 模型，数字化平台可根据模型及造价指标自动生成项目投资估算和各项控制性指标。总之，数字化、智能化将是未来发展的必然趋势。

 课证融通小测

某地 2019 年拟建一座年产 40 万 t 的某产品化工厂。根据调查，该地区 2017 年已建年产 30 万 t 相同产品的项目建筑工程费为 4000 万元，安装工程费为 2000 万元，设备购置费为 8000 万元。已知按 2019 年该地区价格计算的拟建项目设备购置费为 9500 万元，征地拆迁等其他费用为 1000 万元，且该地区 2017 年至 2019 年建筑安装工程费平均每年递增 4%，则该拟建项目的静态投资估算为（　　）万元。

 A. 16989.6   B. 17910.0   C. 18206.4   D. 19152.8

3. 动态投资部分的估算方法

动态投资部分包括价差预备费和建设期利息两部分。动态部分的估算应以基准年静态投资的资金使用计划为基础来计算，而不是以编制年的静态投资为基础计算。

(1) 价差预备费

价差预备费计算可详见本教材任务 1.1。除此之外，如果是涉外项目，还应该计算汇

率的影响。汇率是两种不同货币之间的兑换比率，汇率的变化意味着一种货币相对于另一种货币的升值或贬值。在我国，人民币与外币之间的汇率采取以人民币表示外币价格的形式给出，如 1 美元＝6.9 元人民币。由于涉外项目的投资中包含人民币以外的币种，需要按照相应的汇率把外币投资额换算为人民币投资额，所以汇率变化就会对涉外项目的投资额产生影响。

1）外币对人民币升值。项目从国外市场购买设备材料所支付的外币金额不变，但换算成人民币的金额增加；从国外借款，本息所支付的外币金额不变，但换算成人民币的金额增加。

2）外币对人民币贬值。项目从国外市场购买设备材料所支付的外币金额不变，但换算成人民币的金额减少；从国外借款，本息所支付的外币金额不变，但换算成人民币的金额减少。

估计汇率变化对建设项目投资的影响，是通过预测汇率在项目建设期内的变动程度，以估算年份的投资额为基数，相乘计算求得。

（2）建设期利息

建设期利息包括银行借款和其他债务资金的利息，以及其他融资费用。其他融资费用是指某些债务融资中发生的手续费、承诺费、管理费、信贷保险费等融资费用，一般情况下应将其单独计算并计入建设期利息；在项目前期研究的初期阶段，也可做粗略估算并计入建设投资；对于不涉及国外贷款的项目，在可行性研究阶段，也可做粗略估算并计入建设投资。

4. 流动资金的估算

（1）流动资金估算方法

流动资金是指项目运营需要的流动资产投资，指生产经营性项目投产后，为进行正常生产运营，用于购买原材料、燃料，支付工资及其他经营费用等所需的周转资金。流动资金估算一般采用分项详细估算法，个别情况或者小型项目可采用扩大指标法。

1）分项详细估算法。流动资金的显著特点是在生产过程中不断周转，其周转额的大小与生产规模及周转速度直接相关。分项详细估算法是根据项目的流动资产和流动负债，估算项目所占用流动资金的方法。其中，流动资产的构成要素一般包括存货、库存现金、应收账款和预付账款；流动负债的构成要素一般包括应付账款和预收账款。流动资金等于流动资产和流动负债的差额，计算公式为：

$$流动资金＝流动资产－流动负债$$

$$流动资产＝应收账款＋预付账款＋存货＋库存现金$$

$$流动负债＝应付账款＋预收账款$$

$$流动资金本年增加额＝本年流动资金－上年流动资金$$

进行流动资金估算时，首先计算各类流动资产和流动负债的年周转次数，然后再分项估算占用资金额。

① 周转次数，是指流动资金的各个构成项目在一年内完成多少个生产过程，可用 1 年天数（通常按 360 天计算）除以流动资金最低周转天数计算，则各项流动资金年平均占

用额度为流动资金的年周转额度除以流动资金的年周转次数，即：

$$周转次数 = \frac{360}{流动资金最低周转天数}$$

各类流动资产和流动负债的最低周转天数，可参照同类企业的平均周转天数并结合项目特点确定，或按部门（行业）的规定。另外，在确定最低周转天数时应考虑储存天数、在途天数，并考虑适当的保险系数。

② 应收账款，是指企业对外赊销商品、提供劳务尚未收回的资金，其计算公式为：

$$应收账款 = \frac{年经营成本}{应收账款周转次数}$$

③ 预付账款，是指企业为购买各类材料、半成品或服务所预先支付的款项，其计算公式为：

$$预付账款 = \frac{外购商品或服务年费用金额}{预付账款周转次数}$$

④ 存货，是指企业为销售或者生产耗用而储备的各种物资，主要有原材料、辅助材料、燃料、低值易耗品、维修备件、包装物、商品、在产品、自制半成品和产成品等。为简化计算，仅考虑外购原材料、燃料、其他材料、在产品和产成品，并分项进行计算，其计算公式为：

$$存货 = 外购原材料、燃料 + 其他材料 + 在产品 + 产成品$$

$$外购原材料、燃料 = \frac{年外购原材料、燃料费用}{分项周转次数}$$

$$其他材料 = \frac{年其他材料费用}{其他材料周转次数}$$

$$在产品 = \frac{年外购原材料、燃料费用 + 年工资及福利费 + 年修理费 + 年其他制造费用}{在产品周转次数}$$

$$产成品 = \frac{年经营成本 - 年其他营业费用}{产成品周转次数}$$

⑤ 现金，项目流动资金中的现金是指货币资金，即企业生产运营活动中停留于货币形态的那部分资金，包括企业库存现金和银行存款，计算公式为：

$$现金 = \frac{年工资及福利费 + 年其他费用}{现金周转次数}$$

年其他费用 = 制造费用 + 管理费用 + 营业费用（以上三项费用中所含的工资及福利费、折旧费、摊销费、修理费）

⑥流动负债估算，是指在一年或者超过一年的一个营业周期内，需要偿还的各种债务，包括短期借款、应付票据、应付账款、预收账款、应付工资、应付福利费、应付股利、应交税金、其他暂收应付款、预提费用和一年内到期的长期借款等。在可行性研究中，流动负债的估算可以只考虑应付账款和预收账款两项，计算公式为：

$$应付账款 = \frac{外购原材料、燃料动力费及其他材料年费用}{应付账款周转次数}$$

$$预收账款=\frac{预收的营业收入年金额}{预收账款周转次数}$$

2）扩大指标估算法，是根据现有同类企业的实际资料，求得各种流动资金率指标，亦可依据行业或部门给定的参考值或经验确定比率。将各类流动资金率乘以相对应的费用基数来估算流动资金。一般常用的基数有营业收入、经营成本、总成本费用和建设投资等，究竟采用何种基数依行业习惯而定，其计算公式为：

$$年流动资金额=年费用基数×各类流动资金率$$

扩大指标估算法简便易行，但准确度不高，适用于项目建议书阶段的估算。

（2）流动资金估算应注意的问题

1）在采用分项详细估算法时，应根据项目实际情况分别确定现金、应收账款、预付账款、存货、应付账款和预收账款的最低周转天数，并考虑一定的保险系数。因为最低周转天数减少，将增加周转次数，从而减少流动资金需用量。因此，必须切合实际地选用最低周转天数。对于存货中的外购原材料和燃料，要分品种和来源，考虑运输方式和运输距离，以及占用流动资金的比重大小等因素确定。

2）流动资金属于长期性（永久性）流动资产，流动资金的筹措可通过长期负债和资本金（一般要求占30％）的方式解决。流动资金一般要求在投产前一年开始筹措，为简化计算，可规定在投产的第一年开始按生产负荷安排流动资金需用量。其借款部分按全年计算利息，流动资金利息应计入生产期间财务费用，项目计算期末收回全部流动资金（不含利息）。

3）用扩大指标估算法计算流动资金，可能需以经营成本及其中的某些科目为基数，因此实际上流动资金估算应在经营成本估算之后进行。

4）在不同生产负荷下的流动资金，应按不同生产负荷所需的各项费用金额，根据上述公式分别估算，而不能直接按照100％生产负荷下的流动资金乘以生产负荷百分比求得。

 课证融通小测

1. 流动资产的构成要素一般包括（　　）。

A. 存货　　　　　　　　　　　B. 库存现金

C. 应收账款　　　　　　　　　D. 应付账款

E. 预付账款

2. 关于投资决策阶段流动资金的估算，下列说法中正确的有（　　）。

A. 流动资金周转额的大小与生产规模及周转速度直接相关

B. 分项详细估算时，需要计算各类流动资产和流动负债的年周转次数

C. 当年发生的流动资金借款应按半年计息

D. 流动资金借款利息应计入建设期贷款利息

E. 不同生产负荷下的流动资金按100％生产负荷下的流动资金乘以生产负荷百分比计算

5. 投资估算文件的编制

根据《建设项目投资估算编审规程》CECA/GC 1—2015 的规定，单独成册的投资估算文件应包括封面、签署页、目录、编制说明、有关附表等，与可行性研究报告（或项目建议书）统一装订的应包括签署页、编制说明、有关附表等。在编制投资估算文件的过程中，一般需要编制建设投资估算表、建设期利息估算表、流动资金估算表、单项工程投资估算汇总表、总投资估算汇总表和分年度总投资估算表等。对于对投资有重大影响的单位工程或分部分项工程的投资估算应另附主要单位工程或分部分项工程投资估算表，列出主要分部分项工程量和综合单价进行详细估算。

（1）建设投资估算表的编制

建设投资是项目投资的重要组成部分，也是项目财务分析的基础数据。当估算出建设投资后需编制建设投资估算表，按照费用归集形式，建设投资可按概算法或按形成资产法分类。

1）概算法。按照概算法分类，建设投资由工程费用、工程建设其他费用和预备费三部分构成。其中工程费用又由建筑工程费、设备及工器具购置费（含工器具及生产家具购置费）和安装工程费构成；工程建设其他费用内容较多，随行业和项目的不同而有所区别；预备费包括基本预备费和价差预备费。按照概算法编制的建设投资估算表，见表 1-2-7。

建设投资估算表（概算法）   表 1-2-7

人民币单位：万元   外币单位：

序号	工程或费用名称	估算价值					技术经济指标	
		建筑工程费	设备购置费	安装工程费	工程建设其他费用	合计	其中：外币	比例（%）
1	工程费用							
1.1	主体工程							
1.1.1	×××							
	……							
1.2	辅助工程							
1.2.1	×××							
	……							
1.3	公用工程							
1.3.1	×××							
	……							
1.4	服务性工程							
1.4.1	×××							
	……							
1.5	厂外工程							
1.5.1	×××							
	……							
2	工程建设其他费							
2.1	×××							
	……							
3	预备费							
3.1	基本预备费							
3.2	价差预备费							
4	建设投资合计							
	比例（%）							

2）形成资产法。按照形成资产法分类，建设投资由形成固定资产的费用、形成无形资产的费用、形成其他资产的费用和预备费四部分组成。固定资产费用是指项目投产时将直接形成固定资产的建设投资，包括工程费用和工程建设其他费用中按规定将形成固定资产的费用，后者被称为固定资产其他费用，主要包括建设管理费、技术服务费、场地准备及临时设施费、工程保险费、联合试运转费、特殊设备安全监督检验费和市政公用设施费等；无形资产费用是指将直接形成无形资产的建设投资，主要是专利权、非专利技术、商标权、土地使用权和商誉等；其他资产费用是指建设投资中除形成固定资产和无形资产以外的部分，如生产准备费等。按形成资产法编制的建设投资估算表见表 1-2-8。

建设投资估算表（形成资产法）　　　　　　　　表 1-2-8

人民币单位：万元　　　　　　　　　　　　　　　外币单位：

序号	工程或费用名称	估算价值					技术经济指标	
		建筑工程费	设备购置费	安装工程费	工程建设其他费用	合计	其中：外币	比例（%）
1	固定资产费用							
1.1	工程费用							
1.1.1	×××							
1.1.2	×××							
1.1.3	×××							
	……							
1.2	固定资产其他费用							
2	无形资产费用							
2.1	×××							
	……							
3	其他资产费用							
3.1	×××							
	……							
4	预备费							
4.1	基本预备费							
4.2	价差预备费							
5	建设投资合计							
	比例（%）							

（2）建设期利息估算表的编制

在估算建设期利息时，需要编制建设期利息估算表（表 1-2-9）。建设期利息估算表主要包括建设期发生的各项借款及其债券等项目，期初借款余额等于上年借款本金和应计利息之和，即上年期末借款余额；其他融资费用主要指融资中发生的手续费、承诺费、管理费、信贷保险费等融资费用。

建设期利息估算表（人民币单位：万元）　　　表 1-2-9

序号	项目名称	合计	建设期						
			1	2	3	4	5	⋯	n
1	借款								
1.1	建设期利息								
1.1.1	期初借款余额								
1.1.2	当期借款								
1.1.3	当期应计利息								
1.1.4	期末借款余额								
1.2	其他融资费用								
1.3	小计（1.1+1.2）								
2	债券								
2.1	建设期利息								
2.1.1	期初债务余额								
2.1.2	当期债务金额								
2.1.3	当期应计利息								
2.1.4	期末债务余额								
2.2	其他融资费用								
2.3	小计（2.1+2.2）								
3	合计（1.3+2.3）								
3.1	建设期利息合计（1.1+2.1）								
3.2	其他融资费用合计（1.2+2.2）								

（3）流动资金估算表的编制

可行性研究阶段，根据详细估算法估算的各项流动资金估算结果，编制流动资金估算表（表 1-2-10）。

流动资金估算表（人民币单位：万元）　　　表 1-2-10

序号	项目名称	合计	计算期						
			1	2	3	4	5	⋯	n
1	流动资金								
1.1	应收账款								
1.2	存货								
1.2.1	原材料								
1.2.2	×××								
	……								
1.2.3	燃料								
1.2.4	×××								
	……								

续表

序号	项目名称	合计	计算期						
			1	2	3	4	5	⋯	n
1.2.5	在产品								
1.2.6	产成品								
1.3	现金								
1.4	预付账款								
2	流动负债								
2.1	应付账款								
2.2	预收账款								
3	流动资金（1－2）								
4	流动资金当期增加额								

（4）单项工程投资估算汇总表的编制

按照指标估算法，可行性研究阶段根据各种投资估算指标，进行各单位工程或单项工程投资的估算。单项工程投资估算应按建设项目划分的各个单项工程分别计算组成工程费用的建筑工程费、设备及工器具购置费和安装工程费，形成单项工程投资估算汇总表（表 1-2-11）。

单项工程投资估算汇总表　　　　　　　　　　　表 1-2-11

工程名称：

序号	工程和费用名称	估算价值（万元）						技术经济指标			
		建筑工程费	设备及工器具购置费	安装工程费		其他费用	合计	单位	数量	单位价值	比例（%）
				安装费	主材费						
一	工程费用										
（一）	主要生产系统										
1	××车间										
	一般土建及装修										
	给水排水										
	供暖										
	通风空调										
	照明										
	工艺设备及安装										
	工艺金属结构										
	工艺管道										
	工艺筑炉及保温										
	工艺非标准件										
	变配电设备及安装										
	仪表设备及安装										
	……										
	小计										
2	×××										
	……										

（5）项目总投资估算汇总表的编制

将上述投资估算内容和估算方法所估算的各类投资进行汇总，编制项目总投资估算汇总表（表 1-2-12）。项目建议书阶段的投资估算一般只要求编制总投资估算表。总投资估算表中工程费用的内容应分解到主要单项工程；工程建设其他费用可在总投资估算表中分项计算。

项目总投资估算汇总表 表 1-2-12

工程名称：

序号	费用名称	估算价值					技术经济指标			
		建筑工程费	设备及工器具购置费	安装工程费	其他费用	合计	单位	数量	单位价值	比例（%）
一	工程费用									
（一）	主要生产系统									
1	××车间									
2	××车间									
3	……									
（二）	辅助生产系统									
1	××车间									
2	××									
3	……仓库									
（三）	公用及福利设施									
1	变电所									
2	锅炉房									
3										
（四）	外部工程									
1	××工程									
2	……									
	小计									
二	工程建设其他费									
1	……									
2	小计									
三	预备费									
1	基本预备费									
2	价差预备费									
3	小计									
四	建设期利息									
五	流动资金									
	投资估算合计（万元）									
	比例（%）									

1. 通过编制总投资估算表，使同学们养成严谨、细致的工作作风；
2. 通过不同阶段总投资计算方法的选择，使同学们养成创新和应变的意识；
3. 通过建设项目总投资的计算，使同学们养成全局意识；
4. 通过整理与清理作业环境，使同学们养成热爱劳动的意识。

任务 1.2　工作任务单

01　学生任务分配表

班级		组号		指导教师	
组长		学号			
组员 （组员姓名、 学号）					
任务分工					

02 任务准备表

工作目标	根据任务背景，填写各项目的各阶段费用计算因素
项目建议书阶段	
可行性研究阶段	

03 计算及编制方案工作单

组号		姓名		学号	
工作目标		制定投资估算计算方案			

04 编制投资估算表

人民币单位：万元 外币单位：

序号	工程或费用名称	估算价值					技术经济指标	
		建筑工程费	设备购置费	安装工程费	工程建设其他费用	合计	其中：外币	比例（%）
1	工程费用							
1.1	主体工程							
1.2	辅助工程							
1.3	公用工程							
1.4	服务性工程							
1.5	场外工程							
2	工程建设其他费							
3	预备费							
3.1	基本预备费							
3.2	价差预备费							
4	建设投资合计							
	比例（%）							

05 编制投资估算表

序号	项目名称	合计	建设期	
			1	2
1	借款			
1.1	建设期利息			
1.1.1	期初借款余额			
1.1.2	当期借款			
1.1.3	当期应计利息			
1.1.4	期末借款余额			

06 项目投资估算汇总表

工程名称：

序号	费用名称	估算价值					技术经济指标			
		建筑工程费	设备及工器具购置费	安装工程费	其他费用	合计	单位	数量	单位价值	比例（%）
一	工程费用									
（一）	主要生产系统									
1	××车间									
（二）	辅助生产系统									
1	××车间									
（三）	公用及福利设施									
1	变电所									
（四）	外部工程									
1	××工程									
2	……									
	小计									
二	工程建设其他费									
1	……									
2	小计									
三	预备费									
1	基本预备费									
2	价差预备费									
3	小计									
四	建设期利息									
五	流动资金									
	投资估算合计（万元）									
	比例（%）									

07　小组合作

组号		姓名		学号	
工作目标		小组交流讨论，教师参与，形成正确的投资估算计算方案和投资估算表编制方案			
错误信息		产生的原因		改进的措施	
自己在任务工作中的不足					

08　小组总结

组号		姓名		学号	
工作目标		小组推荐一位小组长，汇报计算方案，借鉴每组经验，进一步优化方案			
计算及表格要素		计算方案及编制方案			
本组工作的不足					

09　小组总结

组号		姓名		学号	
工作目标		（1）按照投资估算计算方案和投资估算表编制方案，计算投资估算，并编制、填写投资估算表。 （2）对比分析投资估算计算和投资估算表实际数据并进行修正			

任务 1.2 案例详解：

任务 1.3　建设项目财务评价

 案例导入

　　某企业拟投资建设一工业项目，生产一种市场急需的产品。该项目相关基础数据如下：

　　项目建设期 1 年，运营期 8 年。建设投资估算 1500 万元（含可抵扣进项税 100 万元），建设投资（不含可抵扣进项税）全部形成固定资产，固定资产使用年限 8 年，期末净残值率 5%，按直线法折旧。

　　项目建设投资来源为自有资金和银行借款。借款总额 1000 万元，借款年利率 8%（按年计息），借款合同约定的还款方式为运营期的前 5 年等额还本付息。自有资金和借款在建设期内均衡投入。

　　项目投产当年以自有资金投入运营期流动资金 400 万元。

　　项目设计产量为 2 万件/年。单位产品不含税销售价格预计为 450 元，单位产品不含进项税可变成本估算为 240 元，单位产品平均可抵扣进项税估算为 15 元，正常达产年份的经营成本为 550 万元（不含可抵扣进项税）。

　　项目运营期第 1 年产量为设计产量的 80%，营业收入亦为达产年份的 80%，以后各年均达到设计产量。

　　企业适用的增值税税率为 13%，增值税附加按应纳增值税的 12% 计算，企业所得税税率为 25%。

　　（1）列式计算项目建设期贷款利息和固定资产年折旧额；

　　（2）列式计算项目运营期第 1 年、第 2 年的企业应纳增值税额；

　　（3）列式计算项目运营期第 1 年的经营成本、总成本费用；

　　（4）列式计算项目运营期第 1 年、第 2 年的税前利润，并说明运营期第 1 年项目可用于还款的资金能否满足还款要求。

 知识目标

　　（1）掌握建设项目财务评价的概念和内容；

　　（2）掌握建设项目财务评价的方法（难点）；

　　（3）掌握建设项目财务评价的步骤（重点、难点）。

总成本费用计算

 能力目标

　　（1）具备计算财务评价指标的能力；

　　（2）具备进行建设项目财务评价的能力；

　　（3）具备投资决策阶段工程造价控制的基本能力。

思政与素养目标

1. 培养严谨、细致的工作作风；
2. 培养热爱劳动的意识。

1.3.1 建设项目财务评价

1. 财务评价概述

（1）财务评价的概念

财务评价是建设项目经济评价的重要内容，是从企业角度，根据国家现行财政、税收制度和现行市场价格，计算项目的投资费用、产品成本与产品销售收入、税金等财务数据，进而计算和分析项目的盈利状况、收益水平和清偿能力等，以考察项目投资在财务上的潜在获利能力，据此可明确建设项目的财务可行性和财务可接受性，并得出财务评价的结论。投资者可根据项目财务评价结论、项目投资的财务经济效果和投资所承担的风险程度，决定项目是否应该投资建设。

（2）财务评价的分类

财务评价可分为融资前分析和融资后分析，一般宜先进行融资前分析，在融资前分析结论满足要求的情况下，初步设定融资方案，再进行融资后分析。

1）融资前分析排除了融资方案变化的影响，从项目投资总获利能力的角度，考察项目方案设计的合理性。以营业收入、建设投资、经营成本和流动资金估算为基础，考察整个计算期内现金流入和现金流出，编制项目投资现金流量表，利用资金时间价值原理进行折现，计算项目投资收益率和净现值等指标。

2）融资后分析以融资前分析和初步融资方案为基础，考察项目在拟定融资条件下的盈利能力、偿债能力和财务生存能力，用于比选融资方案，帮助投资者做出融资决策。

（3）财务评价的程序

1）收集、整理和计算有关基础数据资料，主要包括以下内容：

① 项目生产规模和产品品种方案。

② 项目总投资估算和分年度使用计划，包括固定资产投资和流动资金。

③ 项目生产期间分年产品成本，分别计算出总成本、经营成本、单位产品成本、固定成本和变动成本。

④ 项目资金来源方式、数额及贷款条件（包括贷款利率、偿还方式、偿还时间和分年还本付息额）。

⑤ 项目生产期间分年产品销量、销售收入、销售税金和销售利润及其分配额。

⑥ 实施进度，包括建设期、投产和达产的时间及进度等。

2）运用基础数据资料编制基本的财务报表，包括项目投资财务现金流量表、项目资本金现金流量表、投资各方财务现金流量表、利润和利润分配表、资产负债表、财务计划现金流量表等。此外，还应编制辅助报表，其格式可参照国家规定或推荐的报表进行编制。

3）通过基本财务报表计算各财务评价指标，进行财务评价。

4）进行不确定性分析。

5）得出评价结论。财务评价的工作程序如图 1-3-1 所示。

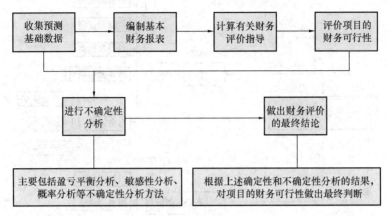

图 1-3-1　财务评价的工作程序

（4）财务评价的内容

对于经营性项目，财务评价的内容包括盈利能力和偿债能力的评价，据此判断项目的财务可接受性，明确项目对财务主体及投资者的价值贡献，为项目决策提供依据。对于非经营性项目，财务评价的内容主要是财务生存能力分析。

1）盈利能力分析。分析测算项目的财务盈利能力和盈利水平，其主要分析指标包括项目财务内部收益率和财务净现值、项目资本金财务内部收益率、投资回收期、总投资收益率和项目资本金净利润率等，可根据项目的特点及财务分析的目的和要求等选用。

2）偿债能力分析。分析测算项目财务主体偿还贷款的能力，其主要指标包括利息备付率、偿债备付率和资产负债率等。

3）财务生存能力分析。分析项目是否有足够的净现金流量维持正常运营，以实现财务可持续性。财务可持续性首先体现在有足够的经营净现金流量，这是财务可持续的基本条件；其次在整个运营期间，允许个别年份的净现金流量出现负值，但各年累计盈余资金不应出现负值，这是财务生存的必要条件。若出现负值，应进行短期借款，同时分析该短期借款的时间长短和数额大小，进一步判断项目的财务生存能力。短期借款应体现在财务计划现金流量表中，其利息应计入财务费用。为维持项目正常运营，还应分析短期借款的可靠性。

2. 财务评价指标体系

工程项目经济效果可采用不同的指标来表达，任何一种评价指标都是从一定的角度、某一个侧面反映项目的经济效益，总会带来一定的局限性。因此，需要建立一整套指标体系来全面、真实、客观地反映项目的经济效益。

工程项目财务评价指标体系根据不同的标准，可做不同的分类。根据是否考虑资金的时间价值，常用的财务评价指标可分为静态评价指标和动态评价指标等（图 1-3-2）。

静态评价指标主要用于技术经济数据不完备和不精确的方案初选阶段，或对寿命期比较短的方案进行评价；动态评价指标则用于方案最后决策前的详细可行性研究阶段，或对寿命期较长的方案进行评价。

财务评价指标按评价内容的不同，可分为盈利能力分析指标、偿债能力分析指标两类（图 1-3-3）。

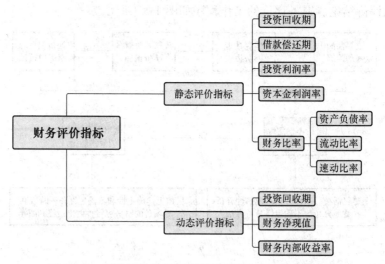

图 1-3-2　财务评价指标按是否考虑资金的时间价值分类

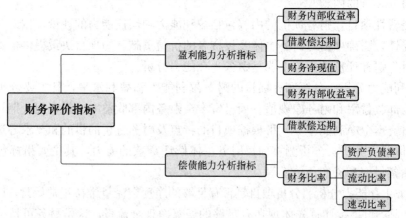

图 1-3-3　财务评价指标按评价内容的不同分类

财务评价指标按评价指标的性质，可分为时间性指标、价值性指标、比率性指标（图 1-3-4）。

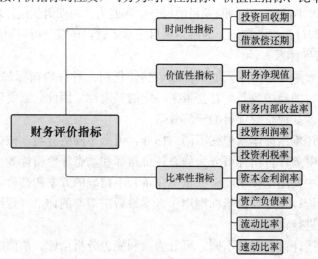

图 1-3-4　财务评价指标按评价指标的性质分类

根据上述有关财务效益分析的内容及财务基本报表和财务评价指标体系，不难看出它们之间存在一定的对应关系，见表 1-3-1。

财务评价指标与基本报表关系 表 1-3-1

分析内容	基本报表	静态指标	动态指标
盈利能力分析	现金流量表（全部投资）	静态投资回收期	财务内部收益率 财务净现值 动态投资回收期
	现金流量表（自有资金）	—	财务内部收益率 财务净现值
	利润表	总投资收益率 资本金净利润率	—
清偿能力分析	借款还本付息计算表 资金来源运用表 资产负债表	借款偿还期 资产负债率 流动比率 速动比率	—
外汇平衡	财务外汇平衡表	—	—
其他	—	价值指标或实物指标	—

1.3.2 建设项目财务数据测算

建设项目财务数据测算是在项目可行性研究的基础上，按照项目经济评价的要求，调查、收集和测算一系列的财务数据，如总投资、总成本、销售收入、税金和利润，并编制各种财务基础数据估算表。

1. 生产成本费用估算

生产成本费用是指项目生产运营支出的各种费用，按成本与产量的关系，分为固定成本和可变成本，按财务评价的特定要求分为总成本费用和经营成本。

（1）总成本费用估算

一般建设项目总成本费用是指生产和销售过程中所消耗的活劳动和物化劳动的货币表现。总成本费用构成见图 1-3-5。

1）外购原材料、燃料及动力费。外购原材料、燃料及动力费指构成产品实体的原材料及有助于产品形成的原材料，直接用于生产的燃料及动力的费用。

外购原材料、燃料、动力费＝Σ（某种材料、燃料、动力消耗量×某种原材料、燃料、动力单价）

2）工资及福利费。工资一般按照项目建成投产后各年所需的职工总数即劳动定员数和人均年工资水平测算，同时可根据

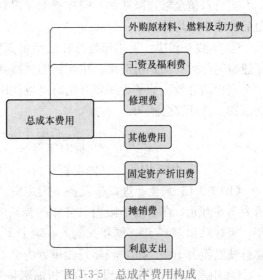

图 1-3-5 总成本费用构成

工资的历史数据并结合工资的现行增长趋势确定一个合理的年增长率,在各年的工资水平中反映出这种增长趋势。职工福利费一般按照工资总额的14%提取。

3) 固定资产折旧费。固定资产折旧是固定资产在使用过程中,由于逐渐磨损而转移到生产成本中的价值。固定资产折旧费是产品成本的组成部分,也是偿还投资贷款的资金来源。固定资产的折旧方法可在税法允许的范围内由企业自行确定,一般采用直线折旧法,包括平均年限法和工作量法。税法也允许采用某些快速折旧法,通常选用双倍余额递减法和年数总和法。

① 平均年限法。

$$年折旧率=(1-预计净残值率)×100\%/折旧年限$$

$$年折旧额=固定资产原值×年折旧率$$

② 工作量法。工作量法又分两种:一种是按照工作小时计算折旧;另一种是按照工作量计算折旧。对于一些运输设备,一般按照行驶里程计算折旧,其公式为:

$$单位里程折旧额=原值×(1-预计净残值率)/总行驶里程$$

$$年折旧额=单位里程折旧额×实际行驶里程$$

按照工作小时计算折旧的公式为:

$$每工作小时折旧额=原值×(1-预计净残值率)/总工作小时$$

$$年折旧额=每工作小时折旧额×年实际工作小时$$

③ 双倍余额递减法。

$$年折旧率=\frac{2}{折旧年限}×100\%$$

$$年折旧额=固定资产净值×年折旧率$$

实行双倍余额递减法的,应在折旧年限到期前两年内,将固定资产账面净值扣除净残值后的净额平均摊销。

④ 年数总和法。采用年数总和法是根据固定资产原值减去净残值后的余额,按照逐年递减的分数(即年折旧率,也叫折旧递减系数)计算折旧的一种方法。每年的折旧率是一个变化的分数:分子为每年开始时可以使用的年限,分母为固定资产折旧年限逐年相加的总和。其计算公式为:

$$年折旧率=\frac{折旧年限-已使用年限}{折旧年限×(折旧年限+1)÷2}×100\%$$

$$年折旧额=(固定资产百年原值-预计净残值)×年折旧率$$

【例1-3-1】某企业进口某设备,固定资产原值为80万元,预计使用5年,预计净残值为1.6万元,在折旧年限内,各年的尚可使用年限分别为5年、4年、3年、2年和1年,年数总为15年。同年又购入一辆卡车,原值15万元,预计净残值率为5%,预计总行驶里程为40万km,当年行驶里程为2.5万km。试求以下问题:

① 用平均年限法求该设备的年折旧额是多少?

② 按双倍余额递减法计算该设备各年折旧额分别是多少?

③ 按年数总和法计算该设备各年折旧额分别是多少?

④ 购入的大卡车年折旧额是多少?

解:

① 年折旧额 $=\dfrac{80-1.6}{5}=15.68$ 万元

② 年双倍直线折旧率 $=\dfrac{2}{5}\times100\%=40\%$

第一年计提折旧额 $=80\times40\%=32$ 万元

第二年计提折旧额 $=(80-32)\times40\%=19.2$ 万元

第三年计提折旧额 $=(80-32-19.2)\times40\%=11.52$ 万元

第四年计提折旧额 $=\dfrac{(80-32-19.2-11.52)-1.6}{2}=7.84$ 万元

第五年计提折旧额 $=\dfrac{(80-32-19.2-11.52)-1.6}{2}=7.84$ 万元

③ 第一年:年折旧率 $=5/15$,年折旧额 $=(40-1.6)\times5/15=12.80$ 万元

第二年:年折旧率 $=4/15$,年折旧额 $=(40-1.6)\times4/15=10.24$ 万元

第三年:年折旧率 $=3/15$,年折旧额 $=(40-1.6)\times3/15=7.68$ 万元

第四年:年折旧率 $=2/15$,年折旧额 $=(40-1.6)\times2/15=5.12$ 万元

第五年:年折旧率 $=1/15$,年折旧额 $=(40-1.6)\times1/15=2.56$ 万元

④ 单位里程折旧额 $=\dfrac{15\times(1-5\%)}{40}=0.3563$ 万元/万 km

年折旧额 $=2.5\times0.3563=0.89$ 万元

4) 修理费。修理费计算公式为:

$$年修理费=年折旧费\times百分比$$

该百分比可参照同类项目的经验数据加以确定。

5) 摊销费。摊销费是指无形资产等的一次性投入费用在有效使用期限内的平均分摊。摊销费一般采用直线法计算,不留残值。

6) 利息支出。利息支出包括生产期中建设投资借款还款利息和流动资金借款还款利息。

① 等额还本付息。这种方法是指在还款期内,每年偿付的本金利息之和是相等的,但每年支付的本金数和利息数均不相等。

$$A=I\times\frac{i\times(1+i)^n}{(1+i)^n-1}$$

式中　A——每年还本付息额;

　　I——还款年年初的本息和;

　　i——年利率;

　　n——预定的还款期。

其中：

$$每年支付利息＝年初本金累计×年利率$$
$$每年偿还本金＝A－每年支付利息$$
$$年初本金累计＝A－本年以前各年偿还的本金累计$$

【例 1-3-2】已知某项目建设期末贷款本利和累计为 1000 万元，按照贷款协议，采用等额还本付息的方法分 5 年还清，已知年利率为 6％。试求该项目还款期每年的还本额、付息额和还本付息总额。

解：每年的还本付息总额为：

$$A = P \times \frac{i(1+i)^n}{(1+i)^n-1} = 1000 \times \frac{6\% \times (1+6\%)^5}{(1+6\%)^5-1} = 237.40 \text{万元}$$

等额还本付息方式下各年的还款数据见表 1-3-2。

等额还本付息数据表（单位：万元） 表 1-3-2

年份（年）	1	2	3	4	5
年初借款余额	1000	822.6	634.56	435.23	223.94
利率	6％	6％	6％	6％	6％
年利息	60	49.36	38.05	26.11	13.46
年还本额	177.40	188.04	199.33	211.29	223.94
年还本付息总额	237.40	237.40	237.40	237.40	237.40
年末借款余额	822.60	634.56	435.23	223.94	0

② 等额还本、利息照付。这种方法是指在还款期内每年等额偿还本金，而利息按年初借款余额和利息率的乘积计算，利息不等，而且每年偿还的本利和不等。计算步骤如下：

首先计算建设期末的累计借款本金和未付的资本化利息之和；其次计算在指定的偿还期内，每年应偿还的本金 A；然后计算每年应付的利息额：年应付利息＝年初借款余额×年利率；最后计算每年的还本付息总额：年还本付息总额＝A＋年应付利息。

此方法由于每年偿还的本金是等额的，计算简单，但项目投产初期还本付息的压力大。因此，此法适用于投产初期效益好，有充足现金流的项目。

【例 1-3-3】已知某项目建设期末贷款本利和累计为 1000 万元，按照贷款协议，采用等额还本付息的方法分 5 年还清，已知年利率为 6％。试求：1) 该项目还款期每年的还本额、付息额和还本付息总额。2) 在等额还本、利息照付方式下每年的还本额、付息额和还本付息总额。

解：

每年的还本额 $A＝1000/5＝200$ 万元

等额还本、利息照付方式下各年的还款数据见表 1-3-3。

等额还本、利息照付还款数据（单位：万元）　　　　　　　　表 1-3-3

年份（年）	1	2	3	4	5
年初借款余额	1000	800	600	400	200
利率	6%	6%	6%	6%	6%
年利息	60	48	36	24	12
年还本额	200	200	200	200	200
年还本付息总额	260	248	236	224	212
年末借款余额	800	600	400	200	0

③ 流动资金借款还本付息估算。流动资金借款的还本付息方式与建设投资不同，流动资金借款在生产经营期内只计算每年所支付的利息，本金通常是在项目寿命期最后一年一次性支付的。利息计算公式为：

$$年流动资金借款利息 = 流动资金借款额 \times 年利率$$

7）其他费用。其他费用是指除上述费用之外的，应计入生产总成本费用的其他所有费用。

（2）经营成本估算

经营成本是项目评价特有的概念，主要是为了满足项目财务现金流量分析的需要，以及对项目进行动态的经济效益分析。经营成本是指总成本费用扣除固定资产折旧费、摊销费和利息后的成本费用。一般计算公式为：

$$经营成本 = 总成本费用 - 折旧费 - 摊销费 - 利息支出$$

（3）固定成本与可变成本估算

为了进行盈亏平衡分析和不确定性分析，需将总成本费用分解为固定成本和可变成本。固定成本指成本总额不随产品产量和销量变化的各项成本费用。可变成本指产品成本中随产品产量发生变动的费用。

（4）销售收入、销售税金及附加、利润的估算

1）销售收入的估算。假定年生产量即为年销售量，不考虑库存，产品销售价格一般采用出厂价。销售收入的计算公式为：

$$销售收入 = 销售量 \times 销售单价$$

2）销售税金及附加的估算。销售税金及附加的计征依据是项目的销售收入。其计算公式为：

$$销售税金及附加 = 销售收入 \times 销售税金及附加费费率$$

3）利润总额、税后利润及其分配估算

① 利润总额估算。利润总额是企业在一定时期内生产经营的最终成果集中反映企业生产的经济效益。利润总额的估算公式为：

$$利润总额 = 产品销售（营业）收入 - 营业税金及附加 - 总成本费用$$

根据利润总额可计算所得税和净利润，在此基础上可进行净利润的分配。在工程项目的经济分析中，利润总额是计算一些静态指标的基础数据。

② 税后利润及其分配估算。税后利润是利润总额扣除企业所得税后的余额，税后利润可在企业、投资者、职工之间分配。

A. 企业所得税。根据税法的规定，企业取得利润后，应先向国家缴纳所得税，即凡在我国境内实行独立经营核算的各类企业或者组织者，其来源于我国境内外的生产、经营所得和其他所得，均应依法缴纳企业所得税。

$$企业所得税＝应纳税所得额×税率$$

式中：

$$应纳税所得额＝收入总额－准予扣除项目$$

准予扣除项目金额是指与纳税取得收入有关的成本、费用、税金和损失。如企业发生年度亏损的，可以用下一纳税年度的所得弥补；下一纳税年度的所得不足以弥补的，可以逐年延续弥补，但是延续弥补期最长不得超过 5 年。企业所得税税率一般为 25%。

【例 1-3-4】 某企业相关各年的利润总数见表 1-3-4，若企业所得税税率为 25%，根据现行财务制度，该企业在第 5 年、第 7 年应缴纳所得税分别为多少万元？

各年利润总额统计表（单位：万元）　　　　　　　　　表 1-3-4

年份（年）	1	2	3	4	5	6	7
利润总额	−1000	200	500	200	300	−100	400
累计利润	−1000	−800	−300	−100	200	100	500

解：

$$第 5 年应纳所得税＝（300−100）×25\%＝50 万元$$
$$第 7 年应纳所得税＝（400−100）×25\%＝75 万元$$

B. 税后利润的分配。税后利润是利润总额扣除所得税后的差额，即净利润，计算公式为：

$$税后利润＝利润总额－所得税$$

在工程项目的经济分析中，一般视税后利润为可供分配的净利润，可按照下列顺序分配：

① 提取盈余公积金和公益金。先按可供分配利润的 10% 提取法定盈余公积金，随后按可供分配利润的 5% 提取公益金，然后提取任意公积金，按可供分配利润的一定比例（由董事会决定）提取。

② 应付利润。应付利润是向投资者分配的利润，如何分配由董事会决定。

③ 未分配利润。未分配利润是向投资者分配完利润后剩余的利润，该利润可用来归还建设投资借款。

2. 不确定性分析

建设工程投资决策是面对未来的，项目评价所采用的数据大部分来自估算和预测，有一定程度的不确定性，为了尽量避免投资决策失误，有必要进行不确定性分析。不确定分析是项目经济评价中的一项重要内容。常用的不确定性分析方法有盈亏平衡分析、敏感性分析和概率分析。

（1）盈亏平衡分析

盈亏平衡分析是在一定市场、生产能力即经营管理条件下，通过对产品产量、成本、利润相互关系的分析，判断企业对市场需求变化适应能力的一种不确定性分析方法。盈亏平衡分析的主要目的是寻找盈亏平衡点，据此判断项目风险大小及对风险的承受能力，为投资决策提供科学依据。盈亏平衡点就是盈利与亏损的分界点，如图 1-3-6 所示。

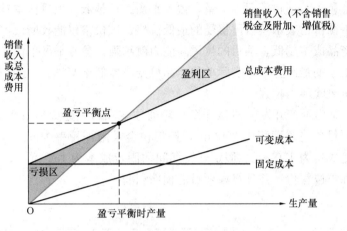

图 1-3-6　盈亏平衡分析

项目总收益（V）及项目总成本（C）都是产量（Q）的函数，根据 V、C 及 Q 的关系及人为的假定，盈亏平衡分析分为线性盈亏平衡分析和非线性盈亏平衡分析。在线性盈亏平衡分析中可得：

$$V = P \times (1-t) \times Q$$
$$C = F + C_v \times Q$$

式中　V——项目总收益；

P——产品销售单价；

t——销售税率；

C——项目总成本；

F——固定成本；

C_v——单位产品变动成本；

Q——产量或销售量。

令 $V=C$ 即可分别求出盈亏平衡产量、盈亏平衡价格、盈亏平衡单位产品可变成本、盈亏平衡生产能力利用率。它们的表达式分别为：

盈亏平衡产量：

$$Q^* = \frac{F}{P \times (1-t) - C_v}$$

盈亏平衡价格：

$$P^* = \frac{F + C_v \times Q_c}{P \times (1-t) - C_v}$$

盈亏平衡单位产品可变成本：

$$V^* = P \times (1-t) - \frac{F}{Q_c}$$

盈亏平衡生产能力利用率：

$$\alpha^* = \frac{Q^*}{Q_c} \times 100\%$$

式中 Q_c——设计生产能力。

盈亏平衡产量表示项目的保本产量，盈亏平衡产量越低，项目保本越容易，则项目风险越低；盈亏平衡价格表示项目可接受的最低价格，该价格仅能收回成本，该价格水平越低，表示单位产品成本越低，项目的抗风险能力就越强；盈亏平衡单位产品可变成本表示单位产品可变成本的最高上限，实际单位产品可变成本低于 V^* 时，项目盈利。因此，V^* 越大，项目的抗风险能力越强。

【例 1-3-5】某房地产开发公司拟开发一普通住宅项目，建成后每平方米售价为 3000 元，已知住宅项目总建筑面积为 2000m²，销售税金及附加税率为 5.5%，预计每平方米建筑面积的可变成本为 1700 元。假定开发期间的固定成本为 150 万元，试计算盈亏平衡点时的销售量和单位售价，并计算该项目的预期利润。

解：

$$Q^* = \frac{F}{P \times (1-t) - C_v} = \frac{1500000}{3000 \times (1 - 5.5\%) - 1700} = 1321.59 \text{m}^2$$

$$P^* = \frac{F + C_v \times Q_c}{P \times (1-t) - C_v} = \frac{1500000 + 1700 \times 2000}{3000 \times (1 - 5.5\%) - 1700} = 4317.78 \text{ 元 /m}^2$$

预期利润 $=V-C=3000 \times 2000 \times (1-5.5\%) -1500000 -1700 \times 2000 =77$ 万元

（2）敏感性分析

1）敏感性分析的内容

敏感性是指影响方案的因素中一个或几个估计值发生变化时，引起方案经济效果的相应变化，以及变化的敏感程度。分析各种变化因素对方案经济效果影响程度的工作称为敏感性分析。敏感性分析有两种方法，即单因素敏感性分析和多因素敏感性分析，单因素敏感性分析只考虑一个因素变动，其他因素假定不变，对经济效果指标的影响；多因素敏感性分析考虑各个不确定性因素同时变动，假定各个不确定性因素发生的概率相等，对经济效果指标的影响；通常只进行单因素敏感性分析。敏感性分析结果用敏感性分析表和敏感性分析图表示。

2）敏感性分析的步骤

① 确定敏感性分析的研究对象。一般应根据具体情况，选用能综合反映项目经济效果的评价指标作为研究对象。

② 选择不确定性因素并确定其可能的变化范围和幅度。应选择对项目经济效果有较强影响的主要因素来进行分析。

③ 计算不确定性因素变动对经济效果评价指标的影响。计算方法可采用只考虑单一因素变动时对经济效果评价指标的影响，也可采用考虑几个因素共同变动时对经济效果评价指标的影响。

④ 计算敏感系数并对敏感因素进行排序。所谓敏感因素是指该不确定性因素的数值有较小的变动就能使项目经济评价指标出现较显著改变的因素。敏感度系数的计算公式为：

敏感度系数＝评价指标变动幅度/不确定因素变动幅度

敏感度系数越大，表明该因素的敏感性越大，抗风险能力越弱。对经济效果指标的敏感性影响大的那些因素，在实际工程中要严加控制和掌握，以免影响直接的经济效果，对于敏感性较小的那些影响因素，稍加控制即可。

【例 1-3-6】某投资项目的现金流量基本数据见表 1-3-5，所采用的数据是根据未来最可能出现的情况预测估算的。由于对未来影响经济环境的某些因素把握不大，投资额、经营成本和产品价格均有可能在 ±20% 的范围内变动。设基准折现率 $i_c = 10\%$。

某投资项目现金流量基本数据（单位：万元）　　　　　　表 1-3-5

序号	年份（年）	0	1	2~10	11
1	投资	4000	5500	5500	5500
2	销售收入	3743.44	3675.29	3603.05	3526.48
3	经营成本	200	275	275	275
4	销售税金＝销售收入×10%	56.56	1549.71	1621.95	1698.52
5	期末残值	0	0	0	0
6	净现金流量	56.56	1549.71	1621.95	1698.52

问题：分别就投资额、经营成本和产品价格等影响因素对该投资方案进行敏感性分析。

解：

1）选择净现值为敏感性分析的对象，根据净现值的计算公式，可计算出项目在初始条件下的净现值。

$$NPV = -15000 + (22000 - 2200 - 15200) \times \frac{(1+10\%)^{10} - 1}{10\%(1+10\%)^{10}} \times (1+10\%)^{-1} + 2000$$

$$\times (1+10\%)^{-11} = 11396（万元）> 0$$

因此，方案在经济上是合理的。

2）对项目进行敏感性分析。取定 3 个因素：投资额、产品价格和经营成本，设投资额的变动百分比为 x，经营成本变动的百分比为 y，产品变动的百分比为 z，列出计算式为：

$$NPV_1 = -15000(1+x) + (22000 - 2200 - 15200)(P/A，10\%，10)(P/F，10\%，1)$$
$$+ 2000(PF，10\%，11)$$

$$NPV_2 = -15000 + [22000 - 2200 - 15200(1+y)](P/A，10\%，10)(P/F，10\%，1)$$
$$+ 2000(PF，10\%，11)$$

$$NPV_3 = -15000 + [22000 - 2200(1+z) - 15200](P/A，10\%，10)(P/F，10\%，1)$$
$$+ 2000(P/F，10\%，11)$$

然后分别取不同的 x、y、z 值，按 ±10%、±20% 的变化幅度变动，分别计算相应的净现值变化情况。其计算结果见表 1-3-6。

从表 1-3-6 中的数据分析可知，3 个因素中产品价格的变动对净现值的影响最大，产品价格平均变动 1%，净现值平均变动 1105.95 万元；其次是经营成本；投资额的变动对净现值的影响最小。即按敏感程度排序，依次是产品价格、经营成本、投资额，因此最敏感的因素是产品价格。

确定因素的变动对净现值的影响（单位：万元） 表 1-3-6

不确定性因素	变动幅度						
	—20%	—10%	0	10%	20%	平均1%	平均—1%
投资额	14.394	12894	11396	9894	8394	—150	150
经营成本	28374	19884	11396	2904	—5586	—849	849
产品价格	—10725	335	11396	22453	33513	1105.95	—1105.95

（3）概率分析

概率分析通过研究各种不确定因素发生不同幅度变动的概率分布及其对方案经济效果的影响，对方案的净现金流量及经济效果指标做出某种概率描述，从而对方案的风险情况做出比较准确的判断。例如，可以用经济效果指标 $NPV \leqslant 0$ 发生的概率来度量项目将承担的风险。

素养提升

1. 通过计算建设项目财务评价指标以及项目财务数据的测算，使同学们养成严谨、细致的工作作风；

2. 通过整理与清理作业环境，使同学们养成热爱劳动的意识。

任务 1.3　工作任务单

01　学生任务分配表

班级		组号		指导教师	
组长		学号			
组员 （组员姓名、学号）					
任务分工					

02　任务准备表

工作目标	根据任务背景，列举与解决任务相关的参数

03　任务方案工作表

组号		姓名		学号	
工作目标		制定解决案例任务的方案			
列式计算项目建设期贷款利息和固定资产年折旧额					

建设期贷款利息：

固定资产折旧：

列式计算项目运营期第 1 年、第 2 年的企业应纳增值税额

运营期第 1 年增值税：

运营期第 1 年应纳增值税：

运营期第 1 年增值税附加：

运营期第 2 年增值税：

列式计算项目运营期第 1 年的经营成本、总成本费用

运营期第 1 年的经营成本：

运营期第 1 年总成本费用：

列式计算项目运营期第 1 年、第 2 年的税前利润，并说明运营期第 1 年项目可用于还款的资金能否满足还款要求

运营期第 1 年税前利润：

运营期第 1 年净利润：

年还本付息额：

运营期第 1 年还本：

运营期第 2 年利息：

运营期第 2 年总成本：

运营期第 2 年税前利润：

偿债备付率：

是否满足还款要求：

04　任务方案工作表

组号		姓名		学号	
工作目标		小组交流讨论，教师参与，形成正确的评价方案			
错误信息		产生的原因		改进的措施	
自己在任务工作中的不足					

05　小组总结

组号		姓名		学号	
工作目标		小组推荐一位小组长，汇报计算方案，借鉴每组经验，进一步优化方案			
费用名称		计算方案			
本组工作的不足					

06 小组总结

组号		姓名		学号	
工作目标		对比分析指标计算及财务评价方案实际数据,并进行订正			

任务 1.3 案例详解:

模块2　建设项目设计阶段工程计价与控制

任务2.1　设计概算编制

案例1： 新建某宿舍楼，其建筑面积为 3500m²，按概算指标和地区材料预算价格等算出单位造价为 738 元/m²。其中，一般土建工程 640 元/m²，采暖工程 32 元/m²，给水排水工程 36 元/m²，照明工程 30 元/m²。但新建宿舍楼设计资料与概算指标相比较，其结构构件有部分变更，见表 2-1-1。

分项工程（结构构件）对照表　　　　　　　　　表 2-1-1

分项工程（结构构件）	概算指标	新建宿舍楼指标	地区材料预算价格
1 砖外墙	46.5m³/100m²	0m³/100m²	177.10 元/m³
1.5 砖外墙	0m³/100m²	61.2m³/100m²	178.08 元/m³
外墙带形毛石基础	18m³/100m²	19.6m³/100m²	147.87 元/m³

除建筑工程外，该宿舍楼工程还包含以下费用：装饰装修工程为 1185984.15 元；给水排水工程为 102165.59 元；电气工程为 157110.60 元；弱电工程为 32263.01 元；消防工程为 24183.37 元；工程建设其他费为 50 万元，预备费按工程费用和工程建设其他费用的 5% 计取。试计算新建宿舍楼的单位建筑工程概算造价和概算总造价。

案例2： 2021 年 5 月，湖南省长沙市某学校综合教学楼，初步设计完成后，设计单位委托有资质的造价咨询单位编制设计概算文件。按设计文件和概算定额工程量计算规则计算出该项目装饰工程的概算工程量并套取了对应概预算定额，编制完成了工程预算表（见表 2-1-2）。试根据湖南省有关计价规范，计算该综合教学楼项目装饰工程的单位工程概算。

工程预算表　　　　　　　　　　　表 2-1-2

序号	项目名称	单位	数量	单价（元）		合价（元）	
				基价	人工	基价	人工
1	整体水磨石地面 普通分格 厚12mm（11ZJ001-地楼 106）	100m²	115.888	12855.12	7326.87	1489754.15	849096.31
2	瓷质地砖(600×600)地面（11ZJ001-楼 202）	100m²	89.985	14630.81	3308.21	1316553.44	297689.28
3	花岗岩块料石板地面（11ZJ001-楼 207）	100m²	49.334	20189.11	3483.50	996009.55	171854.99

87

序号	项目名称	单位	数量	单价（元）		合价（元）	
				基价	人工	基价	人工
4	楼梯花岗岩面层块料石板地面（98ZJ001-地 20）	100m²	22.074	25590.13	3483.50	564876.53	76894.78
5	瓷质地砖（300×300 以内）地面（11ZJ001-地楼 202）	100m²	11.668	12574.80	3633.84	146722.77	42399.65
6	卫生间 细石混凝土防潮地面厚 15mm（11ZJ001-地楼 202）聚氨酯涂刷二遍	100m²	11.668	9827.14	3145.20	114663.07	36698.19
7	屋面 高聚物改性沥青卷材屋面带保温层（11ZJ001-屋 103/2F1）	100m²	2.535	16336.15	2292.87	41412.14	5812.43
8	种植屋面 高聚物改性沥青卷材防水屋面带钢性防水种植（11ZJ203-植屋 1b-8）	100m²	63.436	23430.69	5921.75	1486349.25	375652.13
9	铝合金推拉门窗安装	100m²	72.650	37103.76	6208.22	2695588.16	451027.18
10	天窗 铝合金固定窗安装	100m²	1.343	40865.77	3452.20	54882.73	4636.30
11	实训用房 不锈钢门夹无框玻璃门	100m²	2.801	47316.24	10072.88	132532.79	28214.14
12	木质防火门安装	100m²	2.088	51983.92	2965.12	108542.42	6191.17
13	卫生间 塑钢门安装带亮	100m²	1.683	22935.59	2050.00	38600.60	3450.15
14	教学用房 办公室 防盗门	100m²	6.774	61723.22	3686.76	418113.09	24974.11
15	卫生间 内墙面墙裙瓷质面砖周长 2000mm 以内 换：瓷质面砖（300×600）	100m²	18.148	8177.93	1835.15	148413.07	33304.30
16	所有天棚＋墙面 涂料、裱糊 刮仿瓷涂料 二遍 在一底二面上再增加一遍	100m²	288.949	1446.48	1317.12	417958.95	380580.51
17	外墙面面砖（砂浆粘结）密缝	100m²	67.508	12780.49	5029.17	862785.00	339509.54
18	全玻璃幕墙 挂式	100m²	6.282	27154.82	2091.32	170586.58	13137.67
19	雨篷底吊铝骨架铝条天棚	100m²	0.500	24414.35	1940.40	12207.18	970.20
	合 计	元				11216551.47	3142093.03
	综合人工合计（建筑、装饰）	元				3142093.03	3142093.03
	材料费合计	元				7820950.32	
	机械费合计	元				253508.12	

案例 3： 新建一幢教学大楼，建筑面积为 3000m²。已知已建类似工程单位建筑工程的施工图预算的有关数据如下：

1）类似工程的建筑面积为 2800m²，预算成本 3200000 元。

2）类似工程各种费用占预算成本的权重是：人工费 6%、材料费 55%、机械费 6%、措施费 3%。

3）拟建工程地区与类似工程地区造价之间的差异系数为 $K_1=1.02$、$K_2=1.05$、$K_3=0.99$、$K_4=1.04$。

试用类似工程预算编制该新建项目单位建筑工程概算。

 知识目标

(1) 掌握设计概算的含义、内容、编制方法。

(2) 掌握概算指标法的概念、适用范围（重点）。

(3) 掌握概算指标法的计算方法。

(4) 掌握概算定额法的概念、适用范围（重点）。

(5) 掌握概算定额法的计算方法。

(6) 掌握类似工程预算法的概念。

(7) 掌握类似工程预算法的计算方法（重点、难点）。

设计概算的
内容确定

 能力目标

(1) 能根据概算指标法编制单位工程概算。

(2) 能运用概算定额法完成单位工程概算编制（难点）。

(3) 能运用类似工程预算法完成单位工程概算编制（难点）。

概算指标法简介

 思政与素养目标

(1) 培养严谨、细致、认真、规范的工作习惯。

(2) 培养具体情况具体分析的行为习惯，掌握辩证方法论基本原则。

(3) 培养系统思维的行为习惯。

(4) 培养劳动意识。

类似工程预算
法简介

根据国家有关文件的规定，一般工业项目设计可按初步设计和施工图设计两个阶段进行，称为"两阶段设计"；对于技术上复杂、在设计时有一定难度的工程，根据项目相关管理部门的意见和要求，可以按初步设计、技术设计和施工图设计三个阶段进行，称为"三阶段设计"。小型工程建设项目，技术上较简单的，经项目相关管理部门同意可以简化为施工图设计一阶段进行。

2.1.1 设计概算的含义

建设项目设计概算是初步设计文件的重要组成部分，它是在投资估算的控制下由设计单位根据初步设计或扩大初步设计的图纸及说明，利用国家或地区颁发的概算指标、概算定额或综合指标、预算定额、设备材料预算价格等资料，按照设计要求，概略地计算建筑物或构筑物造价的文件。采用两阶段设计的建设项目，初步设计阶段须编制设计概算；而采用三阶段设计的建设项目，还须在扩大初步设计阶段编制修正概算。

2.1.2 设计概算的作用

(1) 设计概算是编制固定资产投资计划，确定和控制建设项目投资的依据

编制年度固定资产投资计划，确定计划投资总额及其构成数额，要以批准的初步设计概算为依据，没有批准的初步设计文件及其概算，建设工程就不能列入年度固定资产投资计划。

（2）设计概算是签订建设工程承发包合同和贷款合同的依据

建设工程合同价款应以设计概、预算价为依据，且总承包合同不得超过设计总概算的投资额。银行贷款或各单项工程的拨款累计总额不能超过设计概算，如果项目投资计划所列支投资额与贷款突破设计概算时，必须查明原因，之后由建设单位报请上级主管部门调整或追加设计概算总投资，未批准之前，银行对其超支部分拒不拨付。

（3）设计概算是控制施工图设计和施工图预算的依据

设计单位必须按照批准的初步设计和总概算进行施工图设计，施工图预算不得突破设计概算，如确需突破总概算时，应按规定程序报批。

（4）设计概算是衡量设计方案技术经济合理性和选择最佳设计方案的依据

设计部门在初步设计阶段要选择最佳设计方案，设计概算是从经济角度衡量设计方案经济合理性的重要依据。因此，设计概算是衡量设计方案技术经济合理性和选择最佳设计方案的依据。

（5）设计概算是考核建设项目投资效果的依据

通过设计概算与竣工决算对比，可以分析和考核投资效果的好坏，同时还可以验证设计概算的准确性，有利于加强设计概算管理和建设项目的造价管理工作。

2.1.3　设计概算的内容

按照《建设项目设计概算编审规程》CECA/GC 2—2015 的相关规定，设计概算文件的编制应采用单位工程概算、单项工程综合概算、建设项目总概算三级概算编制形式。当建设项目为一个单项工程时，可采用单位工程概算、总概算两级概算编制形式。三级概算之间的相互关系和费用构成，如图 2-1-1 所示。

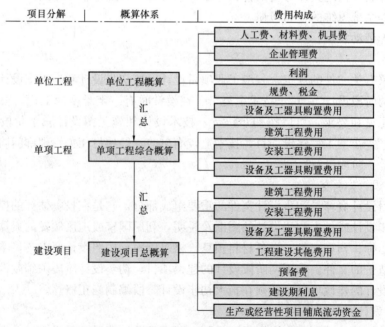

图 2-1-1　建设项目三级概算的组成关系

（1）单位工程概算

单位工程是指具有单独设计文件、能够独立组织施工的工程，是单项工程的组成部分。单位工程概算是确定各单位工程建设费用的文件，是单项工程综合概算的组成部分。

单位工程概算按其工程性质分为建筑单位工程概算和设备及安装单位工程概算两大类。建筑工程概算包括一般土建工程概算，给水排水、供暖工程概算，通风、空调工程概算，电气、照明工程概算，弱电工程概算，特殊构筑物工程概算等；设备及安装工程概算包括机械设备及安装工程概算，电气设备及安装工程概算，热力设备及安装工程概算，工具、器具及生产家具购置费概算等。

（2）单项工程综合概算

单项工程是指在一个建设项目中，具有独立的设计文件，建成后可以独立发挥生产能力或工程效益的项目。它是建设项目的组成部分，如生产车间、办公楼、食堂、图书馆、学生宿舍、住宅楼、一个配水厂等。单项工程是一个复杂的综合体，是具有独立存在意义的一个完整工程，如输水工程、净水厂工程、配水工程等。

单项工程综合概算是确定一个单项工程所需建设费用的文件，它是由单项工程中各单位工程概算汇总编制而成的，是建设项目总概算的组成部分。单项工程综合概算组成内容如图 2-1-2所示。

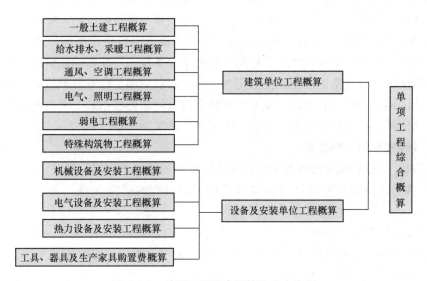

图 2-1-2　单项工程综合概算组成内容图

（3）建设项目总概算

建设项目总概算是确定整个建设项目从筹建到竣工验收所需全部费用的文件，它是由各单项工程综合概算、工程建设其他费概算、预备费概算、建设期贷款利息概算和投资方向调节税概算汇总编制而成的。建设项目总概算组成内容如图 2-1-3 所示。

2.1.4　设计概算的编制原则和依据

（1）设计概算的编制原则

1）严格执行国家的建设方针和经济政策的原则。设计概算是一项重要的技术经济工作，要严格按照党和国家的方针、政策办事，坚决执行勤俭节约的方针，严格执行规定的

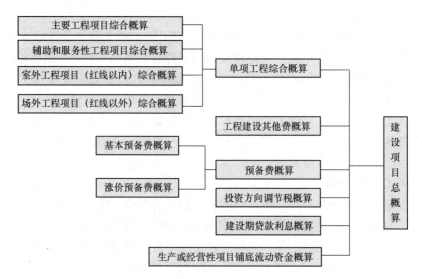

图 2-1-3　建筑项目总概算组成内容

设计标准。

2）要完整、准确地反映设计内容的原则。编制设计概算时，要认真了解设计意图，根据设计文件、图纸准确计算工程量，避免重算和漏算。设计修改后，要及时修正概算。

3）要坚持结合拟建工程的实际，反映工程所在地当时价格水平的原则。为提高设计概算的准确性，要求实事求是地对工程所在地的建设条件、可能影响造价的各种因素进行认真地调查研究，在此基础上正确使用定额、指标、费率和价格等各项编制依据，按照现行工程造价的构成，根据有关部门发布的价格信息及价格调整指数，考虑建设期的价格变化因素，使概算尽可能地反映设计内容、施工条件和实际价格。

（2）设计概算的编制依据

1）国家、行业和地方政府有关建设和造价管理的法律、法规、规定。

2）批准的建设项目的设计任务书（或批准的可行性研究文件）和主管部门的有关规定。

3）初步设计项目一览表。

4）能满足编制设计概算的各专业设计图纸、文字说明和主要设备表。

5）正常的施工组织设计。

6）当地和主管部门的现行建筑工程和专业安装工程的概算定额（或预算定额、综合预算定额，本节下同）、单位估价表、材料及构配件预算价格、工程费用定额和有关费用规定的文件等资料。

7）现行的有关设备原价及运杂费率。

8）现行的有关其他费用定额、指标和价格。

9）资金筹措方式。

10）建设场地的自然条件和施工条件。

11）类似工程的概、预算及技术经济指标。

12）建设单位提供的有关工程造价的其他资料。

13）有关合同、协议等其他资料。

关于单位工程概算的费用组成，下列表述中正确的是（　　）。

A. 由直接费、企业管理费、利润、规费组成

B. 由直接费、企业管理费、利润、规费、税金组成

C. 由直接费、企业管理费、利润、规费、税金、设备及工器具购置费组成

D. 由直接费、企业管理费、利润、规费、税金、设备及工器具购置费、工程建设其他费组成

2.1.5　设计概算的编制方法

建设项目设计概算的编制，一般首先编制单位工程的设计概算，然后再逐级汇总，形成单项工程综合概算及建设项目总概算。单位工程概算书是计算一个独立建筑物或构筑物（即单项工程）中每个专业工程所需工程费用的文件，分为以下两类：建筑工程概算书和设备及安装工程概算书。

建筑工程概算的编制方法有：概算指标法、概算定额法、类似工程预算法；设备及安装工程概算的编制方法有：预算单价法、扩大单价法、设备价值百分比法和综合吨位指标法等。

1. 概算指标法

（1）概算指标法概念及适用情况

概算指标法是将拟建厂房、住宅的建筑面积或体积乘以技术条件相同或基本相同的概算指标而得出人、材、机费，然后按规定计算出企业管理费、利润和税金等。概算指标法计算精度较低，但由于其编制速度快，因此对一般附属、辅助和服务工程等项目，以及住宅和文化福利工程项目或投资比较小、比较简单的工程项目投资概算有一定实用价值。

概算指标法适用的情况：

1）在方案设计中，由于设计无详图而只有概念性设计或初步设计深度不够，不能准确地计算出工程量，但工程设计采用的技术比较成熟时可以选定与该工程相似类型的概算指标编制概算；

2）设计方案急需造价估算而又有类似工程概算指标可以利用；

3）图样设计间隔很久后再来实施，概算造价不适用于当前情况而又急需确定造价的情形下，可按当前概算指标来修正原有概算造价；

4）通用设计图设计可组织编制通用图设计概算指标来确定造价。

（2）概算指标法的计算

运用概算指标法时，分为直接套用指标和换算后套用指标两种情况：

1）拟建工程结构特征与概算指标相同时可直接套用概算指标。具体来说，拟建工程应符合以下条件：

① 拟建工程的建设地点与形成概算指标的项目建设地点相同；

② 拟建工程的工程特征和结构特征与概算指标中的工程特征和结构特征相同；

③ 拟建工程的建筑面积与概算指标中的建筑面积相差不大。

根据选用的概算指标的内容，可选用两种套算方法：

一种方法是根据已建项目概算指标（直接工程费/m²、直接工程费/m³），求出拟建项目单位工程的直接工程费（人、材、机费），再计算其他费用，即可求出单位工程的概算造价。直接工程费计算公式为：

拟建项目直接工程费（人、材、机费）＝概算指标（直接工程费/m²、直接工程费/m³）×拟建工程建筑面积、体积

另一种方法是首先根据概算指标中的每 100m² 建筑物面积（或 1000m³ 建筑体积）所耗的人、材、机等要素的数量计算拟建工程人、材、机用量，然后套用拟建地区当时的人、材、机单价，计算人、材、机费，最后计算其他费用。计算公式为：

拟建项目 100m² 建筑面积的人工费＝概算指标中 100m² 建筑物面积耗用的工日数×本地区人工工日单价

拟建项目 100m² 建筑物面积的主要材料费＝Σ（概算指标中 100m² 建筑物面积耗用的各种主要材料数量×地区材料预算单价）

拟建项目 100m² 建筑物面积的其他材料费＝主要材料费×其他材料费占主要材料费的百分比

拟建项目 100m² 建筑物面积的机械使用费＝（人工费＋主要材料费＋其他材料费）×机械使用费所占百分比

拟建项目每 1m² 建筑面积的人、材、机费＝（人工费＋主要材料费＋其他材料费＋机械使用费）÷100

计算出的人、材、机费后，结合其他各项费用的取费方法，分别计算企业管理费、利润和税金，得到每 1m² 建筑面积的概算单价，乘以拟建单位工程的建筑面积，即可得到单位工程概算造价。

2）拟建工程结构特征与概算指标有局部差异时的调整如下：

① 调整概算指标中的每 1m² 造价

将原概算指标中的单位造价进行调整（仍使用人、材、机费指标），扣除每 1m²（1m³）原概算指标中与拟建工程结构不同部分的造价，增加每 1m²（1m³）拟建工程与概算指标结构不同部分的造价，使其成为与拟建工程结构相同的工程工料单价。计算公式为：

$$结构变化修正概算指标（元/m²）＝J+Q_1 P_1-Q_2 P_2$$

式中　J——原概算指标；

　　Q_1——换入新结构的数量；

　　Q_2——换出旧结构的数量；

　　P_1——换入新结构的单价；

　　P_2——换出旧结构的单价。

则拟建工程的造价为：

人、材、机费＝修正后的概算指标×拟建工程建筑面积（或体积）

求出人、材、机费之后，再按照规定的取费方法计算其他费用，最终得到单位工程概算价值。

【例 2-1-1】 假设新建宿舍楼一座，其建筑面积为 3500m²，按概算指标和地区材料预算价格等算出综合单价为 738 元/m²，其中：一般土建工程 640 元/m²，采暖工程 32 元/m²，给水排水工程 36 元/m²，照明工程 30 元/m²。但新建宿舍楼设计资料与概算指标相比较，其结构构件有部分变更。设计资料表明，外墙为 1.5 砖外墙，而概算指标中外墙为 1 砖墙。

根据当地土建工程预算定额计算，外墙带形毛石基础的综合单价为 147.87 元/m³，1 砖外墙的综合单价为 177.10 元/m³，1.5 砖外墙的综合单价为 178.08 元/m³；概算指标中每 100m² 中含外墙带形毛石基础为 18m³，1 砖外墙为 46.5m³。新建工程设计资料表明，每 100m² 中含外墙带形毛石基础为 19.6m³，1.5 砖外墙为 61.2m³。试计算调整后的概算综合单价和新建宿舍楼的概算造价。

解： 土建工程中对结构构件的变更和单价调整见表 2-1-3。

结构变化引起的单价调整　　　　　　　　　　表 2-1-3

序号	结构名称	单位	数量（每 100m² 含量）	单价（元）	合价（元）
	土建工程单位面积造价				640
	换出部分				
1	外墙带形毛石基础	m³	18	147.87	2661.66
2	1 砖外墙	m³	46.5	177.10	8235.15
	合计				10896.81
	换入部分				
3	外墙带形毛石基础	m³	19.6	147.87	2898.25
4	1.5 砖外墙	m³	61.2	178.08	10898.5
	合计				13796.75
单位造价修正系数：640－10896.81/100＋13796.75/100＝669 元					

其余的单价指标都不变，因此经调整后的概算综合单价为 669＋32＋36＋30＝767 元/m²

新建宿舍楼的概算造价＝767×3500＝2684500 元

② 调整概算指标中的工、料、机数量，计算公式为：

将原概算指标中每 100m² 建筑物面积（或 1000m³）所耗工、料、机数量进行调整，扣除原概算指标中与拟建工程结构不同部分的工、料、机数量，并增加原概算指标中与拟建工程结构不同部分的工、料、机数量，使其成为与拟建工程相同的每 100m² 建筑物面积（或 1000m³ 建筑物体积）所耗工、料、机数量。

结构变化修正概算指标的工、料、机数量＝原概算指标的工、料、机数量＋换入结构件工程量×相应定额工、料、机消耗量－换出结构件工程量×相应定额工、料、机消耗量

课证融通小测

【单选】 某地新建单身宿舍一座，当地同期类似工程概算指标为 900 元/m²，该工程基础为混凝土结构，而概算指标对应的基础为毛石混凝土结构，已知该工程与概算指标每 100m² 建筑面积中分摊的基础工程量均为 15m³，同期毛石混凝土基础综合单价为 580/m³，混凝土基础

综合单价为 640 元/m³，则经结构差异修正后的概算指标为(　　)元/m²。

A. 891　　　　　　B. 909　　　　　　C. 906　　　　　　D. 993

2. 概算定额法

概算定额法也被称为扩大单价法或扩大结构定额法，它是采用概算定额编制建筑工程概算的方法，根据初步设计图纸资料和概算定额的项目划分计算出工程量，然后套用概算定额单价（基价），计算汇总后，再计取有关费用，便可得出单位工程概算造价。

概算定额法要求初步设计达到一定深度，建筑结构比较明确，能按照初步设计的平面、立面、剖面图纸计算出楼地面、墙身、门窗和屋面等分部工程（或扩大结构件）项目的工程量时，才可采用。利用概算定额法编制设计概算的具体步骤如下：

（1）搜集基础资料、熟悉设计图纸和了解有关施工条件和施工方法。

（2）按照概算定额分部分项顺序，列出单位工程中各分项工程或扩大分部分项工程名称，并计算其工程量。工程量计算应该按照概算定额中规定的工程量计算规则进行，计算时采用的原始数据必须以初步设计图纸所标识的尺寸或初步设计图纸能读出的尺寸为准，并将计算所得各分项工程量按概算定额编号顺序，填入工程概算表内。

（3）确定各分部分项工程项目的概算定额单价。工程量计算完毕后，逐项套用相应概算定额单价和人工、材料消耗指标，然后分别将其填入工程概算表和工料分析表中。如遇设计图中的分项工程项目名称、内容与采用的概算定额手册中相应的项目有某些不相符的，则按规定对定额进行换算后方可套用。概算定额单价的计算公式为：

概算定额单价＝概算定额人工费＋概算定额材料费＋概算定额机械台班使用费

（4）计算单位工程人、材、机费。将已算出的各分部分项工程项目的工程量分别乘以概算定额单价、单位人工、主要材料消耗指标，即可得出各分项工程的人、材、机费和人工、材料消耗量。如规定有地区的人工、材料价差调整指标，计算人、材、机费时，按规定的调整系数或调整方法进行调整计算。

（5）计算企业管理费、利润和税金。按照各地区费用定额的规定计算相关费用即可，一般计算公式如下：

企业管理费＝(定额人工费＋定额机械费)或定额人工费×企业管理费费率

利润＝(定额人工费＋定额机械费)或定额人工费×利润费率

税金＝(人、材、机费＋企业管理费＋利润)×综合税率

（6）计算单位工程概算造价

单位工程概算造价＝人、材、机费＋企业管理费＋利润＋税金

（7）编写概算编制说明。

 课证融通小测

采用概算定额法编制设计概算的主要工作有：①列出分部分项工程项目名称并计算工程量；②搜集基础资料；③编写概算编制说明；④计算措施项目费；⑤确定各分部分项工程费；⑥汇总单位工程概算造价。下列工作排序正确的是(　　)。

A. ②①⑤④⑥③　　　　　　　　　　B. ②③①⑤④⑥

C. ③②①④⑤⑥　　　　　　　　D. ②①③⑤④⑥

3. 类似工程预算法

类似工程预算法是利用技术条件与设计对象相类似的已完工程或在建工程的工程造价资料来编制拟建工程设计概算的方法。

（1）根据设计对象的各种特征参数，选择最合适的类似工程预算。

（2）根据本地区现行的各种价格和费用标准计算类似工程预算的人工费、材料费、施工机具费、企业管理费修正系数。

（3）根据类似工程预算修正系数和以上四项费用占预算成本的比重，计算预算成本总修正系数，并计算出修正后的类似工程平方米预算成本。

（4）根据类似工程修正后的平方米预算成本和编制概算地区的利税率计算修正后的类似工程平方米造价。

（5）根据拟建工程的建筑面积和修正后的类似工程平方米造价，计算拟建工程概算造价。

（6）编制概算编写说明。

2.1.6　调整系数计算

类似工程预算法要求拟建工程项目在建筑面积、结构构造特征要与已建工程基本一致，如层数相同、面积相似、结构相似、工程地点相似等，采用此方法必须对建筑结构差异和价差进行调整，具体调整内容如下：

（1）建筑结构差异的调整。结构差异调整方法与概算指标法的调整方法相同。即先确定有差别的部分，然后分别按每一项目算出结构构件工程量和单位价格（按编制概算工程所在地区的单价），然后以类似工程中相应（有差别）的结构构件工程数量和单价为基础，算出总差价。将类似预算的人、材、机费总额减去（或加上）这部分差价，就得到结构差异换算后的人、材、机费，再进行取费得到结构差异换算后的造价。

（2）价差调整。类似工程造价的价差调整常用的两种方法是：

1）当类似工程造价资料有具体的人工、材料、机具台班的用量时，可按类似工程预算造价资料中的主要材料、工日、机具台班数量乘以拟建工程所在地的主要材料预算价格、人工单价、机具台班单价，计算出人、材、机费，再计算企业管理费、利润、规费和税金，即可得出所需的综合。

2）类似工程造价资料只有人工、材料、施工机具使用费和企业管理费等费用或费率时，可按下面公式调整：

$$D = A \cdot K$$

$$K（综合价格调整系数）= a\%K_1 + b\%K_2 + c\%K_3 + d\%K_4$$

式中　　　　D——拟建工程单方概算造价；

　　　　　　A——类似工程单方预算造价；

$a\%$、$b\%$、$c\%$、$d\%$——类似工程预算的人工费、材料费、机械台班费、企业管理费占预算造价的比重，如：$a\% = $ 类似工程人工费/类似工程预算造价 $\times 100\%$，$b\%$、$c\%$、$d\%$类同；

K_1、K_2、K_3、K_4——拟建工程地区与类似工程预算造价在人工费、材料费、机械台班费、企业管理费之间的差异系数，如：K_1＝拟建工程概算的人工费（或工资标准）/类似工程预算人工费（或地区工资标准），K_2、K_3、K_4 类同。

以上综合调价系数是以类似工程中各成本构成占项目总成本的百分比为权重，按照加权的方法计算的成本单价的调价系数。根据类似工程预算提供的资料，也可按照同样的计算思路计算出人、材、机费综合调整系数，通过系数调整类似工程的工料单价，再行计算其他剩余费用构成内容，也可得出所需的造价指标。总之，以上方法可根据实际情况灵活应用。

【例 2-1-2】某地拟建一工程，与其类似的已完工程单方工程造价为 4500 元/m²，其中人工、材料、施工机具使用费分别占工程造价的 15％、55％ 和 10％，拟建工程地区与类似工程地区人工、材料、施工机具使用费差异系数分别为 1.05、1.03 和 0.98。假定以人、材、机费用之和为基数取费，综合费率为 25％。试用类似工程预算法计算拟建工程适用的综合单价。

解：先使用调差系数计算出拟建工程的工料单价。

类似工程的工料单价＝4500×80％＝3600 元/m²

在类似工程的工料单价中，人工、材料、施工机具使用费的比重分别为 18.75％、68.75％ 和 12.5％。

拟建工程的工料单价＝3600×（18.75％×1.05＋68.75％×1.03＋12.5％×0.98）＝3699 元/m²

则：拟建工程适用的综合单价＝3699×（1＋25％）＝4623.75 元/m²

计算出人、材、机费综合调整系数，通过系数调整类似工程的工料单价，再按照相应取费基数和费率计算间接费、利润和税金。

课证融通小测

某地拟建某市政道路工程，已知与其类似的已完工程造价指标为 600 元/m²，其中人工、材料、施工机具使用费分别占工程造价的 10％、50％、20％，拟建工程地区与类似工程地区人工、材料、工机具使用费差异系数分别为 1.10、1.05、1.05。假定以人工、材料、施工机具使用费之和为基数取费，综合费率为 25％，则拟建工程的综合单价为（　　）元/m²。

A. 507.00　　　　B. 608.40　　　　C. 633.75　　　　D. 657.00

素养提升

（1）通过编制精确编制设计概算，养成严谨、细致、认真、规范的工作习惯。

（2）通过结合工程实际对选择不同设计概算方法的选择，养成具体情况具体分析的行为习惯，掌握辩证方法论基本原则。

（3）通过建设项目逐级汇总计算，从局部推进到系统，培养系统思维的行为习惯。

（4）在任务完成后整理作业环境，养成热爱劳动的意识。

任务 2.1 工作任务单

01 学生任务分配表

班级		组号		指导教师	
组长		学号			
组员 （组员姓名、 学号）					
任务分工					

02 任务准备表

工作目标	根据任务背景，简述不同设计概算方法的适用情况
不同设计概算方法的适用情况	

03-1 子任务 1 计算方案

组号		姓名		学号	
工作目标			概算指标换算部分		
序号	结构名称	单位	数量（每100m²含量）	单价（元）	合价（元）
一	换出部分				
	合计	元			
二	换入部分				
	合计	元			
工作目标			计算新建宿舍的单位建筑工程概算造价		

工作目标	计算单项工程综合概算
序号	项目名称	金额（元）
1	建筑工程	
2	装饰装修工程	
3	给水排水工程	
4	电气工程	
5	弱电工程	
6	消防工程	
7	单项工程综合概算	

工作目标	汇总建设项目总概算
序号	项目名称	金额（元）
1	单项工程综合概算	
2	工程建设其他费用	
3	预备费	
4	建设期贷款利息	
5	铺底流动资金	
6	建设项目总概算	

03-2　子任务 2 计算方案

工作目标			根据取费程序计算各个费用并汇总建筑工程费用	
序号	名称	费率（%）	计算办法及计算程序	合价（元）
1	直接费		1.1＋1.2＋1.3	
1.1	人工费		按规定计算的直接工程费和施工措施费中的人工费	
1.2	材料费（不含设备）		按规定计算的直接工程费和施工措施费中的材料费	
1.3	机械费		按规定计算的直接工程费和施工措施费中的机械费	

序号	名称	费率（%）	计算办法及计算程序	合价（元）
2	设备费/其他费			
3	大型施工机械进出场及安拆费	0.5	（1～2）×费率	
4	工程排水费	0.2	（1～2）×费率	
5	冬雨季施工增加费	0.16	（1～2）×费率	
6	零星工程费	5	（1～2）×费率	
7	企业管理费	9.65	1×费率	
8	其他管理费			
9	利润	7	1×费率	
10	绿色施工安全防护措施项目费	4.59	1×费率	
11	安全责任险、环境保护税	1	（1～10）×费率	
12	税前造价		（1～11）合计	
13	销项税	9	12×费率	
14	单位工程概算总价		12＋13	

03-3　子任务 2 计算方案

工作目标			计算类似工程预算的各个费用的费用比重和修正系数		
费用	人工费	材料费	机械费	措施费	其他费
费用比重					
修正系数					
工作目标			计算总修正系数及单位建筑工程概算造价		

04　小组合作

组号		姓名		学号	
工作目标		小组交流讨论，教师参与，形成正确的计算方案			
错误信息		产生的原因		改进的措施	
自己在任务工作中的不足					

05　小组总结

组号		姓名		学号	
工作目标		小组推荐一位小组长，汇报计算方案，借鉴每组经验，进一步优化方案			
费用名称		计算方案			
本组工作的不足					

06　小组总结

组号		姓名		学号	
工作目标		根据不同的任务背景，选择合适的计算方法，确定项目工程造价			

任务 2.1 案例详解：

任务 2.2　施工图预算编制

　　某建筑工程，根据《房屋建筑与装饰工程消耗量定额》中的消耗指标，进行工料分析计算得出各项资源消耗量，调查到该地区的相应材料、机械台班的市场不含税单价，见表2-2-1，除人材机费用之外，建筑工程施工图预算其他费用取费见表2-2-2，试采用实物量法计算该工程施工图预算造价。

资源消耗量及市场价格表　　　　　　　　　　　表 2-2-1

资源名称	单位	消耗量	不含税价	资源名称	单位	消耗量	不含税价
镀锌铁丝	kg	8015.06	5.50	电动卷扬机 单筒慢速	台班	237.76	131.84
其他铁件	kg	6689.05	6.50	石料切割机 小	台班	1.95	10.44
直螺纹连接套	个	1594.89	14.10	夯实机 电动 夯击能力 20~62N·m	台班	0.54	27.78
电焊条	kg	4502.21	5.50	夯实机 内燃 夯足直径 265mm	台班	0.12	26.70
热镀锌钢丝网 0.9mm	m²	27232.82	6.96	汽车式起重机 提升质量 5t 中	台班	111.70	468.61
钢筋 ϕ10 以内	kg	345415.75	4.24	汽车式起重机 提升质量 20t 大	台班	0.18	1067.62
钢筋 ϕ10 以上	kg	662639.94	3.93	门式起重机 提升质量 10t 中	台班	0.02	391.33
白水泥	kg	3.22	0.69	塔式起重机 起重力矩 600kN·m 大	台班	0.02	508.31
粗净砂	m³	437.23	192.00	混凝土输送泵	台班	93.15	1895.60
砾石 40mm	m³	13.29	147.97	混凝土振动器	台班	397.96	11.84
砾石 20mm	m³	2.02	161.61	钢筋镦粗机	台班	8.32	77.53
水泥 42.5 级	kg	382989.22	0.38	木工圆锯机 直径 ϕ500mm 小	台班	112.47	28.93
碎石	m³	2.09	127.43	钢筋切断机	台班	112.80	46.81
中净砂	m³	1018.17	175.27	人工费	元	5230916.81	1.00

工程取费表　　　　　　　　　　　表 2-2-2

费用	取费基数	费率/税率（％）
企业管理费	直接费 （人工费＋材料费＋机械费）	9.65
利润	直接费	6
冬雨季施工增加费	直接费＋企业管理费＋利润	0.16
绿色施工安全防护措施项目费	直接费	6.25
增值税	税前造价	9

 知识目标

(1) 掌握施工图预算的概念及组成内容（重点）；

(2) 掌握施工图预算的编制依据和编制方法（重点）；

(3) 掌握审查施工图预算文件的方法。

实物量法编制
施工图预算

 能力目标

(1) 能完成施工图预算的编制（难点）；

(2) 能审核编制好的施工图预算文件（重点）。

 思政与素养目标

(1) 牢固树立规矩意识；

(2) 养成严谨、细致、认真的工作习惯；

(3) 养成终身学习的好习惯；

(4) 养成沟通、协作的良好习惯；

(5) 养成热爱劳动的意识。

2.2.1 施工图预算的含义

施工图预算是设计单位在施工图设计完成后，根据施工图设计图纸、现行预算定额、费用定额以及地区设备、材料、人工、施工机械台班等预算价格编制和确定的建筑安装工程造价的文件。它是施工图设计阶段对工程建设所需资金做出较精确计算的文件。

按以上施工图预算的概念，只要是按照工程施工图以及计价所需的各种依据，在工程实施前所计算的工程价格，均可以称为施工图预算价格。该施工图预算价格既可以是按照政府统一规定的预算单价、取费标准、计价程序计算而得到的属于计划或预期性质的施工图预算价格，也可以是通过招标投标法定程序后施工企业根据自身的实力即企业定额、资源市场单价以及市场供求及竞争状况计算得到的反映市场性质的施工图预算价格。

2.2.2 施工图预算的作用

施工图预算作为建设工程建设程序中一个重要的技术经济文件，在工程建设实施过程中具有十分重要的作用，可以归纳为以下几个方面：

(1) 施工图预算对投资方的作用

1）施工图预算是控制造价及资金合理使用的依据。施工图预算确定的预算造价是工程的计划成本，投资方按施工图预算造价筹集建设资金，并控制资金的合理使用。

2）施工图预算是确定工程最高投标限价的依据。在设置最高投标限价的情况下，建筑安装工程的最高投标限价可按照施工图预算来确定。最高投标限价通常是在施工图预算的基础上考虑工程的特殊施工措施、工程质量要求、目标工期、招标工程范围以及自然条件等因素进行编制的。

3）施工图预算是确定合同价、拨付工程款及办理工程结算的依据。

4）施工图预算是设计阶段控制工程造价的重要环节。

（2）施工图预算对施工企业的作用

1）施工图预算是建筑施工企业投标时"报价"的参考依据。在激烈的建筑市场竞争中，建筑施工企业需要根据施工图预算造价，结合企业的投标策略，确定投标报价。

2）施工图预算是建筑工程预算包干的依据和签订施工合同的主要内容。在采用总价合同的情况下，施工单位通过与建设单位的协商，可在施工图预算的基础上，考虑设计或施工变更后可能发生的费用与其他风险因素，增加一定系数作为工程造价一次性包干。同样，施工单位与建设单位签订施工合同时，其中的工程价款的相关条款也必须以施工图预算为依据。

3）施工图预算是施工企业安排调配施工力量，组织材料供应的依据。施工单位各职能部门可根据施工图预算编制劳动力供应计划和材料供应计划，并由此做好施工前的准备工作。

4）施工图预算是施工企业控制工程成本的依据。根据施工图预算确定的中标价格是施工企业收取工程款的依据，企业只有合理利用各项资源，采取先进技术和管理方法，将成本控制在施工图预算价格以内，企业才会获得良好的经济效益。

5）施工图预算是进行"两算"对比的依据。施工企业可以通过施工图预算和施工预算的对比分析，找出差距，采取必要的措施。

（3）施工图预算对其他方面的作用

1）对于工程咨询单位来说，可以客观、准确地为委托方做出施工图预算，以强化投资方对工程造价的控制，有利于节省投资，提高建设项目的投资效益。

2）对于工程造价管理、监督等中介服务企业而言，客观准确的施工图预算是为业主提供投资控制的依据。

2.2.3　施工图预算文件的组成

施工图预算有单位工程预算、单项工程预算和建设项目总预算。单位工程预算是根据施工图设计文件、现行预算定额、单位估价表、费用定额以及人工、材料、设备、机械台班等预算价格资料，以一定方法，编制单位工程的施工图预算；然后汇总所有各单位工程施工图预算，成为单项工程施工图预算；再汇总所有单项工程施工图预算，形成最终的建设项目建筑安装工程的总预算。

施工图预算根据建设项目实际情况可采用三级预算编制形式，由建设项目总预算、单项工程综合预算、单位工程预算组成。当建设项目只有一个单项工程时，应采用二级预算编制形式，二级预算编制形式由建设项目总预算、单位工程预算组成。

采用三级预算编制形式的工程预算文件包括：封面、签署页及目录、编制说明、总预算表、综合预算表、单位工程预算表、附件等内容。采用二级预算编制形式的工程预算文件包括：封面、签署页及目录、编制说明、总预算表、单位工程预算表、附件等内容。

2.2.4　施工图预算的内容和编制方法

（1）施工图预算的内容

按照预算文件的不同，施工图预算的内容有所不同。建设项目总预算是反映施工图设计阶段建设项目投资总额的造价文件，是施工图预算文件的主要组成部分。组成建设项目的各个单项工程综合预算和相关费用组成具体包括：建筑安装工程费、设备及工器具购置费、工程建设其他费用、预备费、建设期利息及铺底流动资金。施工图总预算应控制在已批准的设计总概算投资范围内。

单项工程预算是反映施工图设计阶段一个单项工程造价的文件，是总预算的组成部分，由构成该单项工程的各个单位工程施工图预算组成。其编制的费用项目是各单项工程的建筑安装工程费和设备及工器具购置费总和。

单位工程预算是依据单位工程施工图设计文件、现行预算定额以及人工、材料和施工机具台班价格等，按照规定的计价方法编制的工程造价文件，包括单位建筑工程预算和单位设备及安装工程预算。单位建筑工程预算是建筑工程各专业单位工程施工图预算的总称，按其工程性质分为一般土建工程预算，给水排水工程预算，供暖通风工程预算，电气照明工程预算，弱电工程预算，特殊构筑物如烟囱、水塔等工程预算以及工业管道工程预算等。安装工程预算是安装工程各专业单位工程预算的总称，安装工程预算按其工程性质分为机械设备安装工程预算、电气设备安装工程预算、工业管道工程预算和热力设备安装工程预算等。

（2）施工图预算的编制依据

1）国家、行业和地方政府有关工程建设和造价管理的法律、法规和规定。

2）经过批准和会审的施工图设计文件和有关标准图集和规范。

3）工程地质勘查资料。

4）相应地区工程造价管理机构发布的消耗量标准、地区颁布的材料预算价格、工程造价信息、材料调价通知、取费调整通知、市场价格。

5）当采用新结构、新材料、新工艺、新设备而定额缺项时，按照规定编制的补充预算定额，也是编制施工图预算的依据。

6）合理的施工组织设计或施工方案。

7）工程量清单、招标文件、工程合同或协议书。它明确了施工单位承包的工程范围，应承担的责任、权利和义务。

8）其他应提供的资料。

（3）单价法编制施工图预算

在编制施工图预算时，通常采用的单价有工料单价、综合单价及全费用单价。采用工料单价法编制施工图预算时，先计算工料单价，然后再计取管理费、利润和增值税。综合单价法编制施工图预算与工料单价法原理一致，区别在于单价综合的费用不同。

1）工料单价法的概念

工料单价法又称定额单价法或预算单价法，就是采用地区统一消耗量标准价目表中的各分项工程或措施项目工料预算单价（基价）乘以相应的工程量，求和后得到包括人工费、材料费和施工机械使用费在内的单位工程人、材、机费用，然后按统一的规定计算管理费、利润和增值税，将上述费用汇总后得到该单位工程的施工图预算价。工料单价法计算的建筑安装工程预算造价公式如下：

建筑安装工程预算造价＝Σ(子目工程量×子目工料单价)＋企业管理费＋利润＋增值税

2）工料单价法的步骤

工料单价法编制施工图预算的基本步骤如图 2-2-1 所示。

图 2-2-1　工料单价法编制施工图预算流程

① 编制前的准备工作。编制施工图预算，不仅要严格遵守国家计价政策、法规，严格按图纸计量，而且还要考虑施工现场条件因素，是一项复杂而细致的工作，是一项政策性和技术性都很强的工作。因此，必须事前做好充分准备，才能编制出高水平的施工图预算。准备工作主要包括两大方面：一是组织准备；二是资料的收集和现场情况的调查。

② 熟悉图纸和消耗量标准。图纸是编制施工图预算的基本依据，必须充分地熟悉图纸，才能编制好预算。熟悉图纸不但要弄清图纸的内容，而且要对图纸进行审核，图纸间相关尺寸是否有误；设备及材料表上的规格、数量是否与图纸相符；详图、说明、尺寸和其他符号是否正确等。若发现错误应及时纠正。

消耗量标准是编制施工图预算的计价标准，对其适用范围、工程量计算规则及定额系数等都要充分了解，做到心中有数，这样才能使预算编制准确、快速。

③ 了解施工组织设计和施工现场情况。编制施工图预算前，应了解施工组织设计中影响工程造价的有关内容。例如，各分部分项工程的施工方法，土方工程中余土外运使用的工具、运距，施工平面图中建筑材料、构件等堆放点到施工操作地点的距离等，以便能正确计算工程量和正确套用或确定某些分项工程的基价。这对于正确计算工程造价，提高施工图预算质量，具有重要意义。

④ 列项并计算工程量

A. 划分工程项目。划分的工程项目必须和消耗量标准规定的项目一致，这样才能正确地套用消耗量标准。不能重复列项计算，也不能漏项少算。

B. 计算并整理工程量。必须按定额规定的工程量计算规则进行计算，该扣除部分要扣除，不该扣除的部分不能扣除。将工程量全部计算完以后，要对工程项目和工程量进行整理，即合并同类项和按序排列，为套消耗量标准、计算直接费和进行工料分析打下基础。

⑤ 套预算单价（消耗量标准基价）。即将消耗量标准子项中的基价填于预算表单价栏内，并将单价乘以工程量得出合价，将结果填入合价栏，汇总求出分部分项工程人、材、机费合计。

⑥ 计算直接费。直接费为分部分项工程人、材、机费与措施项目人、材、机费之和。

⑦ 工料分析。从消耗量标准项目表中分别将各分项工程的人工费和每项材料、机械台班的消耗量查出；然后再分别乘以该工程项目的工程量，得到分项工程人工费、材料和机械台班消耗量，最后将各分项工程人工费、材料和机械台班消耗量汇总得出单位工程人工费和材料、机械台班的消耗数量。

⑧ 计算主材费，调整直接费。

⑨ 按计价办法取费。即按有关规定计取措施费，以及按当地计价办法的规定计取管理费、利润、增值税等。

⑩ 计算汇总工程造价。将人工费、材料费、施工机具使用费、管理费、利润和增值

税相加即为工程预算造价。

⑪ 填写封面、编制说明。封面应写明工程编号、工程名称、预算总造价等，将封面、编制说明、预算费用汇总表、材料汇总表、工程预算分析表，按顺序编排并装订成册，便完成了单位施工图预算的编制工作。

（4）实物量法编制施工图预算

1）实物量法概念

用实物量法编制单位工程施工图预算，就是根据施工图计算的各分项工程量及措施项目工程量分别乘以地区消耗量标准中人工费和材料、施工机械台班的定额消耗量，分类汇总得出该单位工程所需的全部人工费和材料、施工机械台班消耗数量，然后再乘以当时当地人工费调整系数、各种材料单价、施工机械台班单价，求出相应的材料费、施工机具使用费，再加上管理费、利润和增值税等费用的方法。

实物量法的优点是能比较及时地调整消耗量标准的人工费，并将反映各种材料、机械的当时当地市场单价计入预算价格，不需调价，反映当时当地的工程价格水平。实物量法与定额单价法的本质区别在于采用的价格不一致，前者可以根据企业水平采用市场价格作为标准，后者以地区统一消耗量标准上价目表提供的工程单价为标准，但两种方法工、料、机消耗标准是一致的。

2）实物量法步骤

实物量法编制施工图预算的流程如图 2-2-2 所示。

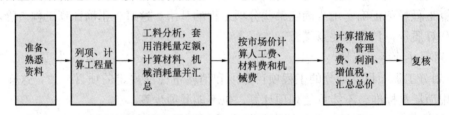

图 2-2-2　实物量法编制施工图预算流程

① 编制前的准备工作。具体工作内容同工料单价法相应步骤的内容，但此方法需要确定地区人工费调整系数，并全面收集各种材料、机械台班当时当地的市场价格，应包括不同品种、规格的材料预算单价；不同种类、型号的施工机械台班单价等。要求获得的各种价格全面、真实、可靠。

② 熟悉图纸和消耗量标准。

③ 了解施工组织设计和施工现场情况。

④ 划分工程项目和计算工程量。

⑤ 套用消耗量标准，计算人工费和材料、机械台班消耗量，将地区消耗量标准中人工费和材料、施工机械台班的消耗量，乘以各分项工程的工程量，分别计算出各分项工程所需的人工费和各类材料消耗数量和各类施工机械台班数量。统计汇总后得到单位工程所需的人工费和材料、机械的实物消耗总量。

⑥ 计算并汇总单位工程的人工费、材料费和施工机具使用费。在计算出各分部分项工程的人工费、材料消耗数量和施工机械台班消耗数量后，先按类别相加汇总，求出该单位工程所需的人工费和材料、施工机械台班的消耗数量，再分别乘以根据当时当地工程造

价管理部门定期发布的或企业根据市场价格确定的价格指标，即可求出单位工程的人工费、材料费、机械费，汇总即可计算出单位工程直接费，计算公式为：

单位工程人、材、机费用＝Σ（工程量×消耗量标准人工费×人工费调整系数）＋Σ（工程量×消耗量标准材料消耗量×市场材料单价）＋Σ（工程量×消耗量标准机械台班消耗量×市场机械台班单价）

⑦ 计算其他各项费用（措施项目费、管理费、利润、增值税），汇总工程造价。

 课证融通小测

采用实物量法与工料单价法编制施工图预算，其工作步骤的差异体现在（　　）。

A. 工程量的计算　　　　　　　　B. 直接费的计算

C. 企业管理费的计算　　　　　　D. 税金的计算

2.2.5　施工图预算的审查

（1）审查施工图预算的意义

施工图预算编完之后，需要认真进行审查。加强施工图预算的审查，对于提高预算的准确性，正确贯彻党和国家的有关方针政策，降低工程造价具有重要的现实意义。

（2）审查施工图预算的内容

审查施工图预算的重点，应该放在工程量计算、预算单价套用、设备材料预算价格取定是否正确，各项费用标准是否符合现行规定等方面。

1）审查工程量计算是否准确。

2）审查设备、材料的预算价格。

设备、材料预算价格是施工图预算造价占比重最大、变化最大的内容，应当重点审查。

① 审查设备、材料的预算价格是否符合工程所在地的真实价格及价格水平。若是采用市场价，要核实其真实性、可靠性；若是采用有关部门公布的信息价，要注意信息价的时间、地点是否符合要求，是否要按规定调整。

② 设备、材料的原价确定方法是否正确。非标准设备原价的计价依据、方法是否正确、合理。

③ 设备的运杂费率及其运杂费的计算是否正确，材料预算价格的各项费用的计算是否符合规定、有无差错。

3）审查预算单价的套用

审查预算单价套用是否正确，是审查预算工作的主要内容之一。审查时应注意以下几个方面：

① 预算中所列各分项工程预算单价是否与现行预算定额的预算单价相符，其名称、规格、计量单位和所包括的工程内容是否与单位估价表一致；

② 审查换算的单价，首先要审查换算的分项工程是否是定额中允许换算的，其次审查换算是否正确；

③ 审查补充定额和单位估价表的编制是否符合编制原则，单位估价表计算是否正确。

4）审查有关费用项目及其计取

有关费用项目计取的审查，要注意以下几个方面：

① 措施费的计算是否符合有关的规定标准；企业管理费、利润的计取基础是否符合现行工程造价计价与控制规定；是否有不能作为计费基础的费用列入计费的基础。

② 预算外调增的材料差价是否计取了企业管理费、利润；直接工程费或人工费增减后，有关费用是否相应做了调整。

③ 是否有巧立名目乱计费、乱摊费用现象。

（3）审查施工图预算的方法

审查施工图预算方法较多，主要有全面审查法、标准预算审查法、分组计算审查法、对比审查法、筛选审查法、重点抽查法、利用手册审查法和分解对比审查法八种。

1）全面审查法

全面审查法又叫逐项审查法，就是按预算定额顺序或施工的先后顺序，逐一地进行审查的方法。其具体计算方法和审查过程与编制施工图预算基本相同。此方法的优点是全面、细致，经审查的工程预算差错较少，质量较高；缺点是工作量大。因而在一些工程量比较小、工艺比较简单的工程，编制工程预算的技术力量又比较薄弱的工程项目，采用全面审查法的相对较多。

2）标准预算审查法

标准预算审查法是指对于利用标准图纸或通用图纸施工的工程，先集中力量编制标准预算，后以此为标准审查预算的方法。按标准图纸设计或通用图纸施工的工程一般上部结构和做法相同，可集中力量细审一份预算或编制一份预算，作为这种标准图纸的标准预算，或用这种标准图纸的工程量为标准，对照审查，而对局部不同部分作单独审查即可。这种方法的优点是时间短、效果好、易于定案；缺点是只适用于按标准图纸设计的工程，适用范围小。

3）分组计算审查法

分组计算审查法是一种加快审查工程量速度的方法，把预算中的项目划分为若干组，并把相邻且有一定内在联系的项目编为一组，审查或计算同一组中某个分项工程量，利用工程量间具有相同或相似计算基础的关系，判断同组中其他几个分项工程量计算准确程度的方法。

4）对比审查法

对比审查法是用已建成工程的预算或虽未建成但已审查修正的工程预算对比审查拟建的类似工程预算的一种方法。对比审查法的优点是审查速度快，但同时需要较为丰富的相关工程数据库作为开展工作的基础。

5）筛选审查法

筛选审查法是统筹法的一种，也是一种对比方法。建筑工程虽然有建筑面积和高度的不同，但是它们的各个分部分项工程的工程量、造价、用工量在每个单位面积上的数值变化不大。我们把这些数据加以汇集、优选，归纳为工程量、造价（价值）、用工三个单方基本指标，并注明其适用的建筑标准。这些基本值犹如"筛子孔"，用来筛选各分部分项工程，筛下去的就不审查了，没有筛下去的就意味着此分部分项的单位建筑面积数值不在基本值范围之内，应对该分部分项工程详细审查。当所审查的预算的建筑面积标准与"基本值"所适用标准不同时，就要对其进行调整。

筛选审查法的优点是简单易懂，便于掌握，审查速度和发现问题快。但要解决差错、分析其原因时需继续审查。因此，此方法适用于住宅工程或不具备全面审查条件的工程。

6）重点抽查法

重点抽查法是抓住工程预算中的重点进行审查的方法。审查的重点一般是：工程量大或造价较高、工程结构复杂的工程，补充单位估价表，计取的各项费用（计费基础、取费标准等）。

重点抽查法的优点是重点突出，审查时间短、效果好。

7）利用手册审查法

利用手册审查法是把工程中常用的构件、配件，事先整理成预算手册，按手册对照审查的方法。例如工程常用的预制构配件：洗脸池、坐便器、检查井、化粪池、碗柜等，把这些按标准图集计算工程量，套上单价，编制成预算手册使用，可大大简化预结算的编审工作。

8）分解对比审查法

一个单位工程，按人、材、机费进行分解，然后再把人、材、机费按工种和分部工程进行分解，分别与审定的标准预算进行对比分析的方法，称为分解对比审查法。

（4）审查施工图预算的步骤

1）做好审查前的准备工作

① 熟悉施工图纸。施工图是编审预算分项数量的重要依据，必须全面熟悉了解，核对所有图纸，清点无误后，依次识读。

② 了解预算范围。根据预算编制说明，了解预算包括的工程内容。例如：配套设施、室外管线、道路以及会审图纸后的设计变更等。

③ 弄清预算采用的单位估价表。任何单位估价表或预算定额都有一定的适用范围，应根据工程性质，搜集熟悉相应的单价、定额资料。

2）选择合适的审查方法，按相应内容审查

由于工程规模、繁简程度不同，施工方法和施工企业情况不一样，所编工程预算和质量也不同，因此需选择适当的审查方法进行审查。

3）调整预算

综合整理审查资料并与编制单位交换意见，定案后编制调整预算。审查后需要进行增加或核减的，经与编制单位协商，统一意见后进行相应修正。

 课证融通小测

关于施工图预算的编制，下列说法正确的有（　　　）。

A. 施工图总预算应控制在已批准的设计总概算范围内

B. 施工图预算采用的价格水平应与设计概算编制时期的保持一致

C. 只有一个单项工程的建设项目应采用三级预算编制形式

D. 单项工程综合预算由组成该单项工程的各个单位工程预算汇总而成

E. 施工图预算编制时已发生的工程建设其他费按合理发生金额列计

（1）通过查询消耗量标准和计价规范，按要求编制完成编制施工图预算，增强学生的规矩意识，有助于树立正确理想信念和价值观。

（2）由于生产水平的提高，规范在不断调整、更新，帮助学生养成终身学习的习惯。

（3）通过对工程造价的计算，使学生养成严谨、细致、认真的工作习惯。

（4）施工图预算编制任务较繁琐，工作量较大，通过学习小组共同完成，养成沟通、协作的良好习惯。

（5）在任务完成后整理作业环境，养成热爱劳动的意识。

任务 2.2　工作任务单

01　学生任务分配表

班级		组号		指导教师	
组长		学号			
组员 （组员姓名、 学号）					
任务分工					

02 任务准备表

工作目标	将人材机总消耗量乘以对应的单价（或调整系数），分别计算出各分项工程各项目的人工费、材料费、机械费，汇总即可计算出工程直接费		
费用	金额（元）		
人工费			
材料费			
机械费			
合计			
工作目标	根据该地区相关规范，计算直接费以外的其他费用		
费用	取费基数	费率（税率）	金额（元）
企业管理费		9.65%	
利润		6%	
冬雨季施工增加费		0.16%	
绿色施工安全防护措施项目费		6.25%	
增值税		9%	
工作目标	根据该地区相关规范，汇总以上各费用，计算施工图预算总价		

03　小组合作

组号		姓名		学号	
工作目标		小组交流讨论，教师参与，形成正确的计算方案			
错误信息		产生的原因		改进的措施	
自己在任务工作中的不足					

04　小组总结

组号		姓名		学号	
工作目标		小组推荐一位小组长，汇报计算方案，借鉴每组经验，进一步优化方案			
费用名称		计算方案			
本组工作的不足					

05　建设项目总投资计算

组号		姓名		学号	
工作目标		用实物量法计算施工图预算总价			

任务 2.2 案例详解：

任务 2.3　设计方案优选与优化

 案例导入

某市高新技术开发区一幢综合楼有 A、B、C 三个设计方案，有关专家决定从四个功能（分别以 F_1、F_2、F_3、F_4 表示）对不同方案进行评价，并得到以下结论：A、B、C 三个方案中：F_1 的优劣顺序依次为 B、A、C；F_2 的优劣顺序依次为 A、C、B；F_3 的优劣顺序依次为 C、B、A；F_4 的优劣顺序依次为 A、B、C。经进一步研究，专家确定三个方案各功能的评价计分标准均为：最优者得 3 分，居中者得 2 分，最差者得 1 分。据造价工程师估算，A、B、C 三个方案的造价分别为 8500 万元、7600 万元、6900 万元。试计算：

1. A、B、C 三个方案各功能的得分。

2. 若四个功能之间的重要性关系排序为 $F_2 > F_1 > F_4 > F_3$，采用 0~1 评分法确定各功能的权重。

3. 已知 A、B 两方案的价值指数分别为 1.127、0.961，在 0~1 评分法的基础上计算 C 方案的价值指数，并根据价值指数的大小选择最佳设计方案。

4. 该项目土建工程部分，以工程材料费为对象开展价值工程分析。将土建工程划分为四个功能项目，各功能项目评分值及其实现成本见表 2-3-1。按限额设计要求，土建工程目标成本总额应控制为 12170 万元。

功能项目评分及目前成本表　　　　　　　　　　　　　　　表 2-3-1

功能项目	功能评分	实现成本（万元）
A. 桩基围护工程	10	1520
B. 地下室工程	11	1482
C. 主体结构工程	35	4705
D. 装饰工程	38	5105
合计	94	12812

试计算各功能项目的目标成本及其需要降低的额度，并确定功能项目改进顺序。

 知识目标

（1）掌握各种技术经济评价指标的计算（重点）。

（2）掌握运用技术经济评价指标评价设计方案的评价标准（重点）。

（3）掌握运用价值工程评价设计方案的计算方法和评价标准（重点、难点）。

（4）理解并掌握限额设计的含义。

（5）掌握运用价值工程进行成本控制的计算步骤。

（6）掌握运用价值工程分析优化研究对象。

能力目标

运用价值工程
评价设计方案

（1）能运用技术经济评价指标评价设计方案；

（2）能运用价值工程评价设计方案；

（3）能运用价值工程分析项目各组成部分成本控制优先级别；

（4）能运用价值工程分析优化研究对象。

思政与素养目标

（1）培养学生辩证思维；

（2）培养学生精益求精，追求卓越的精神；

（3）培养学生树立客观、公正、科学的求实精神；

（4）培养学生成本效益意识，降本增效；

（5）培养学生养成热爱劳动的意识。

2.3.1　设计方案优选原则

为了提高工程建设投资效果，从选择建设场地和工程总平面布置开始，直至建筑节点的设计，都应进行多方案比选，从中选取技术先进、经济合理的最佳设计方案。设计方案优选应遵循以下原则：

（1）设计方案必须处理好技术先进性与经济合理性之间的关系

技术先进性与经济合理性有时是具有矛盾性的，设计者应妥善处理好两者的关系。设计人员必须使技术和经济有机结合，在每个设计阶段，都能从功能和成本两个角度认真地进行综合考虑、评价，使使用功能和造价互相平衡、协调。一般情况下，要在满足使用者要求的前提下，尽可能地降低工程造价，或者在资金限制范围内，尽可能地提高项目功能水平。

（2）设计方案必须兼顾建设与使用，考虑项目全寿命费用

造价水平的变化，会影响将来的使用成本。如果单纯降低造价，建造质量得不到保证，就会导致使用过程中的维修费用很高，甚至有可能发生重大事故，给社会财产和人民安全带来严重损害。在设计过程中应兼顾建设过程和使用过程，力求项目寿命周期费用最低。

（3）设计必须兼顾近期与远期的要求

项目建成后往往会在很长一段时间内发挥作用，若在设计过程中只强调资金节约，技术上只按照目前的要求设计，将来由于项目功能水平低，而需要对原项目进行技术改造甚至重新建造，从长远来看，反而造成建设资金的浪费。另一方面如果设计阶段按照未来的功能要求设计项目，就会增加建设项目造价，并且由于功能水平较高，目前阶段使用者不需要较高的使用功能或无力承受使用较高功能而产生的费用，造成项目资源闲置浪费。所以，设计时要兼顾近期和远期的要求，选择项目合理的功能水平。同时也要根据远景发展需要，适当留有发展余地。

2.3.2　设计方案技术经济评价方法

（1）多指标评价法

通过对反映建筑产品功能和耗费特点的若干技术经济指标的计算、分析、比较，评价设计方案的经济效果，可分为多指标对比法和多指标综合评分法。

1）多指标对比法

多指标对比法使用一组适用的指标体系，将对比方案的指标值列出，然后一一进行对比分析，根据指标值的高低分析判断方案优劣。其优点是：指标全面、分析确切，可通过各种技术经济指标定性或定量直接反映方案技术经济性能。其缺点是：容易出现不同指标的评价结果相悖的情况，这样就使分析工作复杂化。

2）多指标综合评分法

对需要进行分析评价的设计方案设定若干个评价指标，并按其重要程度确定各指标的权重，然后确定评分标准，并就各设计方案对各指标的满足程度打分，最后计算各方案的加权得分，以加权得分高者为最优设计方案。其计算公式为：

$$S = \sum_{i=1}^{n} W_i \times S_i$$

式中　S——设计方案总得分；

S_i——某方案在评价指标 i 上的得分；

W_i——评价指标 i 的权重；

n——评价指标数。

评价标准：综合得分最高的设计方案最优。

【例 2-3-1】某建设工程有 3 个设计方案，根据该项目的特点拟对设计方案的实用性、平面布置、经济性、美观性等指标进行比较分析，各指标的权重及 3 个方案的得分情况见表 2-3-2、表 2-3-3。试对 3 个设计方案进行评价。

各指标权重设定表　　　　　　　　　　　　　　　　表 2-3-2

指标	实用性	平面布置	经济性	美观性
权重	0.3	0.25	0.1	0.2

各方案得分表　　　　　　　　　　　　　　　　表 2-3-3

方案	实用性	平面布置	经济性	美观性
方案 A	9	8	9	9
方案 B	8	9	7	8
方案 C	9	9	8	9

由表 2-3-3 可知：

方案 A：$S_1 = 9 \times 0.3 + 8 \times 0.25 + 9 \times 0.1 + 9 \times 0.2 = 1.4$

方案 B：$S_2 = 8 \times 0.3 + 9 \times 0.25 + 7 \times 0.1 + 8 \times 0.2 = 6.95$

方案 C：$S_3 = 9 \times 0.3 + 9 \times 0.25 + 8 \times 0.1 + 9 \times 0.2 = 7.55$

显然，$S_2 < S_1 < S_3$，所以方案 C 得分最高，故方案 C 为最优。

（2）静态投资效益评价法

1）投资回收期法

设计方案的比选往往是比选各方案的功能水平及成本。功能水平先进的设计方案一般所需的投资较多，方案实施过程中的效益一般也比较好。用投资回收期反映初始投资补偿速度，衡量设计方案优劣是非常必要的。投资回收期越短的方案越好。

差额投资回收期是指在不考虑资金时间价值的情况下，用投资大的方案比用投资小的方案节约成本，回收差额投资所需要的时间为：

$$\Delta P_t = \frac{K_2 - K_1}{C_1 - C_2}$$

式中　K_2——方案2的投资额；

　　　K_1——方案1的投资额，且 $K_2 > K_1$；

　　　C_2——方案2的年经营成本；

　　　C_1——方案1的年经营成本，且 $C_1 > C_2$；

　　　ΔP_t——差额投资回收期。

评价标准：当 $\Delta P_t \leqslant P_c$（基准投资回收期）时，投资大的方案优；反之，投资小的方案优。如果两方案的年业务量不同则公式修正为：

$$\Delta P_t = \frac{\dfrac{K_2}{Q_2} - \dfrac{K_1}{Q_1}}{\dfrac{C_1}{Q_1} - \dfrac{C_2}{Q_2}}$$

式中 Q_1 和 Q_2 分别为各设计方案的年业务量，其他参数含义同前。

【例2-3-2】某新建企业有两个设计方案：方案甲总投资2000万元，年经营成本500万元，年产量为1200件；方案乙总投资1600万元，年经营成本420万元，年产量为1000件，基准投资回收期 $P_c = 6$ 年。试选出该项目最优设计方案。

解：首先计算各方案单位产量的费用：

$K_甲 / Q_甲 = 2000$ 万元/1200件 $= 1.67$ 万元/件

$K_乙 / Q_乙 = 1200$ 万元/900件 $= 1.33$ 万元/件

$C_甲 / Q_甲 = 500$ 万元/1200件 $= 0.42$ 万元/件

$C_乙 / Q_乙 = 420$ 万元/900件 $= 0.47$ 万元/件

然后求出差额投资回收期：

$$\Delta P_t = (1.67 - 1.33) \div (0.47 - 0.42) = 6.8 > 6$$

$\Delta P_t > 6$ 年，所以应选择单位产量投资额较小方案乙较优。

2）计算费用法

计算费用法是指用"费用"来反映设计方案对物质及劳动量的消耗多少，并以此评价设计方案优劣的方法，经计算后"计算费用"最小的设计方案为最佳方案。计算费用法有两种计算方式，即总费用计算法和年费用计算法。

① 总费用计算法

$$TC = K + P_c C$$

式中　TC——总费用；

　　　K——项目总投资；

　　　C——年经营成本；

　　　P_c——基准投资回收期。

② 年费用计算法

$$AC = C + R_c K$$

式中　AC——年费用；

　　　C——年经营成本；

　　　K——项目总投资；

　　　R_c——表示基准投资效果系数。

【例 2-3-3】某企业为扩大生产规模，有三个设计方案：方案一是改建现有工厂，一次性投资 2500 万元，年经营成本 750 万元；方案二是建新厂，一次性投资 3550 万元，年经营成本 650 万元；方案三是扩建现有工厂，一次性投资 4350 万元，年经营成本 650 万元。三个方案的寿命期相同，所在行业的标准投资效果系数为 10%。试用计算费用法选择最优方案。

解：由公式 $AC=C+R_c K$ 计算可知：

$AC_1 = 750+0.1\times2500 = 1000$ 万元

$AC_2 = 650+0.1\times3550 = 1005$ 万元

$AC_3 = 650+0.1\times4360 = 1085$ 万元

因为 AC_1 最小，故方案一最优。

（3）动态投资效益评价法

对于寿命周期相同的设计方案，可以采用净现值法、净年值法、差额内部收益率法等，由于相关课程已经做了详细介绍，本教材中不再赘述。

2.3.3　价值工程基本原理

价值工程又称价值分析，是通过对产品的功能分析，使之以最低的寿命周期成本，可靠地实现产品的必要功能，从而提高产品价值的一套科学的技术经济分析方法。它是处理工程造价和功能矛盾的一种现代化方法。以通过产品的功能分析来实现节约资源和降低成本的目的。运用这种方法，就可以通过功能细化把多余的功能去掉，对造价高的功能实施重点控制，从而最终降低工程造价，实现建设项目经济效益、社会效益和环境效益的最佳结合。

价值工程的"价值"既不是对象的使用价值，也不是对象的交换价值，而是对象的比较价值，是对象所具有的功能与获得该功能的全部费用之比，可用公式表示为：

$$V = F/C$$

式中　V——研究对象的价值系数；

　　　F——研究对象的功能系数；

　　　C——研究对象的成本系数，即寿命周期成本。

进行价值分析的目的是力求正确处理好功能与成本的关系，找出它们的最佳配置。其应用主要有以下几种途径：

1）功能提高，同时成本降低。即 $V=\dfrac{F\uparrow}{C\downarrow}$；

2）成本不变，提高功能水平。即 $V=\dfrac{F\uparrow}{C\rightarrow}$；

3）功能水平不变，降低成本。即 $V=\dfrac{F\rightarrow}{C\downarrow}$；

4）成本少量提高，功能大幅度提高。即 $V=\dfrac{F\uparrow\text{大}}{C\uparrow\text{小}}$；

5）功能略有下降，成本大幅度下降。即 $V = \dfrac{F\downarrow 小}{C\downarrow 大}$。

2.3.4　运用价值工程进行设计方案比选

（1）操作程序

1）对象选择：价值工程是就某个具体对象开展的有针对性的分析评价和改进，有了对象才有分析的内容和目标。对企业来讲，凡是为获取功能而发生费用的事物，都可以作为价值工程研究对象，如产品、工艺、工程、服务或它们的组成部分等。

价值工程的对象选择过程就是逐步收缩研究范围、寻找目标、确定主攻方向的过程。能否正确选择对象是价值工程收效大小与成败的关键。对象选择的方法有：因素分析法、ABC分析法、强制确定法、百分比分析法、价值指数法等。

2）功能分析：功能分析是价值工程的核心。功能分析是定义选定对象的功能，然后进行功能分类和整理，并绘制功能系统图，从而弄清楚产品各功能之间的关系。功能分析包括了功能定义、功能整理和功能计量等内容，通过功能分析可以掌握用户的功能要求。

3）功能评价：为体现各功能的重要程度，需要计算各功能的评价系数，作为该功能的重要性程度，即权重。具体的计算方法有0～1评分法、0～4评分法、环比评分法等。

4）方案创新及评价：依靠集体的智慧，针对提高价值的对象，提出各种各样的改进设想方案。对于在功能分析基础上提出的各种改进设想方案，要运用科学的方法进行技术可行性和经济可行性的评价。通过评价，评选出有价值的改进方案，并在此基础上进一步具体化。

（2）计算步骤

1）功能分析

某项目设计方案有A、B、C三种，通过综合分析，其主要功能有 F_1、F_2、F_3、F_4 四种，现需要对该项目设计方案中的功能进行打分，得出A、B、C三种设计方案实现 F_1、F_2、F_3、F_4 功能情况的得分 S_{Ai}、S_{Bi}、S_{Ci}（见表2-3-4）：

A、B、C功能得分　　　　　　　表2-3-4

功能	得分		
	方案 S_{Ai}	方案 S_{Bi}	方案 S_{Ci}
F_1	10	10	8
F_2	10	10	9
F_3	8	9	7
F_4	9	8	7

2）各功能权重的计算（功能评价）

在这一计算过程中，需要根据功能 F_1、F_2、F_3、F_4 的重要程度分别计算它们的权重 P_1、P_2、P_3、P_4。权重的计算方法有0～1评分法、0～4评分法、环比评分法等。

① 0～1评分法确定权重。首先按照指标的重要程度一一打分，重要的得1分，不重要的得0分。将各功能得分累计加1分进行修正，用各功能的修正总得分除以所有功能修正总得分之和即得该功能权重。若 F_1、F_2、F_3、F_4 的重要程度排序为 $F_4 > F_1 > F_2 > F_3$，则分析结果见表2-3-5：

0～1 评分法求权重　　　　　　　　表 2-3-5

功能	F_1	F_2	F_3	F_4	指标总得分 W_i	修正得分 (W_i+1)	权重 P_i (W_i+1) $/\sum (W_i+1)$
F_1	$\times$	1	1	0	2	3	0.3
F_2	0	$\times$	1	0	1	2	0.2
F_3	0	0	$\times$	0	0	1	0.1
F_4	1	1	1	$\times$	3	4	0.4
$\sum (W_i+1)$						10	1.0

由上表可以得出通过 0～1 评分法求得的功能 F_1、F_2、F_3、F_4 的权重 $P_1=0.3$；$P_2=0.2$；$P_3=0.1$；$P_4=0.4$。

② 0～4 评分法确定权重。由于 0～1 评分法的重要程度差别仅为 1，不能拉开档次，为了弥补这一不足，将分档扩大为 4 级，其打分矩阵与 0～1 评分法一致。档次划分为：F_1 比 F_2 重要得多，F_1 得 4 分，F_2 得 0 分；F_1 比 F_2 重要，F_1 得 3 分，F_2 得 1 分；F_1 与 F_2 同样重要，F_1 与 F_2 均得 2 分；反之亦然。该方法适用于被评价对象在重要程度上相差不大，并评价指标数目不太多的情况。

假设 F_1 比 F_2 重要得多，F_2 比 F_3 重要，F_2 与 F_4 一样重要，则分析结果见表 2-3-6：

0～4 评分法求权重　　　　　　　　表 2-3-6

功能	F_1	F_2	F_3	F_4	指标总得分 W_i	权重 P_i $W_i/\sum W_i$
F_1	$\times$	4	4	4	12	0.50
F_2	0	$\times$	3	2	5	0.21
F_3	0	1	$\times$	1	2	0.08
F_4	0	2	3	$\times$	5	0.21
$\sum W_i$					24	1.0

由上表可以得出通过 0～4 评分法求得的功能 F_1、F_2、F_3、F_4 的权重 $P_1=0.50$；$P_2=0.21$；$P_3=0.08$；$P_4=0.21$。

③ 环比评分法确定权重。环比评分法是通过确定各指标的重要性系数来评价和创新方案的方法，该方法适用于各个评比对象之间有明显的可比关系，能直接进行对比，并能准确地评定指标重要度比值的情况。

3）计算各功能的功能系数 F_i

在这一计算过程中，我们将要分别计算出 A、B、C 三个设计方案的功能系数 F_A、F_B 及 F_C。由于之前已经计算了设计方案中各功能（F_1、F_2、F_3、F_4）的权重系数（P_1、P_2、P_3、P_4），因此 F_i 的计算公式如下：

功能系数 F_i＝第 i 个方案各功能加权得分之和/Σ各个方案各功能加权得分之和

即案例中方案 A 的功能系数：$F_A=\Sigma P_i\times S_{Ai}/(\Sigma P_i\times S_{Ai}+\Sigma P_i\times S_{Bi}+\Sigma P_i\times S_{Ci})$；

方案 B 的功能系数：$F_B=\Sigma P_i\times S_{Bi}/(\Sigma P_i\times S_{Ai}+\Sigma P_i\times S_{Bi}+\Sigma P_i\times S_{Ci})$；

方案 C 的功能系数：$F_C=\Sigma P_i\times S_{Ci}/(\Sigma P_i\times S_{Ai}+\Sigma P_i\times S_{Bi}+\Sigma P_i\times S_{Ci})$。

4）计算各功能的成本系数 C_i

成本系数 C_i＝第 i 个方案成本/Σ各个方案成本之和

5）计算各功能的价值系数 V_i

价值系数 V_i＝第 i 个方案功能系数 F_i/第 i 个方案成本系数 C_i

6）通过计算出的价值系数对各对象进行分析

价值工程要求方案满足必要功能，清除不必要功能。在运用价值工程对方案的功能进行分析时，各功能和价值指数有以下三种情况：

① $V=1$，即功能评价值等于功能现实成本。这表明评价对象的功能现实成本与实现功能所必需的最低成本大致相当。此时，说明评价对象的价值为最佳，一般无须改进。

② $V<1$，即功能现实成本大于功能评价值。表明评价对象的现实成本偏高，而功能要求不高。这时，一种可能是由于存在着过剩的功能，另一种可能是功能虽无过剩，但实现功能的条件或方法不佳，以致使实现功能的成本大于功能的现实需要。这两种情况都应列入功能改进的范围，并且以剔除过剩功能及降低现实成本为改进方向，使成本与功能比例趋于合理。

③ $V>1$，即功能现实成本小于功能评价值，表明该部件功能比较重要，但分配的成本较少。此时，应进行具体分析，功能与成本的分配问题可能已较理想，或者有不必要的功能，或者应该提高成本。

应注意一个情况，即 $V=0$ 时，要进一步分析。如果是不必要的功能，该部件应取消；但如果是最不重要的必要功能，则要根据实际情况处理。

【例 2-3-4】某工程有 A、B、C 三个设计方案，有关专家决定从四个功能（分别以 F_1、F_2、F_3、F_4 表示）对不同方案进行评价，并得到以下结论：A、B、C 三个方案中，F_1 的优劣顺序依次为 B、A、C；F_2 的优劣顺序依次为 A、C、B；F_3 的优劣顺序依次为 C、B、A；F_4 的优劣顺序依次为 A、B、C，经进一步研究，专家确定三个方案各功能的评价计分标准均为：最优者得 3 分，居中者得 2 分，最差者得 1 分。据造价工程师估算，A、B、C 三个方案的造价分别为 8500 万元、7600 万元、6900 万元。

问题：

1）将 A、B、C 三个方案各功能的得分填入表 2-3-7。

2）若四个功能之间的重要性关系排序为 $F_2>F_1>F_4>F_3$，采用 0～1 评分法确定各功能的权重，并将计算结果填入表 2-3-8。

3）已知 A、B 两方案的价值指数分别为 1.127、0.961，在 0～1 评分法的基础上计算 C 方案的价值指数，并根据价值指数的大小选择最佳设计方案。

4）若四个功能之间的重要性关系为：F_1 与 F_2 同等重要，F_1 相对 F_4 较重要，F_2 相对 F_3 很重要。采用 0～4 评分法确定各功能的权重，并将计算结果填入表 2-3-9（计算结果保留三位小数）。

功能得分计算表　　　　　　　　　　　　　　　表 2-3-7

功能	得分		
	方案 S_{Ai}	方案 S_{Bi}	方案 S_{Ci}
F_1			
F_2			
F_3			
F_4			

0～1 评分法计算功能权重　　　　　　　　　　　　表 2-3-8

功能	F_1	F_2	F_3	F_4	指标总得分 W_i	修正得分 (W_i+1)	权重 P_i
F_1							
F_2							
F_3							
F_4							
合计							

0～4 评分法计算功能权重　　　　　　　　　　　　表 2-3-9

功能	F_1	F_2	F_3	F_4	指标总得分 W_i	权重 P_i
F_1						
F_2						
F_3						
F_4						
合计						

解：

问题 1）A、B、C 三个方案各功能的得分可依据题目给出的已知条件，"A、B、C 三个方案中，F_1 的优劣顺序依次为 B、A、C；F_2 的优劣顺序依次为 A、C、B；F_3 的优劣顺序依次为 C、B、A；F_4 的优劣顺序依次为 A、B、C，经进一步研究，专家确定三个方案各功能的评价计分标准均为：最优者得 3 分，居中者得 2 分，最差者得 1 分"，可求出具体得分见表 2-3-10。

功能得分计算表　　　　　　　　　　　　　　　表 2-3-10

功能	得分		
	方案 S_{Ai}	方案 S_{Bi}	方案 S_{Ci}
F_1	2	3	1
F_2	3	1	2
F_3	1	2	3
F_4	3	2	1

问题 2)

根据已知条件"四个功能之间的重要性关系排序为 $F_2 > F_1 > F_4 > F_3$",采用 0~1 评分法确定各功能的权重见表 2-3-11。

0~1 评分法计算功能权重

表 2-3-11

功能	F_1	F_2	F_3	F_4	指标总得分 W_i	修正得分 (W_i+1)	权重 P_i
F_1	×	0	1	1	2	3	0.3
F_2	1	×	1	1	3	4	0.4
F_3	0	0	×	0	0	1	0.1
F_4	0	0	1	×	1	2	0.2
合计					6	10	1.0

问题 3)

由之前学习的知识可知:

价值系数 V_i = 第 i 个方案功能系数 F_i / 第 i 个方案成本系数 C_i

其中方案 C 的功能系数:$F_C = \sum P_i \times S_{Ci} / (\sum P_i \times S_{Ai} + \sum P_i \times S_{Bi} + \sum P_i \times S_{Ci})$

方案 C 的成本系数 C_C = C 方案成本 / $\sum$ 各个方案成本之和

具体计算如下:

① 方案 C 的功能指数计算

$P_i \times S_{Ai} = 0.3 \times 2 + 0.4 \times 3 + 0.1 \times 1 + 0.2 \times 3 = 2.5$

$P_i \times S_{Bi} = 0.3 \times 3 + 0.4 \times 1 + 0.1 \times 2 + 0.2 \times 2 = 1.9$

$P_i \times S_{Ci} = 0.3 \times 1 + 0.4 \times 2 + 0.1 \times 3 + 0.2 \times 1 = 1.6$

所以 C 方案的功能系数为:$F_C = 1.6 \div (2.5 + 1.9 + 1.6) = 0.267$

② 方案 C 的成本指数计算

$$C_C = 6900 \div (8500 + 7600 + 6900) = 0.3$$

方案 C 的价值指数计算

$$V_C = F_C / C_C = 0.267 \div 0.3 = 0.89$$

确定最佳设计方案:因为 A 方案的价值系数最大,因此 A 方案为最佳设计方案。

问题 4)

根据已知条件"F_1 与 F_2 同等重要,F_1 相对 F_4 较重要,F_2 相对 F_3 很重要",采用 0~4 评分法确定各功能的权重见表 2-3-12。

0~4 评分法计算功能权重

表 2-3-12

功能	F_1	F_2	F_3	F_4	指标总得分 W_i	权重 P_i
F_1	×	2	4	3	9	0.375
F_2	2	×	4	3	9	0.375
F_3	0	0	×	1	1	0.042
F_4	1	1	3	×	5	0.208
合计					24	1.000

2.3.5　限额设计概述

限额设计就是按照批准的可行性研究投资估算，控制初步设计，按照批准的初步设计总概算控制施工图设计，同时各专业在保证达到使用功能的前提下，按分配的投资限额控制设计，并严格控制设计的不合理变更，保证不突破总投资限额的工程设计过程。即按照初步设计概算造价限额进行施工图设计，按施工图预算造价对施工图设计的各个专业设计文件作出决策。

2.3.6　运用价值工程进行成本控制

（1）对象选择：这一过程应选择成本比重大，品种数量少的作为重点研究对象。

（2）功能分析：分析各研究对象功能的实现情况。

（3）功能评价：确定功能评价系数，并计算各研究对象功能的实现成本，然后计算价值系数。价值系数小于 1 时，应该在功能水平不变的条件下降低成本水平；价值系数大于 1 时，对于重要的功能，应适当提高其成本水平，以保证重要功能的实现。

（4）分配目标成本：根据设计限额值，确定总目标成本，并根据功能评价系数将总目标成本分摊到各研究对象，与实现成本相比较，确定重点改进对象。成本改进期望值大的应首先重点改进。

目标成本分配，成本降低额度计算公式如下：

第 i 个研究对象的目标成本＝目标成本总额（设计限额）×第 i 个对象功能系数 F_i

第 i 个对象成本降低额度＝实现成本－目标成本

通过比较成本降低额度值，最大者为最先选择的对象。

影响工业项目
工程造价的因素

（5）方案创新：计算各研究对象的价值系数，应用价值工程分析优化各研究对象。

 素养提升

（1）通过从不同角度分析各方案的优劣，最终选择最优设计方案，培养学生辩证思维。

（2）通过计算分析及优选设计方案，培养学生精益求精、追求卓越的精神。

（3）通过完成科学合理的方法对成本进行分析控制任务，树立客观、公正、科学的求实精神。

（4）通过合理途径降低成本，优化设计方案，进行成本目标控制，使同学们养成成本效益意识，降本增效。

（5）在保障各种功能实现的前提下采用某方案，有助于树立客观、科学的求实精神。

（6）通过整理与清理作业环境，使同学们养成热爱劳动的意识。

任务 2.3　工作任务单

01　学生任务分配表

班级		组号		指导教师	
组长		学号			
组员 （组员姓名、 学号）					
任务分工					

02　任务准备表

工作目标	（1）根据任务背景，明确需采用多指标评分法、投资回收期法、计算费用法评价优选设计方案。 （2）计算各设计方案的综合评分指标，判断最优设计方案。 （3）计算差额投资回收期，判断最优设计方案。 （4）计算各设计方案的年费用，判断最优设计方案

03-1　设计方案优选及优化的确定

工作目标	（1）计算各设计方案的功能得分。 （2）求各设计方案功能权值。 （3）求各设计方案功能加权得分，并计算 C 方案的功能系数。 （4）计算 C 方案成本系数和价值系数，选择最优设计方案。 （5）根据最优设计方案的价值系数数值，优化最优设计方案。 （6）计算各功能项目的功能指数、成本指数和价值指数。 （7）确定并分配目标成本，计算各功能项目的成本降低额度，确定成本改进顺序

03-2 设计方案优选及优化的确定

工作目标	根据任务背景，填写各项费用的数额或费率		
功能	得分		
	方案 S_{Ai}	方案 S_{Bi}	方案 S_{Ci}
F_1			
F_2			
F_3			
F_4			

工作目标	采用 0～1 评分法确定各功能的权重					
功能	F_1	F_2	F_3	F_4	指标总得分 W_i	修正得分 (W_i+1)	权重 P_i
F_1	×						
F_2		×					
F_3			×				
F_4				×			
合计							

工作目标	求各设计方案功能加权得分，并计算 C 方案的功能系数、成本系数和价值系数，选择最优设计方案			
设计方案	功能系数	成本系数	价值系数	最优设计方案
A				
B				
C				

工作目标	分别计算桩基围护工程、地下室工程、主体结构工程和装饰工程的功能指数、成本指数和价值指数；再根据给定的总目标成本额，计算各工程内容的目标成本额，从而确定其成本降低额度

功能项目	功能评分	功能系数	实现成本（万元）	目标成本（万元）	成本降低额（万元）
桩基围护工程	10				
地下室工程	11				
主体结构工程	35				
装饰工程	38				
合 计	94				

注：桩基维护工程目标成本为 12170（目标总成本额）×0.1064（功能系数）＝1295 万元

工作目标	将计算的成本降低额从大到小排序，确定各功能项目成本改进顺序

工作目标	可根据各功能项目的价值系数，应用价值工程分析优化各功能项目

04　小组合作

组号		姓名		学号	
工作目标		小组交流讨论，教师参与，形成正确的计算思路			
错误信息		产生的原因		改进的措施	
自己在任务工作中的不足					

05　小组总结

组号		姓名		学号	
工作目标		小组推荐一位小组长，汇报计算方案，借鉴每组经验，进一步优化方案			
费用名称		计算方案			
本组工作的不足					

06 小组总结

组号		姓名		学号	
工作目标		(1) 求方案的功能系数、成本系数、价值系数，确定最优设计方案。 (2) 进一步优化设计方案			

任务 2.3 案例详解：

模块 3 建设项目发承包阶段工程计价与控制

任务 3.1 招 标 文 件 编 制

某省属高校投资建设一幢建筑面积为 30000m² 的普通教学楼，拟采用工程量清单以公开招标方式进行施工招标。业主委托具有相应资质的某造价咨询企业编制招标文件和最高投标限价（该项目的最高投标限价为 9500 万元）。

咨询企业编制招标文件和最高投标限价过程中，发生如下事件：

事件 1：为了响应业主对潜在投标人择优选择的高要求，咨询企业的项目经理在招标文件中设置了以下几项内容：

（1）投标人资格条件之一为：投标人近 5 年必须承建过高校教学楼工程；

（2）投标人近 5 年获得过鲁班奖、本省省级质量奖等奖项作为加分条件；

（3）项目的投标保证金为 70 万元，且投标保证金必须从投标企业的基本账户转出；

（4）中标人的履约保证金为最高投标限价的 10%。

事件 2：项目经理认为招标文件中的合同条款是基本的粗略条款，只需将政府有关管理部门出台的施工合同示范文本添加项目基本信息后附在招标文件中即可。

事件 3：在招标文件编制人员研究本项目的评标办法时，项目经理认为所在咨询企业以往代理的招标项目更常采用综合评估法，遂要求编制人员采用综合评估法。

事件 4：为控制投标报价的价格水平，咨询企业和业主商定：以代表省内先进水平的 A 施工企业的企业定额作为主要依据，编制了本项目的最高投标限价。此外，由于某分项工程使用了一种新型材料，定额及造价信息均无该材料消耗量和价格的信息。编制人员按照理论计算法计算了材料净用量，并以此净用量乘以向材料生产厂家询价确认的材料出厂价格，得到该分项工程综合单价中新型材料的材料费。

事件 5：该咨询企业技术负责人在审核项目成果文件时发现项目工程量清单中存在漏项，要求做出修改。项目经理解释认为第二天需要向委托人提交成果文件且合同条款已有关于漏项的处理约定，故不用修改。

事件 6：该咨询企业的负责人认为最高投标限价不需保密，因此，又接受了某拟投标人的委托，为其提供该项目的投标报价咨询。

问题：

1. 针对事件 1，逐一指出咨询企业项目经理为响应业主要求提出的（1）～（4）项内容是否妥当，并说明理由。

2. 针对事件 2～6，分别指出相关人员的行为或观点是否正确或妥当，并说明理由。

（1）掌握招标文件的组成内容及其编制要求（重点）。

（2）掌握招标工程量清单的编制内容及其编制要求（重点）。

（3）最高投标限价的编制内容及其编制要求（重点）。

（1）能编制招标文件（难点）。

（2）能编制招标工程量清单（难点）。

（3）能编制最高投标限价（难点）。

（1）培养法制意识。

（2）培养认真细致、精益求精的工作作风。

（3）培养全局意识。

（4）培养劳动意识。

招标文件的内容

招标工程量
清单的编制

招标控制价的编制

3.1.1 招标文件的确定

招标文件是指导整个招标投标工作全过程的纲领性文件。按照《中华人民共和国招标投标法》和《中华人民共和国招标投标法实施条例》等法律法规的规定，招标文件应当包括招标项目的技术要求、对投标人资格审查的标准、投标报价要求和评标标准等所有实质性要求和条件以及拟签合同的主要条款。建设项目招标文件由招标人（或其委托的咨询机构）编制，由招标人发布，它既是投标单位编制投标文件的依据，也是招标人与中标人签订工程承包合同的基础。招标文件中提出的各项要求，对整个招标工作乃至发承包双方都具有约束力，因此招标文件的编制及其内容必须符合有关法律法规的规定。建设工程招标文件的编制内容，根据招标范围不同而有所不同，本知识点重点介绍施工招标文件的内容。

（1）施工招标文件的编制内容

根据《中华人民共和国标准施工招标文件（2007年版）》［下简称《标准施工招标文件（2007年版）》］等文件规定，施工招标文件包括以下内容：

1）招标公告（或投标邀请书）。当未进行资格预审时，招标文件中应包括招标公告；当进行资格预审时，招标文件中应包括投标邀请书，该邀请书可代替资格预审通过通知书，以明确投标人已具备了在某具体项目某具体标段的投标资格。其他内容包括招标文件的获取、投标文件的递交等。

2）投标人须知，主要包括对于项目概况的介绍和招标过程的各种具体要求，正文中的未尽事宜可以通过"投标人须知前附表"进行进一步明确，由招标人根据招标项目具体特点和实际需要编制和填写，但务必与招标文件的其他章节相衔接，并不得与投标人须知正文的内容相抵触，否则抵触内容无效。投标人须知包括如下内容：

① 总则，主要包括项目概况、资金来源和落实情况、招标范围、计划工期和质量要求的描述，对投标人资格要求的规定，对费用承担、保密、语言文字、计量单位等内容的约定，对踏勘现场、投标预备会的要求，以及对分包和偏离问题的处理。项目概况中主要包括项目名称、建设地点以及招标人和招标代理机构的情况等。

② 招标文件，主要包括招标文件的构成以及澄清和修改的规定。

③ 投标文件，主要包括投标文件的组成，投标报价编制的要求，投标有效期和投标保证金的规定，需要提交的资格审查资料，是否允许提交备选投标方案，以及投标文件编制所应遵循的标准格式要求。

④ 投标，主要规定投标文件的密封和标识、递交、修改及撤回的各项要求。在此部分中应当确定投标人编制投标文件所需要的合理时间，即投标准备时间，是指自招标文件开始发出之日起至投标人提交投标文件截止之日止的期限，最短不得少于 20 天。采用电子招标投标在线提交投标文件的，最短不少于 10 天。

⑤ 开标，规定开标的时间、地点和程序。

⑥ 评标，说明评标委员会的组建方法，评标原则和采取的评标办法。

⑦ 合同授予，说明拟采用的定标方式，中标通知书的发出时间，要求承包人提交的履约担保和合同的签订时限。

⑧ 重新招标和不再招标，规定重新招标和不再招标的条件。

⑨ 纪律和监督，主要包括对招标过程各参与方的纪律要求。

⑩ 需要补充的其他内容。

3）评标办法，评标办法可选择经评审的最低投标价法和综合评估法。

4）合同条款及格式，包括本工程拟采用的通用合同条款、专用合同条款以及各种合同附件的格式。

5）工程量清单（最高投标限价），即表现拟建工程分部分项工程、措施项目和其他项目名称及相应数量的明细清单，以满足工程项目具体量化和计量支付的需要，是招标人编制最高投标限价和投标人编制投标报价的重要依据。如按照规定应编制最高投标限价的项目，其最高投标限价应在发布招标文件时一并公布。

6）图纸，是指应由招标人提供的用于计算最高投标限价和投标人计算投标报价所必需的各种详细程度的图纸。

7）技术标准和要求，招标文件规定的各项技术标准应符合国家强制性规定。招标文件中规定的各项技术标准均不得要求或标明某一特定的专利、商标、名称、设计、原产地或生产供应者，不得含有倾向或者排斥潜在投标人的其他内容。如果必须引用某一生产供应商的技术标准才能准确或清楚地说明拟招标项目的技术标准时，则应当在参照后面加上"或相当于"的字样。

8）投标文件格式，提供各种投标文件编制所应依据的参考格式。

9）投标人须知前附表规定的其他材料。

（2）招标文件的澄清和修改

1）招标文件的澄清

投标人应仔细阅读和检查招标文件的全部内容。如发现缺页或附件不全，应及时向招标人提出，以便补齐。如有疑问，应在规定的时间前以书面形式（包括信函、邮件、传真等可以有形地表现所载内容的形式），要求招标人对招标文件予以澄清。

招标文件的澄清将在规定的投标截止时间 15 天前以书面形式发给所有获取招标文件的投标人，但不指明澄清问题的来源。如果澄清发出的时间距投标截止时间不足 15 天，应相应推迟投标截止时间。

投标人在收到澄清后，应在规定的时间内以书面形式通知招标人，确认已收到该澄清。招标人要求投标人收到澄清后的确认时间，可以采用一个相对的时间，如招标文件澄清发出后 12 小时以内；也可以采用一个绝对的时间，如 2022 年 1 月 19 日中午 12：00 以前。

2）招标文件的修改

招标人若对已发出的招标文件进行必要的修改，应当在投标截止时间 15 天前以书面形式修改招标文件，并通知所有已获取招标文件的投标人。如果修改招标文件的时间距投标截止时间不足 15 天，应相应推后投标截止时间。投标人收到修改内容后，应在规定的时间内以书面形式通知招标人，确认已收到该修改文件。

 课证融通小测

关于建设工程施工招标文件，下列说法正确的是（　　）。

A. 工程量清单不是招标文件的组成部分

B. 由招标人编制的招标文件只对投标人具有约束力

C. 招标项目的技术要求可以不在招标文件中描述

D. 招标人可以对已发出的招标文件进行必要的修改

3.1.2 招标工程量清单的编制

招标工程量清单是招标人依据国家标准、招标文件、设计文件以及施工现场实际情况编制的，随招标文件发布、供投标报价的工程量清单（包括说明和表格）。编制招标工程量清单，应充分体现"实体净量""量价分离"和"风险分担"的原则。招标阶段，由招标人或其委托的工程造价咨询人根据工程项目设计文件，编制出招标工程项目的工程量清单，并将其作为招标文件的组成部分。招标人对工程量清单中各分部分项工程或适合以分部分项工程项目清单设置的措施项目的工程量的准确性和完整性负责；投标人应结合企业自身实际、参考市场有关价格信息完成清单项目工程的组合报价，并对其承担风险。

1. 招标工程量清单编制依据及准备工作

（1）招标工程量清单的编制依据

1）《建设工程工程量清单计价规范》GB 50500—2013 以及各专业工程量计算规范等；

2）国家或省级、行业建设主管部门颁发的计价定额和办法；

3）建设工程设计文件及相关资料；

4）与建设工程有关的标准、规范、技术资料；

5）拟定的招标文件；

6）施工现场情况、地勘水文资料、工程特点及常规施工方案；

7）其他相关资料。

（2）招标工程量清单编制的准备工作

招标工程量清单编制的相关工作在收集资料包括编制依据的基础上，需进行如下工作：

1）初步研究。对各种资料进行认真研究，为工程量清单的编制做准备。主要包括：

① 熟悉《建设工程工程量清单计价规范》GB 50500—2013、各专业工程量计算规范、规定及相关文件；熟悉设计文件，掌握工程全貌，有助于清单项目列项的完整、工程量的准确计算及清单项目的准确描述，对设计文件中出现的问题应及时提出。

② 熟悉招标文件、招标图纸，确定工程量清单编审的范围及需要设定的暂估价；收集相关市场价格信息，为暂估价的确定提供依据。

③ 对《建设工程工程量清单计价规范》GB 50500—2013 缺项的新材料、新技术、新工艺，收集足够的基础资料，为补充项目的制定提供依据。

2）现场踏勘。为了选用合理的施工组织设计和施工技术方案，需进行现场踏勘，以充分了解施工现场情况及工程特点。主要对以下两方面进行调查：

① 自然地理条件：工程所在地的地理位置、地形、地貌、用地范围等；气象、水文情况，包括气温、湿度、降雨量等；地质情况，包括地质构造及特征、承载能力等；地震、洪水及其他自然灾害情况。

② 施工条件：工程现场周围的道路、进出场条件、交通限制情况；工程现场施工临时设施、大型施工机具、材料堆放场地安排情况；工程现场邻近建筑物与招标工程的间距、结构形式、基础埋深、新旧程度、高度；市政给水排水管线位置、管径、压力、废水、污水处理方式，市政、消防供水管道管径、压力、位置等；现场供电方式、方位、距离、电压等；工程现场通信线路的连接和铺设；当地政府有关部门对施工现场管理的一般要求、特殊要求及规定等。

3）拟订常规施工组织设计。施工组织设计是指导拟建工程项目的施工准备和施工的技术经济文件。根据项目的具体情况编制施工组织设计，拟定工程的施工方案、施工顺序、施工方法等，便于工程量清单的编制及准确计算，特别是工程量清单中的措施项目施工组织设计编制的主要依据：招标文件中的相关要求，设计文件中的图纸及相关说明，现场踏勘资料，有关定额，现行有关技术标准、施工规范或规则等。作为招标人，仅需拟订常规的施工组织设计即可。

在拟定常规的施工组织设计时需注意以下问题：

① 估算整体工程量。根据概算指标或类似工程进行估算，且仅对主要项目加以估算即可，如土石方、混凝土等。

② 拟定施工总方案。施工总方案只需对重大问题和关键工艺做原则性的规定，不需考虑施工步骤，主要包括：施工方法，施工机械设备的选择，科学的施工组织，合理的施工进度，现场的平面布置及各种技术措施。制定总方案要满足以下原则：从实际出发，符合现场的实际情况，在切实可行的范围内尽量追求先进和快速；满足工期的要求；确保工程质量和施工安全；尽量降低施工成本，使方案更加经济合理。

③ 确定施工顺序。合理确定施工顺序需要考虑以下几点：各分部分项工程之间的关系；施工方法和施工机械的要求；当地的气候条件和水文要求；施工顺序对工期的影响。

④ 编制施工进度计划。施工进度计划要满足合同对工期的要求，在不增加资源的前

提下尽量提前。编制施工进度计划时要处理好工程中各分部、分项、单位工程之间的关系，避免出现施工顺序的颠倒或工种相互冲突。

⑤ 计算人、材、机资源需要量。人工工日数量根据估算的工程量、选用的定额、拟定的施工总方案、施工方法及要求的工期来确定，并考虑节假日、气候等因素的影响。材料需要量主要根据估算的工程量和选用的材料消耗定额进行计算。机械台班数量则根据施工方案确定选择机械设备及仪器仪表方案和种类的匹配要求，再根据估算的工程量和机械时间定额进行计算。

⑥ 施工平面布置。施工平面布置需根据施工方案、施工进度要求，对施工现场的道路交通、材料仓库、临时设施等做出合理的规划布置，主要包括：建设项目施工总平面图上的一切地上、地下已有和拟建建筑物、构筑物以及其他设施的位置和尺寸；所有为施工服务的临时设施的布置位置，如施工用地范围，施工用道路，材料仓库，取土与弃土位置，水源、电源位置，安全、消防设施位置；永久性测量放线标桩位置等。

2. 招标工程量清单的编制内容

（1）分部分项工程项目清单编制

分部分项工程项目清单所反映的是拟建工程分部分项工程项目名称和相应数量的明细清单，招标人负责包括项目编码、项目名称、项目特征描述、计量单位和工程量在内的五项内容。

1）项目编码。分部分项工程项目清单的项目编码，应根据拟建工程的工程项目清单项目名称设置，同一招标工程的项目编码不得有重码。

2）项目名称。分部分项工程项目清单的项目名称应按专业工程量计算规范附录的项目名称结合拟建工程的实际确定。

在分部分项工程项目清单中所列出的项目，应是在单位工程的施工过程中以其本身构成该单位工程实体的分项工程，但应注意：

① 当在拟建工程的施工图纸中有体现，并且在专业工程量计算规范附录中也有相对应的项目时，则根据附录中的规定直接列项，计算工程量，确定其项目编码。

② 当在拟建工程的施工图纸中有体现，但在专业工程量计算规范附录中没有相对应的项目，并且在附录项目的"项目特征"或"工程内容"中也没有提示时，则必须编制针对这些分项工程的补充项目，在清单中单独列项并在清单的编制说明中注明。

3）项目特征描述。工程量清单的项目特征是确定一个清单项目综合单价不可缺少的重要依据，在编制工程量清单时，必须对项目特征进行准确和全面的描述。当有些项目特征用文字难以准确和全面描述时，为达到规范、简洁、准确、全面描述项目特征的要求，应按以下原则进行：

① 项目特征描述的内容应按附录中的规定，结合拟建工程的实际，满足确定综合单价的需要。

② 若采用标准图集或施工图纸能够全部或部分满足项目特征描述的要求，项目特征描述可直接采用"详见××图集"或"××图号"的方式。对不能满足项目特征描述要求的部分，仍应用文字描述。

4）计量单位。分部分项工程项目清单的计量单位与有效位数应遵守清单计价规范规定。当附录中有两个或两个以上计量单位的，应结合拟建工程项目的实际选择其中一个确定。

5）工程量。分部分项工程项目清单中所列工程量应按专业工程量计算规范规定的工程量计算规则计算。另外，补充项的工程量计算规则必须符合下述原则：一是其计算规则要具有可计算性；二是计算结果要具有唯一性。

工程量的计算是一项繁杂而细致的工作，为了计算的快速准确并尽量避免漏算或重算，必须依据一定的计算原则及方法：

① 计算口径一致。根据施工图列出的工程量清单项目，必须与专业工程工程量计算规范中相应清单项目的口径相一致。

② 按工程量计算规则计算。工程量计算规则是综合确定各项消耗指标的基本依据，也是具体工程测算和分析资料的基准。

③ 按图纸计算。工程量按每一分项工程根据设计图纸进行计算，计算时采用的原始数据必须以施工图纸所表示的尺寸或施工图纸能读出的尺寸为准进行计算，不得随意增减。

④ 按一定顺序计算。计算分部分项工程量时，可以按照定额编目顺序或按照施工图专业顺序依次进行计算。对于计算同一张图纸的分项工程量时，一般可采用以下几种顺序：按顺时针或逆时针顺序计算；按先横后纵顺序计算；按轴线编号顺序计算；按施工先后顺序计算；按定额分部分项顺序计算。

（2）措施项目清单编制

措施项目清单指为完成工程项目施工，发生于该工程施工准备和施工过程中的技术生活、安全、环境保护等方面的项目清单，措施项目分单价措施项目和总价措施项目。

措施项目清单的编制需考虑多种因素，除工程本身的因素外，还涉及水文、气象、环境、安全等因素。措施项目清单应根据拟建工程的实际情况列项，若出现《建设工程工程量清单计价规范》GB 50500—2013 中未列的项目，可根据工程实际情况补充。项目清单的设置要考虑拟建工程的施工组织设计、施工技术方案、相关的施工规范与施工验收规范，招标文件中提出的某些必须通过一定的技术措施才能实现的要求；设计文件中一些不足以写进技术方案的但是要通过一定的技术措施才能实现的内容。

一些可以精确计算工程量的措施项目可采用与分部分项工程项目清单编制相同的方式编制"分部分项工程和单价措施项目清单与计价表"。而有一些措施项目费用的发生与使用时间、施工方法或者两个以上的工序相关并大都与实际完成的实体工程量的大小关系不大，如安全文明施工、冬雨季施工、已完工程设备保护等，应编制"总价措施项目清单与计价表"。

（3）其他项目清单的编制

其他项目清单是应招标人的特殊要求而发生的与拟建工程有关的其他费用项目和相应数量的清单。工程建设标准的高低、工程的复杂程度、工程的工期长短、工程的组成内容、发包人对工程管理要求等都直接影响其具体内容。当出现未包含在表格中的内容项目时，可根据实际情况补充，其中：

1）暂列金额，是指招标人暂定并包括在合同中的一笔款项。用于工程合同签订时尚未确定或者不可预见的所需材料、工程设备、服务的采购，施工中可能发生的工程变更合同约定调整因素出现时的合同价款调整以及发生的索赔、现场签证确认等的费用。此项费用由招标人填写其项目名称、计量单位、暂定金额等，若不能详列，也可只列暂定金额总额。由于暂列金额由招标人支配，实际发生后才得以支付，因此，在确定暂列金额时应根据施工图纸的深度、暂估价设定的水平、合同价款约定调整的因素以及工程实际情况合理确定。一般可按分部分项工程项目清单的 10%～15% 确定，不同专业预留的暂列金额应分别列项。

2）暂估价，是招标人在招标文件中提供的用于支付必然要发生但暂时不能确定价格的材料、工程设备的单价以及专业工程的金额。一般而言，为方便合同管理和计价，需要纳入分部分项工程量项目综合单价中的暂估价，应只是材料、工程设备暂估单价，以方便投标与组价。以"项"为计量单位给出的专业工程暂估价一般应是综合暂估价，即应当包括除规费、税金以外的管理费、利润等。

3）计日工，是为了解决现场发生的工程合同范围以外的零星工作或项目的计价而设立的。计日工为额外工作的计价提供一个方便快捷的途径。计日工对完成零星工作所消耗的人工工时、材料数量、机械台班进行计量，并按照计日工表中填报的适用项目的单价进行计价支付。编制计日工表格时，一定要给出暂定数量，并且需要根据经验，尽可能估算比较贴近实际的数量，且尽可能把项目列全，以消除因此而产生的争议。

4）总承包服务费，是为了解决招标人在法律法规允许的条件下，进行专业工程发包以及自行采购供应材料、设备时，要求总承包人对发包的专业工程提供协调和配合服务，对供应的材料、设备提供收、发和保管服务以及对施工现场进行统一管理，对竣工资料进行统一汇总整理等发生并向承包人支付的费用。招标人应当按照投标人的投标报价支付该项费用。

（4）规费、税金项目清单的编制

规费、税金项目清单应按照规定的内容列项，当出现规范中没有的项目时，应根据省级政府或有关部门的规定列项。税金项目清单除规定的内容外，如国家税法发生变化或增加税种，应对税金项目清单进行补充。规费、税金的计算基础和费率均应按国家或地方相关部门的规定执行。

（5）工程量清单总说明的编制

工程量清单总说明包括以下内容：

1）工程概况。工程概况中要对建设规模、工程特征，计划工期、施工现场实际情况、自然地理条件、环境保护要求等作出描述。其中建设规模是指建筑面积；工程特征应说明基础及结构类型、建筑层数、高度、门窗类型及各部位装饰、装修做法；计划工期是指工期定额计算的施工天数；施工现场实际情况是指施工场地的地表状况；自然地理条件是指建筑场地所处地理位置的气候及交通运输条件；环境保护要求是针对施工噪声及材料运输可能对周围环境造成的影响和污染所提出的防护要求。

2）工程招标及分包范围。招标范围是指单位工程的招标范围，如建筑工程招标范围为"全部建筑工程"，装饰装修工程招标范围为"全部装饰装修工程"，或招标范围不含桩基础、幕墙、门窗等。工程分包是指特殊工程项目的分包，如招标人自行采购、安装"铝合金门窗"等。

3）工程量清单编制依据。包括《建设工程工程量清单计价规范》GB 50500—2013、设计文件、招标文件、施工现场情况、工程特点及常规施工方案等。

4）工程质量、材料、施工等的特殊要求。工程质量的要求是指招标人要求拟建工程的质量应达到合格或优良标准；对材料的要求是指招标人根据工程的重要性、使用功能及装饰装修标准提出，诸如对水泥的品牌、钢材的生产厂家、花岗石的出产地、品牌等的要求；施工要求一般是指建设项目中对单项工程的施工顺序等的要求。

5）其他需要说明的事项。

（6）招标工程量清单汇总

在分部分项工程项目清单、措施项目清单、其他项目清单、规费和税金项目清单编制完成以后，经审查复核，与工程量清单封面及总说明汇总并装订，由相关责任人签字和盖章，形成完整的招标工程量清单文件。

 课证融通小测

下列费用中，属于招标工程量清单中其他项目清单编制内容的是（　　　）。

A. 暂列金额　　　　　　　　　B. 暂估价

C. 计日工　　　　　　　　　　D. 总承包服务费

E. 措施费

3.1.3 最高投标限价的编制

1. 最高投标限价的编制规定与依据

最高投标限价是指根据国家或省级建设行政主管部门颁发的有关计价依据和办法，依据拟订的招标文件和招标工程量清单，结合工程具体情况发布的招标工程最高投标限价。根据住房和城乡建设部颁布的《建筑工程施工发包与承包计价管理办法》（住房和城乡建设部令第 16 号）的规定，国有资金投资的建筑工程招标的，应当设有最高投标限价；非国有资金投资的建筑工程招标的，可以设有最高投标限价或者招标标底。

（1）最高投标限价与标底的关系

最高投标限价是推行工程量清单计价过程中对传统标底概念的性质进行界定后所设置的专业术语，它使招标时评标定价的管理方式发生了很大的变化。设标底招标、无标底招标以及最高投标限价招标的利弊分析如下：

1）设标底招标

① 设标底时易发生泄露标底及暗箱操作的现象，失去招标的公平性、公正性，容易诱发违法违规行为。

② 编制的标底价是预期价格，因较难考虑施工方案、技术措施对造价的影响，容易与市场造价水平脱节，不利于引导投标人理性竞争。

③ 标底在评标过程的特殊地位使标底价成为左右工程造价的杠杆，不合理的标底会使合理的投标报价在评标中显得不合理，有可能成为地方或行业保护的手段。

④ 将标底作为衡量投标人报价的基准，导致投标人尽力地迎合标底，往往招标投标过程反映的不是投标人实力的竞争，而是投标人编制预算文件能力的竞争，或者各种合法或非法"投标策略"的竞争。

2）无标底招标

① 容易出现围标串标现象，各投标人哄抬价格，给招标人带来投资失控的风险。

② 容易出现低价中标后偷工减料，以牺牲工程质量来降低工程成本，或产生先低价中标，后高额索赔等不良后果。

③ 评标时，招标人对投标人的报价没有参考依据和评判基准。

3）最高投标限价招标

① 采用最高投标限价招标的优点：

A. 可有效控制投资，防止恶性哄抬报价带来的投资风险；

B. 可提高透明度，避免暗箱操作与寻租等违法活动的产生；

C. 可使各投标人根据自身实力和施工方案自主报价，符合市场规律形成公平竞争。

② 采用最高投标限价招标也可能出现如下问题：

A. 若最高限价大大高于市场平均价，就预示中标后利润很丰厚，只要投标不超过公布的限额都是有效投标，从而可能诱导投标人串标围标。

B. 若公布的最高限价远远低于市场平均价，就会影响招标效率。即可能出现只有1～2人投标或出现无人投标的情况，因为按此限额投标将无利可图，超出此限额投标又成为无效投标，导致招标失败或使招标人不得不进行二次招标。

（2）编制最高投标限价的规定

1）国有资金投资的工程建设项目应实行工程量清单招标，招标人应编制招标控制价并应当拒绝高于最高投标限价的投标报价，即投标人的投标报价若超过公布的最高投标限价，则其投标应被否决。

2）最高投标限价应由具有编制能力的招标人或受其委托的工程造价咨询人编制。工程造价咨询人不得同时接受招标人和投标人对同一工程的最高投标限价和投标报价的编制。

3）最高投标限价应当依据工程量清单、工程计价有关规定和市场价格信息等编制，并不得进行上浮或下调。招标人应当在招标文件中公布最高投标限价的总价，以及各单位工程的分部分项工程费、措施项目费、其他项目费、规费和税金。

4）最高投标限价超过批准的概算时，招标人应将其报原概算审批部门审核。这是由于我国对国有资金投资项目的投资控制实行的是设计概算审批制度，国有资金投资的工程原则上不能超过批准的设计概算。同时，招标人应将最高投标限价报工程所在地的工程造价管理机构备查。

5）投标人经复核认为招标人公布的最高投标限价未按照《建设工程工程量清单计价规范》GB 50500—2013 的规定进行编制的，应在最高投标限价公布后 5 天内向招标投标监督机构和工程造价管理机构投诉。工程造价管理机构受理投诉后，应立即对最高投标限价进行复查，组织投诉人、被投诉人或其委托的最高投标限价编制人等单位人员对投诉问题逐一核对。工程造价管理机构应当在受理投诉的 10 天内完成复查，特殊情况下可适当延长，并作出书面结论通知投诉人、被投诉人及负责该工程招投标监督的招投标管理机构。当最高投标限价复查结论与原公布的最高投标限价误差超过±3％时，应责成招标人改正。当重新公布最高投标限价时，若重新公布之日起至原投标截止期不足 15 天的应延长投标截止期。

6）招标人应将最高投标限价及有关资料报送工程所在地或有该工程管辖权的行业管理部门工程造价管理机构备查。

（3）最高投标限价的编制依据

最高投标限价的编制依据是指在编制最高投标限价时需要进行工程量计算、价格确认、工程计价的有关参数、率值的确定等工作时所需的基础性资料，主要包括：

1）现行国家标准《建设工程工程量清单计价规范》GB 50500—2013 与专业工程量计算规范；

2）国家或省级、行业建设主管部门颁发的计价定额和计价办法；

3）建设工程设计文件及相关资料；

4）拟定的招标文件及招标工程量清单；

5）与建设项目相关的标准、规范、技术资料；

6）施工现场情况、工程特点及常规施工方案；

7）工程造价管理机构发布的工程造价信息，但工程造价信息没有发布的，参照市场价；

8）其他相关资料。

2. 最高投标限价的编制内容

（1）分部分项工程费的编制

分部分项工程费应根据招标文件中的分部分项工程项目清单及有关要求，按《建设工程工程量清单计价规范》GB 50500—2013 有关规定确定综合单价计价。

1）综合单价的组价过程，最高投标限价的分部分项工程费应由各单位工程的招标工程量清单中给定的工程量乘以其相应综合单价汇总而成。综合单价应按照招标人发布的分部分项工程项目清单的项目名称、工程量、项目特征描述，依据工程所在地区颁发的计价定额和人工、材料、施工机械台班价格信息等进行组价确定。首先，依据提供的工程量清单和施工图纸，按照工程所在地区颁发的计价定额的规定，确定所组价的定额项目名称，并计算出相应的工程量；其次，依据工程造价政策规定或工程造价信息确定其人工、材料、施工机械台班单价；同时，在考虑风险因素确定管理费率和利润率的基础上，按规定程序计算出所组价定额项目的合价。最后，将若干项所组价的定额项目合价相加除以工程量清单项目工程量，便得到工程量清单项目综合单价。对于未计价材料费（包括暂估单价的材料费）应计入综合单价。

定额项目合价＝定额项目工程量×[∑（定额人工消耗量×人工单价）＋∑（定额材料消耗量×材料单价）＋∑（定额机械台班消耗量×机械台班单价）＋价差（基价或人工、材料、施工机具费用）＋管理费和利润]

$$工程量清单综合单价＝\frac{∑定额项目合价＋未计价材料}{工程量清单项目工程量}$$

2）综合单价中的风险因素。为使最高投标限价与投标报价所包含的内容一致，综合单价中应包括招标文件中要求投标人所承担的风险内容及其范围（幅度）产生的风险费用。

① 对于技术难度较大和管理复杂的项目，可考虑一定的风险费用，并纳入综合单价中。

② 对于工程设备、材料价格的市场风险，应依据招标文件的规定，工程所在地或工程造价管理机构的有关规定，以及市场价格趋势考虑一定率值的风险费用，纳入综合单

价中。

③ 规费、税金等法律、法规、规章和政策变化的风险和人工单价等风险费用不应纳入综合单价。

(2) 措施项目费的编制

1) 措施项目费中的安全文明施工费应当按照国家或省级、行业建设主管部门的规定标准计价，该部分不得作为竞争性费用。

2) 措施项目应按招标文件中提供的措施项目清单确定，措施项目分为以"量"计算和以"项"计算两种。对于可计量的措施项目，以"量"计算即按其工程量用与分部分项工程项目清单单价相同的方式确定综合单价；对于不可计量的措施项目，则以"项"为单位，采用费率法按有关规定综合取定。采用费率法时需确定某项费用的计费基数及其费率，结果应是包括除规费、税金以外的全部费用。

(3) 其他项目费的编制

1) 暂列金额。暂列金额由招标人根据工程特点、工期长短，按有关计价规定进行估算，一般可以分部分项工程费的 10%～15% 为参考。

2) 暂估价。暂估价中的材料单价应按照工程造价管理机构发布的工程造价信息中的材料单价计算，工程造价信息未发布的材料单价，其单价参考市场价格估算；暂估价中的专业工程暂估价应分不同专业，按有关计价规定估算。

3) 计日工。在编制最高投标限价时，对计日工中的人工单价和施工机械台班单价应按省级、行业建设主管部门或其授权的工程造价管理机构公布的单价计算；材料应按工程造价管理机构发布的工程造价信息中的材料单价计算，工程造价信息未发布单价的材料，其价格应按市场调查确定的单价计算。

4) 总承包服务费。总承包服务费应按照省级或行业建设主管部门的规定计算，在计算时可参考以下标准：

① 招标人仅要求对分包的专业工程进行总承包管理和协调时，按分包的专业工程估算造价的 1.5% 计算；

② 招标人要求对分包的专业工程进行总承包管理和协调，并同时要求提供配合服务时，根据招标文件中列出的配合服务内容和提出的要求，按分包的专业工程估算造价的 3%～5% 计算；

③ 招标人自行供应材料的，按招标人供应材料价值的 1% 计算。

(4) 规费和税金的编制

规费和税金必须按国家或省级、行业建设主管部门的规定计算，其中：

税金＝（人工费＋材料费＋施工机具使用费＋企业管理费＋利润＋规费）×增值税税率

3. 编制最高投标限价时应注意的问题

(1) 采用的材料价格应是工程造价管理机构通过工程造价信息发布的材料价格，工程造价信息未发布材料单价的材料，其材料价格应通过市场调查确定。另外，未采用工程造价管理机构发布的工程造价信息时，需在招标文件或答疑补充文件中对最高投标限价采用的与造价信息不一致的市场价格予以说明，采用的市场价格则应通过调查、分析确定，有可靠的信息来源。

（2）施工机械设备的选型直接影响综合单价水平，应根据工程项目特点和施工条件，本着经济实用、先进高效的原则确定。

（3）应该正确、全面地使用行业和地方的计价定额与相关文件。

（4）不可竞争的措施项目和规费、税金等费用的计算均属于强制性条款，编制最高投标限价时应按国家有关规定计算。

（5）不同工程项目、不同投标人会有不同的施工组织方法，所发生的措施费也会有所不同，因此，对于竞争性的措施费用的确定，招标人应首先编制常规的施工组织设计或施工方案，经专家论证确认后合理确定措施项目与费用。

施工招标方式　　　　施工招标程序　　　　施工标段划分　　　　合同类型的选择

 课证融通小测

1. 关于最高投标限价的编制，下列说法正确的是（　　）。

A. 国有企业的建设工程招标可以不编制最高投标限价

B. 对招标文件中可以不公开最高投标限价

C. 最高投标限价与标底的本质是相同的

D. 政府投资的建设工程招标时，应设最高投标限价

2. 根据《建设工程工程量清单计价规范》GB 50500—2013，最高投标限价的综合单价组价工作包括：①确定工、料、机单价；②确定所组价子目项目名称；③计算组价子目项目的合价；④除以工程量清单项目工程量；⑤计算组价子目项目工程量。下列工作排序正确的是（　　）。

A. ②⑤①③④　　　　　　　　　　B. ①②⑤④③

C. ②③①⑤④　　　　　　　　　　D. ①②③⑤④

 素养提升

（1）通过学习《中华人民共和国招标投标法》和《中华人民共和国招标投标法实施条例》中对于编制招标文件、招标工程量清单和最高投标限价的要求，培养同学们的法制意识。

（2）在编制工程量清单中要求精确计算每个项目的工程量，培养同学们认真细致、精益求精的工作作风。

（3）通过学习招标文件编制时需考虑招标各个阶段工作要求，培养同学们的全局意识。

（4）整理与清理作业环境，使同学们养成热爱劳动的意识。

任务 3.1　工作任务单

01　学生任务分配表

班级		组号		指导教师	
组长		学号			
组员 （组员姓名、 学号）					
任务分工					

02 任务准备表

工作目标		根据任务背景，填写各事件的注意事项
项目		注意事项
事件 1	(1)	
	(2)	
	(3)	
	(4)	
事件 2		
事件 3		
事件 4		
事件 5		
事件 6		

03 小组合作

组号			姓名		学号	
项目			是否妥当		理由	
事件 1	(1)					
	(2)					
	(3)					
	(4)					
事件 2						
事件 3						
事件 4						
事件 5						
事件 6						
自己在任务工作中的不足						

04　小组总结

组号			姓名		学号	
工作目标			小组推荐一位小组长，汇报计算方案，借鉴每组经验，进一步优化方案			
项目			是否妥当	理由		
事件 1		（1）				
		（2）				
		（3）				
		（4）				
事件 2						
事件 3						
事件 4						
事件 5						
事件 6						
本组工作的不足						

任务 3.1 案例详解：

任务 3.2　施工投标报价策略选择

案例导入

　　某投标人通过资格预审后，对招标文件进行了仔细分析，发现招标人所提出的工期要求过于苛刻，且合同条款中规定每拖延 1d 工期罚合同价的 1‰。若要保证实现该工期要求，必须采取特殊措施，从而大大增加成本；还发现原设计结构方案采用框架-剪力墙结构过于保守。因此，该投标人在投标文件中说明招标人的工期要求难以实现，因而按自己认为的合理工期（比招标人要求的工期增加 6 个月）编制施工进度计划并据此报价；还建议将框架-剪力墙结构改为框架结构，并对这两种结构类型进行了技术经济分析和比较，证明框架结构不仅能保证工程结构的可靠性和安全性、增加使用面积、提高空间利用的灵活性，而且可降低造价约 3%，并按照框架-剪力墙结构和框架结构分别报价。

　　该投标人将技术标和商务标分别封装，在封口处加盖本单位公章和项目经理签字后在投标截止日期前一天上午将投标文件报送招标人。次日（即投标截止日当天）下午在规定的开标时间前 1h，该投标人又递交了一份补充材料，其中声明将原报价降低 4%。

　　请分析该投标人运用了哪几种报价技巧？其运用是否得当？请逐一加以说明。

知识目标

　　（1）掌握投标报价前期工作内容（重点）。
　　（2）掌握询价与工程量复核要求（重点）。
　　（3）掌握施工投标报价策略（重点）。

投标前期工作内容

能力目标

　　能选择科学合理的施工投标报价策略（难点）。

询价与工程量复核

思政与素养目标

　　（1）培养成本效益意识，降本增效。
　　（2）培养认真细致、精益求精的工作作风。
　　（3）培养全局意识。
　　（4）培养劳动意识。

投标报价技巧选择

3.2.1　投标报价前期工作

（1）研究招标文件

　　投标人取得招标文件后，为保证工程量清单报价的合理性，应对投标人须知、合同条件、技术规范、图纸和工程量清单等重点内容进行分析，深刻而正确地理解招标文件和招

标人的意图。

1）投标人须知

投标人须知反映了招标人对投标的要求，特别要注意项目的资金来源、投标书的编制和递交、投标保证金、更改或备选方案、评标方法等，重点在于防止投标被否决。

2）合同分析

① 合同背景分析。投标人有必要了解与拟承包工程有关的合同背景，了解监理方式，了解合同的法律依据，为报价和合同实施及索赔提供依据。

② 合同形式分析，主要分析承包方式（如分项承包、施工承包、设计与施工总承包和管理承包等）；计价方式（如单价方式、总价方式、成本加酬金方式等）。

③ 合同条款分析，主要包括：

A. 承包商的任务、工作范围和责任。

B. 工程变更及相应的合同价款调整。

C. 付款方式、时间。应注意合同条款中关于工程预付款、材料预付款的规定。根据这些规定和预计的施工进度计划，计算出占用资金的数额和时间，从而计算出需要支付的利息数额并计入投标报价。

D. 施工工期。合同条款中关于合同工期、开竣工日期、部分工程分期交付工期等规定都是投标人制定施工进度计划的依据，也是报价的重要依据。要注意合同条款中有无工期奖罚的规定，尽可能做到在工期符合要求的前提下报价有竞争力，或在报价合理的前提下工期有竞争力。

E. 业主责任。投标人所制定的施工进度计划和做出的报价，都是以业主履行责任为前提的。所以应注意合同条款中关于业主责任措辞的严密性，以及关于索赔的有关规定。

3）技术标准和要求分析

工程技术标准是按工程类型来描述工程技术和工艺内容特点，对设备、材料、施工和安装方法等所规定的技术要求，有的是对工程质量进行检验、试验和验收所规定的方法和要求。它们与工程量清单中各子项工作密不可分，报价人员应在准确理解招标人要求的基础上对有关工程内容进行报价。任何忽视技术标准的报价都是不完整、不可靠的，有时可能导致工程承包重大失误和亏损。

4）图纸分析

图纸是确定工程范围、内容和技术要求的重要文件，也是投标者确定施工方法等施工计划的主要依据。

图纸的详细程度取决于招标人提供的施工图设计所达到的深度和所采用的合同形式。详细的设计图纸可使投标人比较准确地估价，而不够详细的图纸则需要估价人员采用综合估价方法，其结果一般不够精确。

（2）调查工程现场

招标人在招标文件中一般会明确是否组织工程现场踏勘以及组织进行工程现场踏勘的时间和地点。投标人对一般区域调查重点注意以下几个方面：

1）自然条件调查

自然条件调查主要包括对气象资料，水文资料，地震、洪水及其他自然灾害情况，地质情况等的调查。

2）施工条件调查

施工条件调查的内容主要包括：工程现场的用地范围、地形、地貌、地物、高程，地上或地下障碍物，现场的三通一平情况；工程现场周围的道路、进出场条件、有无特殊交通限制；工程现场施工临时设施、大型施工机具、材料堆放场地安排的可能性，是否需要二次搬运；工程现场邻近建筑物与招标工程的间距、结构形式、基础埋深、新旧程度、高度；市政给水及污水、雨水排放管线位置、高程、管径、压力、废水、污水处理方式，市政、消防供水管道管径、压力、位置等；当地供电方式、方位、距离、电压等；当地燃气供应能力，管线位置、高程等；工程现场通信线路的连接和铺设；当地政府有关部门对施工现场管理的一般要求、特殊要求及规定，是否允许节假日和夜间施工等。

3）其他条件调查

其他条件调查主要包括各种构件、半成品及商品混凝土的供应能力和价格，以及现场附近的生活设施、治安环境等情况的调查。

3.2.2　询价与工程量复核

（1）询价

询价是投标报价中的一个重要环节。工程投标活动中，投标人不仅要考虑投标报价能否中标，还应考虑中标后所承担的风险。因此，在报价前必须通过各种渠道，采用各种方式对所需人工、材料、施工机具等要素进行系统调查，掌握各要素的价格、质量、供应时间、供应数量等数据，这个过程称为询价。询价除需要了解生产要素价格外，还应了解影响价格的各种因素，这样才能够为报价提供可靠依据。询价时要特别注意两个问题：一是产品质量必须可靠，并满足招标文件的有关规定；二是供货方式、时间、地点，有无附加条件和费用。

1）询价的渠道

① 直接与生产厂商联系。

② 了解生产厂商的代理人或从事该项业务的经纪人。

③ 了解经营该项产品的销售商。

④ 向咨询公司进行询价。通过咨询公司得到的询价资料比较可靠，但需要支付一定的咨询费用；必要时也可向同行了解相关信息。

⑤ 通过互联网查询。

⑥ 自行进行市场调查或信函询价。

2）生产要素询价

① 材料询价。材料询价的内容包括调查对比材料价格、供应数量、运输方式、保险和有效期、不同买卖条件下的支付方式等。询价人员在施工方案初步确定后，应立即发出材料询价单，并催促材料供应商及时报价。询价人员应将从各种渠道所询得的材料报价及其他有关资料汇总整理，对同种材料从不同经销部门所得到的所有资料进行比较分析，选择合适、可靠的材料供应商的报价，提供给工程报价人员使用。

② 施工机具询价。在外地施工需用的施工机具，有时在当地租赁或采购可能更为有利，因此，事前有必要进行施工机具的询价。必须采购的施工机具，可向供应厂商询价；对于租赁的施工机具，可向专门从事租赁业务的机构询价，并应详细了解其计价方法。例如，各种施工机具每台班的租赁费、最低计费起点、施工机具停滞时租赁费及进出场费的

计算，燃料费及机上人员工资是否在台班租赁费之内，如需另行计算，这些费用项目的具体数额为多少等。

③ 劳务询价。如果承包商准备在工程所在地招募工人，则劳务询价是必不可少的。

劳务询价主要有两种情况：一种是成建制的劳务公司，相当于劳务分包，一般费用较高，但素质较可靠，工效较高，承包商的管理工作较轻松；另一种是劳务市场招募零散劳动力，这种方式虽然劳务价格低廉，但有时素质达不到要求或工效较低，且承包商的管理工作较繁重。投标人应在对劳务市场充分了解的基础上决定采用哪种方式，并以此为依据进行投标报价。

3）分包询价

承包商可以确定拟分包的项目范围，将拟分包的专业工程施工图纸和技术说明送交预先选定的分包单位，请他们在约定的时间内报价，以便进行比较选择，最终选择合适的分包人。对分包人询价应注意以下几点：

① 分包标函是否完整；

② 分包工程单价所包含的内容；

③ 分包人的工程质量、信誉及可信赖程度；

④ 质量保证措施；

⑤ 分包报价。

（2）复核工程量

工程量清单作为招标文件的组成部分，是由招标人提供的。工程量的大小是投标报价最直接的依据。复核工程量的准确程度，将影响承包商的经营行为：一是根据复核后的工程量与招标文件提供的工程量之间的差距，从而考虑相应的投标策略，决定报价裕度；二是根据工程量的大小采取合适的施工方法，选择适用、经济的施工机具设备、投入使用相应的劳动力数量等。复核工程量应注意以下几方面：

1）投标人应认真根据招标说明、图纸、地质资料等招标文件资料，计算主要清单工程量，复核工程量清单。其中特别注意，按一定顺序进行，避免漏算或重算；正确划分分部分项工程项目，与现行《建设工程工程量清单计价规范》GB 50500—2013 保持一致。

2）复核工程量的目的不是修改工程量清单，即使有误，投标人也不能修改招标工程量清单中的工程量，因为修改了清单将导致在评标时被评标委员会认为投标文件未响应招标文件而被否决。

3）针对招标工程量清单中工程量的遗漏或错误，是否向招标人提出修改意见取决于投标策略。投标人可以向招标人提出，由招标人统一修改并把修改情况通知所有投标人；也可以运用一些报价技巧提高报价质量，争取在中标后能获得更大的收益。

4）通过工程量计算复核还能准确地确定订货及采购物资的数量，防止由于超量或少购等带来的浪费、积压或停工待料。

在核算完全部招标工程量清单中的细目后，投标人应按大项分类汇总主要工程总量，以便把握整个工程的施工规模，并据此研究采用合适的施工方法，选择适用的施工设备等。

3.2.3 投标报价前期工作

投标报价策略是指投标单位在投标竞争中的系统工作部署及参与投标竞争的方式和手

段。对投标单位而言，投标报价策略是投标取胜的重要方式、手段和艺术。投标报价策略可分为基本策略和报价技巧两个层面。

（1）基本策略

投标报价的基本策略主要是指投标单位应根据招标项目的不同特点，并考虑自身的优势和劣势，选择不同的报价。

1）可选择报高价的情形

投标单位遇下列情形时，其报价可高一些：施工条件差的工程（如条件艰苦、场地狭小或地处交通要道等）；专业要求高的技术密集型工程且投标单位在这方面有专长，声望也较高；总价低的小工程，以及投标单位不愿做而被邀请投标，又不便不投标的工程；特殊工程，如港口码头、地下开挖工程等；投标对手少的工程；工期要求紧的工程；支付条件不理想的工程。

2）可选择报低价的情形

投标单位遇下列情形时，其报价可低一些：施工条件好的工程，工作简单、工程量大且其他投标人都可以做的工程（如大量土方工程、一般房屋建筑工程等）；投标单位急于打入某一市场、某一地区，或虽已在某一地区经营多年，但即将面临没有工程的情况，机械设备无工地转移时；附近有工程而本项目可利用该工程的设备、劳务或有条件短期内突击完成的工程；投标对手多，竞争激烈的工程；非急需工程；支付条件好的工程。

（2）报价技巧

报价技巧是指投标中具体采用的对策和方法，常用的报价技巧有不平衡报价法、多方案报价法、无利润报价法和突然降价法等。此外，对于计日工、暂定金额、可供选择的项目等也有相应的报价技巧。

1）不平衡报价法

不平衡报价法是指在不影响工程总报价的前提下，通过调整内部各个项目的报价，以达到既不提高总报价、不影响中标，又能在结算时得到更理想的经济效益的报价方法。不平衡报价法适用于以下几种情况：

① 能够早日结算的项目（如前期措施费、基础工程、土石方工程等）可以适当提高报价，以利资金周转，提高资金时间价值。后期工程项目（如设备安装、装饰工程等）的报价可适当降低。

② 经过工程量核算，预计今后工程量会增加的项目，适当提高单价，这样在最终结算时可盈利；而对于将来工程量有可能减少的项目，适当降低单价，这样在工程结算时不会有太大损失。

③ 设计图纸不明确、估计修改后工程量要增加的，可以提高单价；而工程内容说明不清楚的，则可适当降低单价，在工程实施阶段通过索赔再寻求提高单价的机会。

④ 对暂定项目要做具体分析。因这一类项目要在开工后由建设单位研究决定是否实施，以及由哪一家承包单位实施。如果工程不分标，不会另由一家承包单位施工，则其中肯定要施工的单价可报高些，不一定要施工的则应报低些。如果工程分标，该暂定项目也可能由其他承包单位施工时，则不宜报高价，以免抬高总报价。

⑤ 单价与包干混合制合同中，招标人要求有些项目采用包干报价时，宜报高价。一则这类项目多半有风险；二则这类项目在完成后可全部按报价结算。对于其余单价项目，

则可适当降低报价。

⑥ 有时招标文件要求投标人对工程量大的项目报"综合单价分析表"，投标时可将单价分析表中的人工费及机械设备费报得高一些，而材料费报得低一些。这主要是为了在今后补充项目报价时，可以参考选用"综合单价分析表"中较高的人工费和机械费，而材料则往往采用市场价，因而可获得较高的收益。

2）多方案报价法

多方案报价法是指在投标文件中报两个价：一个是按招标文件的条件报价；另一个是加注解的报价，即：如果某条款做某些改动，报价可降低多少。这样，可降低总报价，吸引招标人。

多方案报价法适用于招标文件中的工程范围不完全明确，条款不完全清楚或很不公正，或技术规范要求过于苛刻的工程。采用多方案报价法，可降低投标风险，但投标工作量较大。

3）无利润报价法

对于缺乏竞争优势的承包单位，在不得已时可采用根本不考虑利润的报价方法，以获得中标机会。无利润报价法通常在下列情形时采用：

① 有可能在中标后，将大部分工程分包给索价较低的一些分包商。

② 对于分期建设的工程项目，先以低价获得首期工程，而后赢得机会创造第二期工程中的竞争优势，并在以后的工程实施中获得盈利。

③ 较长时期内，投标单位没有在建工程项目，如果再不中标，就难以维持生存。因此，虽然本工程无利可图，但只要能有一定的管理费维持公司的日常运转，就可设法渡过暂时困难，以图将来东山再起。

4）突然降价法

突然降价法是指先按一般情况报价或表现出自己对该工程兴趣不大，等快到投标截止时，再突然降价。采用突然降价法，可以迷惑对手，提高中标概率。但对投标单位的分析判断和决策能力要求很高，要求投标单位能全面掌握和分析信息，作出正确判断。

5）其他报价技巧

① 计日工单价的报价。如果是单纯报计日工单价，且不计入总报价中，则可报高些，以便在建设单位额外用工或使用施工机械时多盈利。但如果计日工单价要计入总报价时，则需具体分析是否报高价，以免抬高总报价。总之，要分析建设单位在开工后可能使用计日工数量，再来确定报价策略。

② 暂定金额的报价。暂定金额的报价有以下三种情形：

A. 招标单位规定了暂定金额的分项内容和暂定总价款，并规定所有投标单位都必须在总报价中加入这笔固定金额，但由于分项工程量不很准确，允许将来按投标单位所报单价和实际完成的工程量付款。这种情况下，由于暂定总价款是固定的，对各投标单位的总报价水平竞争力没有任何影响，因此，投标时应适当提高暂定金额的单价。

B. 招标单位列出了暂定金额的项目和数量，但并没有限制这些工程量的估算总价，要求投标单位既列出单价，也应按暂定项目的数量计算总价，当将来结算付款时可按实际完成的工程量和所报单价支付。这种情况下，投标单位必须慎重考虑。如果单价定得高，与其他工程量计价一样，将会增大总报价，影响投标报价的竞争力；如果单价定得低，将来这类工程量增大，会影响收益。一般来说，这类工程量可以采用正常价格。如果投标单位估计今后实际工程量肯定会增大，则可适当提高单价，以在将来增加额外收益。

C. 只有暂定金额的一笔固定总金额，将来这笔金额做什么用，由招标单位确定。这种情况对投标竞争没有实际意义，按招标文件要求将规定的暂定金额列入总报价即可。

③ 可供选择项目的报价。有些工程项目的分项工程，招标单位可能要求按某一方案报价，而后再提供几种可供选择方案的比较报价。投标时，应对不同规格情况下的价格进行调查，对于将来有可能被选择使用的规格应适当提高其报价；对于技术难度大或其他原因导致的难以实现的规格，可将价格有意抬高得更多一些，以阻挠招标单位选用。但是，所谓"可供选择项目"，是招标单位进行选择，并非由投标单位任意选择。因此，虽然适当提高可供选择项目的报价，并不意味着肯定可以取得较好的利润，只是提供了一种可能性，一旦招标单位今后选用，投标单位才可得到额外利益。

④ 增加建议方案。招标文件中有时规定，可提一个建议方案，即可以修改原设计方案，提出投标单位的方案。这时，投标单位应抓住机会，组织一批有经验的设计和施工工程师，仔细研究招标文件中的设计和施工方案，提出更为合理的方案以吸引建设单位，促成自己的方案中标。这种新建议方案可以降低总造价或缩短工期，或使工程实施方案更为合理。但要注意，对原招标方案一定也要报价。建议方案不要写得太具体，要保留方案的技术关键，防止招标单位将此方案交给其他投标单位。同时需要注意的是，建议方案一定要比较成熟，具有较强的可操作性。

⑤ 采用分包商的报价。总承包商通常应在投标前先取得分包商的报价，并增加总承包商摊入的管理费，将其作为自己投标总价的一个组成部分一并列入报价单中。应当注意，分包商在投标前可能同意接受总承包商压低其报价的要求，但等总承包商中标后，他们常以种种理由要求提高分包价格，这将使总承包商处于十分被动的地位。为此，总承包商应在投标前找几家分包商分别报价，然后选择其中信誉较好、实力较强和报价合理的分包商签订协议，同意该分包商作为分包工程的唯一合作者，并将分包商的姓名列入投标文件中，但要求该分包商相应地提交投标保函。如果该分包商认为总承包商确实有可能中标，也许愿意接受这一条件。这种将分包商的利益与投标单位捆在一起的做法，不但可以防止分包商事后反悔和涨价，还可能迫使分包商报出较合理的价格，以便共同争取中标。

⑥ 许诺优惠条件。投标报价中附带优惠条件是一种行之有效的手段。招标单位在评标时，除了主要考虑报价和技术方案外，还要分析其他条件，如工期、支付条件等。因此，在投标时主动提出提前竣工、低息贷款、赠给施工设备、免费转让新技术或某种技术专利、免费技术协作、代为培训人员等，均是吸引招标单位、利于后续中标的辅助手段。

素养提升

（1）通过不平衡报价法的应用，培养同学们成本效益意识，降本增效。
（2）通过工程量复核，培养同学们认真细致、精益求精的工作作风。
（3）在投标报价策略的选择中，培养同学们的全局意识。
（4）整理与清理作业环境，使同学们养成热爱劳动的意识。

任务 3.2　工作任务单

01　学生任务分配表

班级		组号		指导教师	
组长		学号			
组员 （组员姓名、 学号）					
任务分工					

02 任务准备表

工作目标	施工投标报价中有哪些策略？简述策略并制作一个汇报 PPT

03 小组合作

组号		姓名		学号	
策略名称		是否妥当		理由	
自己在任务工作中的不足					

04　小组总结

组号		姓名		学号	
工作目标		小组推荐一位小组长，汇报计算方案，借鉴每组经验，进一步优化方案			
项目		是否妥当		理由	
本组工作的不足					

任务 3.2 案例详解：

任务 3.3　投标报价编制

案例导入

国有资金投资依法必须公开招标的某建设项目，采用工程量清单计价方式进行施工招标，最高投标限价为 3568 万元，其中暂列金额 280 万元。有 A、B、C、D 四个投标人出现了以下情况：

投标人 A：发现分部分项工程量清单中某分项工程特征描述和图纸不符，并按图纸特征进行了报价。

投标人 B：暂列金额按 260 万元计取。

投标人 C：对招标工程量清单中的材料暂估价均下调 5% 后计入综合单价。

投标人 D：报价中混凝土梁的综合单价为 70 元/m³，招标工程量清单中的工程量为 520m³，其投标清单合价为 36400 元。

请分析以上四个投标人报价文件编制是否妥当，并说明理由。

知识目标

（1）掌握投标报价的编制依据（重点）。
（2）掌握投标报价的编制方法和内容（重点）。

投标报价的
编制依据

能力目标

能根据招标文件要求编制投标报价（难点）。

投标报价编制
方法与内容

思政与素养目标

（1）培养规矩意识；
（2）培养认真细致、精益求精的工作作风；
（3）培养劳动意识。

投标文件编制

3.3.1　投标报价编制依据

《建设工程工程量清单计价规范》GB 50500—2013 规定，投标报价应根据下列依据编制：

（1）《建设工程工程量清单计价规范》GB 50500—2013 与各类专业工程量计算规范；

（2）国家或省级、行业建设主管部门颁发的计价办法；

（3）企业定额，国家或省级、行业建设主管部门颁发的计价定额；

（4）招标文件、工程量清单及其补充通知、答疑纪要；

（5）建设工程设计文件及相关资料；

（6）施工现场情况、工程特点及投标时拟定的施工组织设计或施工方案；

（7）与建设项目相关的标准、规范等技术资料；

（8）市场价格信息或工程造价管理机构发布的工程造价信息；

（9）其他相关资料。

3.3.2 投标报价编制方法和内容

投标报价的编制过程，应首先根据招标人提供的工程量清单编制分部分项工程和措施项目清单与计价表。其他项目清单与计价表，规费、税金项目计价表。编制完成后，汇总得到单位工程投标报价汇总表，再逐级汇总，分别得出单项工程投标报价汇总表和建设项目投标报价汇总表。

1. 分部分项工程和单价措施项目计价表的编制

（1）分部分项工程和单价措施项目清单与计价表的编制

承包人投标报价中的分部分项工程费和以单价计算的措施项目费应按招标文件中分部分项工程和单价措施项目清单与计价表的特征描述确定综合单价计算。因此确定综合单价是分部分项工程和单价措施项目清单与计价表编制过程中最主要的内容。综合单价包括完成一个规定清单项目所需的人工费、材料和工程设备费、施工机具使用费、企业管理费、利润，并考虑风险费用的分摊。

综合单价＝人工费＋材料和工程设备费＋施工机具使用费＋企业管理费＋利润

1）确定综合单价时的注意事项

① 以项目特征描述为依据。项目特征是确定综合单价的重要依据之一，投标人投标报价时应依据招标文件中清单项目的特征描述确定综合单价。在招标投标过程中，当出现招标工程量清单特征描述与设计图纸不符时，投标人应以招标工程量清单的项目特征描述为准，确定投标报价的综合单价。当施工中施工图纸或设计变更与招标工程量清单项目特征描述不一致时，发承包双方应按实际施工的项目特征，依据合同约定重新确定综合单价。

② 材料、工程设备暂估价的处理。招标文件中在其他项目清单中提供了暂估单价的材料和工程设备，其中的材料应按其暂估的单价计入清单项目的综合单价中。

③ 考虑合理的风险。招标文件中要求投标人承担的风险费用，投标人应考虑计入综合单价。在施工过程中，当出现的风险内容及其范围（幅度）在招标文件规定的范围（幅度）内时，综合单价不得变动，合同价款不作调整。根据国际惯例并结合我国工程建设的特点，发承包双方对工程施工阶段的风险宜采用如下分摊原则：

A. 对于主要由市场价格波动导致的价格风险，如工程造价中的建筑材料、燃料等价格风险，发承包双方应当在招标文件中或在合同中对此类风险的范围和幅度予以明确约定，进行合理分摊。根据工程特点和工期要求，一般采取的方式是承包人承担5％以内的材料、工程设备价格风险，10％以内的施工机具使用费风险。

B. 对于法律、法规、规章或有关政策出台导致工程税金、规费、人工费发生变化，并由省级、行业建设行政主管部门或其授权的工程造价管理机构根据上述变化发布的政策性调整，以及由政府定价或政府指导价管理的原材料等价格进行了调整，承包人不应承担此类风险，应按照有关调整规定执行。

C. 对于承包人根据自身技术水平、管理、经营状况能够自主控制的风险，如承包人的管理费、利润的风险，承包人应结合市场情况，根据企业自身的实际合理确定、自主报价，该部分风险由承包人全部承担。

2）综合单价确定的步骤和方法。当分部分项工程内容比较简单，由单一计价子项计价，且《建设工程工程量清单计价规范》GB 50500—2013与所使用计价定额中的工程量计算规则相同时，综合单价的确定只需用相应计价定额子目中的人、材、机费做基数计算管理费、利润，再考虑相应的风险费用即可。当工程量清单给出的分部分项工程与所用计价定额的单位不同或工程量计算规则不同，则需要按计价定额的计算规则重新计算工程量，并按照下列步骤来确定综合单价：

① 确定计算基础。计算基础主要包括消耗量指标和生产要素单价。应根据本企业的实际消耗量水平，并结合拟定的施工方案确定完成清单项目需要消耗的各种人工、材料、施工机具台班的数量。计算时应采用企业定额，在没有企业定额或企业定额缺项时，可参照与本企业实际水平相近的国家、地区、行业定额，并通过调整来确定清单项目的人、材、机单位用量。各种人工、材料、施工机具台班的单价，则应根据询价的结果和市场行情综合确定。

② 分析每一清单项目的工程内容。在招标工程量清单中，招标人已对项目特征进行了准确、详细的描述，投标人根据这一描述，再结合施工现场情况和拟定的施工方案确定完成各清单项目实际应发生的工程内容。必要时可参照《建设工程工程量清单计价规范》GB 50500—2013中提供的工程内容，有些特殊的工程也可能出现规范列表之外的工程内容。

③ 计算工程内容的工程数量与清单单位的含量。每一项工程内容都应根据所选定额工程量计算规则计算其工程数量，当定额的工程量计算规则与清单的工程量计算规则相一致时，可直接以工程量清单中的工程量作为工程内容的工程数量。

当采用清单单位含量计算人工费、材料费、施工机具使用费时，还需要计算每一计量单位的清单项目所分摊的工程内容的工程数量，即清单单位含量：

$$清单单位含量 = \frac{某工程内容的定额工程量}{清单工程量}$$

④ 分部分项工程人工、材料、施工机具使用费用的计算。以完成每一计量单位的清单项目所需的人工、材料、施工机具用量为基础计算，即：

$$每一计量单位清单项目某种资源的使用量 = 该种资源的定额单位用量$$
$$\times 相应定额条目的清单单位含量$$

再根据预先确定的各种生产要素的单位价格可计算出每一计量单位清单项目的分部分项工程的人工费、材料费与施工机具使用费。

$$人工费 = 完成单位清单项目所需人工的工日数量 \times 人工工日单价$$
$$材料费 = \Sigma(完成单位清单项目所需各种材料、半成品的数量$$
$$\times 各种材料、半成品单价) + 工程设备费$$
$$施工机具使用费 = \Sigma(完成单位清单项目所需各种机械的台班数量$$
$$\times 各种机械的台班单价) + \Sigma(完成单位清单项目所需$$
$$各种仪器仪表的台班数量 \times 各种仪器仪表的台班单价)$$

当招标人提供的其他项目清单中列示了材料暂估价时，应根据招标人提供的价格计算材料费，并在分部分项工程项目清单与计价表中表现出来。

⑤ 计算综合单价。企业管理费和利润的计算可按照规定的取费基数以及一定的费率取费计算，若以人工费与施工机具使用费之和为取费基数，则：

$$企业管理费＝(人工费＋施工机具使用费)×企业管理费费率$$

$$利润＝(人工费＋施工机具使用费)×利润率$$

将上述五项费用汇总，并考虑合理的风险费用后，即可得到清单综合单价。根据计算出的综合单价，可编制分部分项工程和单价措施项目清单与计价表。

3) 工程量清单综合单价分析表的编制。为表明综合单价的合理性，投标人应对其进行单价分析，以作为评标时的判断依据。综合单价分析表的编制应反映上述综合单价的编制过程，并按照规定的格式进行。

(2) 总价措施项目清单与计价表的编制

对于不能精确计量的措施项目，应编制总价措施项目清单与计价表。投标人对措施项目中的总价项目投标报价应遵循以下原则：

1) 措施项目的内容应依据招标人提供的措施项目清单和投标人投标时拟定的施工组织设计或施工方案确定。

2) 措施项目费由投标人自主确定，但其中安全文明施工费必须按照国家或省级、行业建设主管部门的规定计价，不得作为竞争性费用。招标人不得要求投标人对该项费用进行优惠，投标人也不得利用该项费用参与市场竞争。

2. 其他项目清单与计价表的编制

投标人对其他项目费投标报价时应遵循以下原则：

(1) 暂列金额应按照招标人提供的其他项目清单中列出的金额填写，不得变动。

(2) 暂估价不得变动和更改，暂估价中的材料、工程设备暂估价必须按照招标人提供的暂估单价计入清单项目的综合单价；专业工程暂估价必须按照招标人提供的其他项目清单中列出的金额填写。材料、设备暂估单价和专业工程暂估价均由招标人提供，为暂估价格。在工程实施过程中，对于不同类型的材料与专业工程采用不同的计价方法。

(3) 计日工应按照招标人提供的其他项目清单列出的项目和估算的数量，自主确定各项综合单价并计算费用。

(4) 总承包服务费应根据招标人在招标文件中列出的分包专业工程内容和供应材料、设备情况，按照招标人提出的协调、配合与服务要求和施工现场管理需要自主确定。

3. 规费、税金项目计价表的编制

规费和税金应按国家或省级、行业建设主管部门的规定计算，不得作为竞争性费用。这是由于规费和税金的计取标准是依据有关法律、法规和政策规定制定的，具有强制性。因此，投标人在投标报价时必须按照国家或省级、行业建设主管部门的有关规定计算规费和税金。

4. 投标报价的汇总

投标人的投标总价应当与组成工程量清单的分部分项工程费、措施项目费、其他项目费和规费、税金的合计金额相一致，即投标人在进行工程量清单招标的投标报价时，不能进行投标总价优惠（或降价、让利），投标人对投标总价的任何优惠（或降价、让利）均应反映在相应清单项目的综合单价中。

 课证融通小测

1. 投标人在进行建设工程投标报价时，下列事项中应重点关注的是（　　）。

A. 施工现场市政设施条件　　　　　　B. 商业经理的业务能力

C. 投标人的组织架构　　　　　　　　D. 暂列金额的准确性

2. 施工投标报价工作包括：①工程现场调查；②组建投标报价班子；③确定基础标价；④制定项目管理规划；⑤复核清单工程量。下列工作排序正确的是（　　）。

A. ①④②③⑤　　　　　　　　　　　B. ②③④①⑤

C. ①②③④⑤　　　　　　　　　　　D. ②①⑤④③

3. 关于建设工程投标报价的编制，下列说法正确的是（　　）。

A. 可不考虑拟订合同中的工程变更条款

B. 应仔细研究招标文件中给定的工程技术标准

C. 可不考虑施工现场用地情况

D. 不必关注工程所在地气象资料

 素养提升

（1）通过严格根据招标文件要求编制投标报价，培养同学们的规矩意识。

（2）通过工程量复核，培养同学们认真细致、精益求精的工作作风。

（3）整理与清理作业环境，使同学们养成热爱劳动的意识。

任务 3.3 工作任务单

01 学生任务分配表

班级		组号		指导教师	
组长		学号			
组员 （组员姓名、 学号）					
任务分工					

02 任务准备表

工作目标	投标报价的编制依据有哪些？简述依据并制作一个汇报PPT

03 小组合作

组号		姓名		学号	
投标人	是否妥当		理由		
A					
B					
C					
D					
自己在任务工作中的不足					

04　小组总结

组号		姓名		学号	
工作目标		小组推荐一位小组长，汇报计算方案，借鉴每组经验，进一步优化方案			
项目	是否妥当	理由			
本组工作的不足					

任务 3.3 案例详解：

任务 3.4　中 标 人 的 确 定

 案例导入

某市重点工程项目计划投资 4000 万元，采用工程量清单方式公开招标。经资格预审后，确定 A、B、C 共 3 家合格投标人。各投标人均按时递交了投标文件，所有投标文件均有效。

评标办法规定，商务标权重 60 分（包括总报价 20 分、分部分项工程综合单价 10 分、其他内容 30 分），技术标权重 40 分。

（1）总报价的评标方法是：评标基准价等于各有效投标总报价的算术平均值下浮2%。当投标人的投标总价等于评标基准价时得满分，投标总价每高于评标基准价 1% 时扣 2 分；每低于评标基准价 1% 时扣 1 分。

（2）分部分项工程综合单价的评标方法是：在清单报价中按合价大小抽取 5 项（每项权重 2 分），分别计算投标人综合单价报价平均值，投标人所报综合单价在平均值的 95% ～102% 范围内得满分，超出该范围的，每超出 1 个百分点扣 0.2 分。

各投标人总报价和抽取的异形梁 C30 混凝土综合单价见表 3-4-1。

投标数据表　　　　　　　　　　　　　表 3-4-1

投标人	A	B	C
总报价（万元）	3179.00	2998.00	3213.00
异形梁 C30 混凝土综合单价（元/m³）	456.20	451.50	485.80

除总报价之外的其他商务标和技术标指标评标得分见表 3-4-2。

投标人部分指标得分表　　　　　　　　表 3-4-2

投标人	A	B	C
商务标（除总报价之外）得分	32	29	28
技术标得分	30	35	37

评标工作于 11 月 1 日结束并于当天确定中标人。11 月 2 日招标人向当地主管部门提交了评标报告；11 月 10 日招标人向中标人发出中标通知书；12 月 1 日双方签订了施工合同；12 月 3 日招标人将未中标结果通知给另两家投标人，并于 12 月 9 日将投标保证金退还给未中标人。

问题：

（1）计算各投标人的总得分，根据总得分的高低确定第一中标候选人。

（2）请指出评标结束后招标人的工作有哪些不妥之处并说明理由。

 知识目标

（1）掌握评标的程序和方法（重点）。

（2）掌握中标人确定的程序。

能根据招标文件要求科学合理地确定中标人（重点、难点）。

施工评标

（1）培养规矩意识。

（2）培养认真细致、精益求精的工作作风。

（3）培养劳动意识。

3.4.1 评标程序及评审标准

1. 评标的准备与初步评审

评标活动应遵循公平、公正、科学、择优的原则，招标人应当采取必要的措施，保证评标在严格保密的情况下进行。评标是招标投标活动中一个十分重要的环节，如果对评标过程不进行保密，则影响公正评标的不正当行为有可能发生。评标委员会成员名单一般应于开标前确定，而且该名单在中标结果确定前应当保密。评标委员会在评标过程中是独立的，任何单位和个人都不得非法干预、影响评标过程和结果。

（1）清标

根据《建设工程造价咨询规范》GB/T 51095—2015 规定，清标是指招标人或工程造价咨询人在开标后且在评标前，对投标人的投标报价是否响应招标文件、违反国家有关规定，以及报价的合理性、算术性错误等进行审查并出具意见的活动。清标工作主要包含下列内容：

1）对招标文件的实质性响应。

2）错漏项分析。

3）分部分项工程清单项目综合单价的合理性分析。

4）项目清单的完整性和合理性分析，以及其中不可竞争性费用的正确性分析。

5）其他项目清单完整性和合理性分析。

6）不平衡报价分析。

7）暂列金额、暂估价正确性复核。

8）总价与合价的算术性复核及修正建议。

9）其他应分析和澄清的问题。

（2）初步评审内容及标准

根据《评标委员会和评标方法暂行规定》（原七部委令第 12 号公布，七部委令第 23 号修订）和《标准施工招标文件（2007 年版）》的规定，我国目前评标中主要采用的方法包括经评审的最低投标价法和综合评估法，两种评标方法在初步评审阶段，其内容和标准上是一致的。

1）初步评审标准。初步评审的标准包括以下四方面：

① 形式评审标准。包括投标人名称与营业执照、资质证书、安全生产许可证一致；投标函上有法定代表人或其委托代理人签字并加盖单位章；投标文件格式符合要求；联合

体投标人（如有）已提交联合体协议书，并明确联合体牵头人；报价唯一，即只能有一个有效报价等。

② 资格评审标准。如果是未进行资格预审的，应具备有效的营业执照，具备有效的安全生产许可证，并且资质等级、财务状况、类似项目业绩、信誉、项目经理、其他要求、联合体投标人等均应符合规定。如果是已进行资格预审的，仍按资格审查办法中详细审查标准进行。

③ 响应性评审标准。主要的评审内容包括投标报价校核，审查全部报价数据计算的正确性，分析报价构成的合理性，并与最高投标限价进行对比分析，还有工期、工程质量、投标有效期、投标保证金、权利义务、已标价工程量清单、技术标准和要求、分包计划等，均应符合招标文件的有关要求。即投标文件应实质上响应招标文件的所有条款、条件，无显著的差异或保留。所谓显著的差异或保留包括以下情况：对工程的范围、质量及使用性能产生实质性影响；偏离了招标文件的要求，而对合同中规定的招标人的权利或者投标人的义务造成实质性的限制；纠正这种差异或者保留将会对提交了实质性响应要求的投标书的其他投标人的竞争地位产生不公正影响。

④ 施工组织设计和项目管理机构评审标准。主要包括施工方案与技术措施、质量管理体系与措施、安全管理体系与措施、环境保护管理体系与措施、工程进度计划与措施资源配备计划、技术负责人、其他主要人员、施工设备、试验、检测仪器设备等应符合有关标准。

2）投标文件的澄清和说明。评标委员会可以书面方式要求投标人对投标文件中含义不明确的内容做必要的澄清、说明或补正，但是澄清、说明或补正不得超出投标文件的范围或者改变投标文件的实质性内容。对投标文件的相关内容作出澄清、说明或补正，其目的是有利于评标委员会对投标文件的审查、评审和比较。澄清、说明或补正包括投标文件中含义不明确、对同类问题表述不一致或者有明显文字和计算错误的内容。但评标委员会不得向投标人提出带有暗示性或诱导性的问题，或向其明确投标文件中的遗漏和错误。同时，评标委员会不接受投标人主动提出的澄清、说明或补正。

投标文件不响应招标文件的实质性要求和条件的，招标人应当否决，并不允许投标人通过修正或撤销其不符合要求的差异或保留，使之成为具有响应性的投标。

评标委员会对投标人提交的澄清、说明或补正有疑问的，可以要求投标人进一步澄清、说明或补正，直至满足评标委员会的要求。

3）报价有算术错误的修正。投标报价有算术错误的，评标委员会按以下原则对投标报价进行修正，修正的价格经投标人书面确认后具有约束力。投标人不接受修正价格的，其投标将被否决。

① 投标文件中的大写金额与小写金额不一致的，以大写金额为准。

② 总价金额与依据单价计算出的结果不一致的，以单价金额为准修正总价，但单价金额小数点有明显错误的除外。

此外，如对不同文字文本投标文件的解释发生异议的，以中文文本为准。

4）经初步评审后否决投标的情况。评标委员会应当审查每一份投标文件是否对招标文件提出的所有实质性要求和条件做出响应。未能在实质上响应的投标，评标委员会应当否决其投标。具体情形包括：

① 投标文件未经投标单位盖章和单位负责人签字；

② 投标联合体没有提交共同投标协议；

③ 投标人不符合国家或者招标文件规定的资格条件；

④ 同一投标人提交两个以上不同的投标文件或者投标报价，但招标文件允许提交备选投标的除外；

⑤ 投标报价低于成本或者高于招标文件设定的最高投标限价，对报价是否低于工程成本的异议，评标委员会可以参照国务院有关主管部门和省、自治区、直辖市有关主管部门发布的有关规定进行评审；

⑥ 投标文件没有对招标文件的实质性要求和条件做出响应；

⑦ 投标人有串通投标、弄虚作假、行贿等违法行为。

2. 详细评审标准与方法

经初步评审合格的投标文件，评标委员会应当根据招标文件确定的评标标准和方法，对其技术部分和商务部分做进一步评审、比较。详细评审的方法包括经评审的最低投标价法和综合评估法两种。

（1）经评审的最低投标价法

经评审的最低投标价法是指评标委员会对满足招标文件实质要求的投标文件，根据详细评审标准规定的量化因素及量化标准进行价格折算，按照经评审的投标价由低到高的顺序推荐中标候选人，或根据招标人授权直接确定中标人，但投标报价低于其成本的除外。经评审的投标价相等时，投标报价低的优先；投标报价也相等的，优先条件由招标人事先在招标文件中确定。

1）经评审的最低投标价法的适用范围。按照《评标委员会和评标方法暂行规定》的规定，经评审的最低投标价法一般适用于具有通用技术、性能标准或者招标人对其技术、性能没有特殊要求的招标项目。

2）详细评审标准及规定。采用经评审的最低投标价法的，评标委员会应当根据招标文件中规定的量化因素和标准进行价格折算，对所有投标人的投标报价以及投标文件的商务部分做必要的价格调整。根据《标准施工招标文件（2007年版）》的规定，主要的量化因素包括单价遗漏和付款条件等，招标人可以根据项目具体特点和实际需要，进一步删减、补充或细化量化因素和标准。另外，如世界银行贷款项目采用此种评标方法时，通常考虑的量化因素和标准包括：一定条件下的优惠（借款国国内投标人有 7.5% 的评标优惠）；工期提前的效益对报价的修正；同时投多个标段的评标修正等。所有的这些修正因素都应当在招标文件中有明确的规定。对同时投多个标段的评标修正，一般的做法是，如果投标人的某一个标段已被确定为中标，则在其他标段的评标中按照招标文件规定的百分比（通常为 4%）乘以报价额后，在评标价中扣减此值。

根据经评审的最低投标价法完成详细评审后，评标委员会应当拟定一份《价格比较一览表》，连同书面评标报告提交招标人。《价格比较一览表》应当载明投标人的投标报价、对商务偏差的价格调整和说明以及已评审的最终投标价。

【例 3-4-1】某高速公路项目招标采用经评审的最低投标价法评标，招标文件规定对同时投多个标段的评标修正率为 4%。现有投标人甲同时投标 1 号、2 号标段，其报价依次为 6300 万元、5000 万元，若甲在 1 号标段已被确定为中标，则其在 2 号标段的评标价应为多少万元?

解: 投标人甲在 1 号标段中标后,其在 2 号标段的评标可享受 4% 的评标优惠,具体做法应是将其 2 号标段的投标报价乘以 4%,在评标价中扣减该值。因此投标人甲 2 号标段的评标价=5000×(1-4%)=4800 万元

(2) 综合评估法

不宜采用经评审的最低投标价法的招标项目,一般应当采取综合评估法进行评审。综合评估法是指评标委员会对满足招标文件实质性要求的投标文件,按照规定的评分标准进行打分,并按得分由高到低顺序推荐中标候选人,或根据招标人授权直接确定中标人,但投标报价低于其成本的除外。综合评分相等时,以投标报价低的优先;投标报价也相等的,优先条件由招标人事先在招标文件中确定。

1) 详细评审中的分值构成与评分标准。综合评估法下评标分值构成分为四个方面,即施工组织设计、项目管理机构、投标报价和其他评分因素。总计分值为 100 分。各方面所占比例和具体分值由招标人自行确定,并在招标文件中明确载明。

2) 投标报价偏差率的计算。在评标过程中,可以对各个投标文件按下式计算投标报价偏差率:

$$偏差率 = \frac{投标人报价 - 评标基准价}{评标基准价} \times 100\%$$

评标基准价的计算方法应在投标人须知前附表中予以明确。招标人可依据招标项目的特点、行业管理规定给出评标基准价的计算方法,确定时也可适当考虑投标人的投标报价。

3) 详细评审过程。评标委员会按分值构成与评分标准规定的量化因素和分值进行打分,并计算出各标书综合评估得分。

① 按规定的评审因素和标准对施工组织设计计算出得分 A;

② 按规定的评审因素和标准对项目管理机构计算出得分 B;

③ 按规定的评审因素和标准对投标报价计算出得分 C;

④ 按规定的评审因素和标准对其他评分因素计算出得分 D。

评分分值计算保留小数点后两位,小数点后第三位"四舍五入"。投标人得分计算公式是:投标人得分=A+B+C+D。由评委对各投标人的标书进行评分后加以比较,最后以总得分最高的投标人为中标候选人。

根据综合评估法完成评标后,评标委员会应当拟定一份《综合评估比较表》,连同书面评标报告提交招标人。《综合评估比较表》应当载明投标人的投标报价、所做的任何修正、对商务偏差的调整、对技术偏差的调整、对各评审因素的评估以及对每一投标的最终评审结果。

3.4.2　评标报告的内容及提交

评标委员会完成评标后,应当向招标人提交书面评标报告,并抄送有关行政监督部门。评标报告应当如实记载以下内容:

(1) 基本情况和数据表;

(2) 评标委员会成员名单;

(3) 开标记录;

(4) 符合要求的投标一览表;

（5）否决投标情况说明；

（6）评标标准、评标方法或者评标因素一览表；

（7）经评审的价格或者评分比较一览表；

（8）经评审的投标人排序；

（9）推荐的中标候选人名单与签订合同前要处理的事宜；

（10）澄清、说明、补正事项纪要。

评标报告由评标委员会全体成员签字。对评标结果有不同意见的评标委员会成员应当以书面方式阐述其不同意见和理由，评标报告应当注明该不同意见。评标委员会成员拒绝在评标报告上签字且不陈述其不同意见和理由的，视为同意评标结论。评标委员会应当对此做出书面说明并记录在案。

1. 建设工程评标过程中遇以下情形（　　），评标委员会可直接否决投标文件。

A. 投标文件中的大、小写金额不一致

B. 未按施工组织设计方案进行报价

C. 投标联合体没有提交共同投标协议

D. 投标报价中采用了不平衡报价

2. 某世界银行贷款项目采用经评审的最低投标价法评标，招标文件规定同时对多个标段的评标修正率为 4%。现投标人甲同时投Ⅰ、Ⅱ标段，其报价分别为 7000 万元、6000 万元。在投标人甲已中标Ⅰ标段的情况下，其Ⅱ标段的评标价应为（　　）万元。

A. 5720　　　　　　　　　　　　　　B. 5760

C. 6240　　　　　　　　　　　　　　D. 6280

3. 某招标工程采用综合评估法评标，报价越低的报价得分越高。评分因素、权重及各投标人得分情况见下表。则推荐的第一中标候选人应为（　　）。

评分因素	权重（%）	投标人得分		
		甲	乙	丙
施工组织设计	30	90	100	80
项目管理机构	20	80	90	100
投标报价	50	100	90	80

A. 甲　　　　　　　　　　　　　　　B. 乙

C. 丙　　　　　　　　　　　　　　　D. 甲或乙

3.4.3　公示中标候选人

为维护公开、公平、公正的市场环境，鼓励各招标投标当事人积极参与监督，按照《中华人民共和国招标投标法实施条例》的规定，依法必须进行招标的项目，招标人需对中标候选人进行公示。对中标候选人的公示需明确以下几个方面：

（1）公示范围。公示的项目范围是依法必须进行招标的项目，其他招标项目是否公示中标候选人由招标人自主决定。

（2）公示媒体：招标人在确定中标人之前，应当将中标候选人在交易场所和指定媒体上公示。

（3）公示时间（公示期）：招标人应当自收到评标报告之日起3日内公示中标候选人，公示期不得少于3日。

（4）公示内容：招标人需对中标候选人全部名单及排名进行公示，而不是只公示排名第一的中标候选人。同时，对有业绩信誉条件的项目，在投标报名或开标时提供的作为资格条件或业绩信誉情况，应一并进行公示，但不含投标人的各评分要素的得分情况。依法必须招标项目的中标候选人公示应当载明以下内容：中标候选人排序、名称、投标报价、质量、工期（交货期）以及评标情况；中标候选人按照招标文件要求承诺的项目负责人姓名及其相关证书名称和编号；中标候选人响应招标文件要求的资格能力条件；提出异议的渠道和方式；招标文件规定公示的其他内容。

（5）异议处置：投标人或者其他利害关系人对依法必须进行招标的项目的评标结果有异议的，应当在中标候选人公示期间提出。招标人应当自收到异议之日起3日内做出答复；做出答复前，应当暂停招标投标活动。经核查后发现在招投标过程中确有违反相关法律法规且影响评标结果公正性的，招标人应当重新组织评标或招标。招标人拒绝自行纠正或无法自行纠正的，则根据《中华人民共和国招标投标法实施条例》第六十条的规定向行政监督部门提出投诉。对故意虚构事实，扰乱招标投标市场秩序的，则按照有关规定进行处理。

3.4.4　确定中标人

除招标文件中特别规定了授权评标委员会直接确定中标人外，招标人应依据评标委员会推荐的中标候选人确定中标人，评标委员会提交中标候选人的人数应符合招标文件的要求，一般不超过3人，并标明排列顺序。中标人的投标应当符合下列条件之一：

（1）能够最大限度满足招标文件中规定的各项综合评价标准。

（2）能够满足招标文件的实质性要求，并且经评审的投标价格最低，但是投标价格低于成本的除外。

对国有资金控股或者占主导地位的项目，招标人应当确定排名第一的中标候选人为中标人。排名第一的中标候选人放弃中标，因不可抗力提出不能履行合同，或者招标文件规定应当提交履约保证金而在规定的期限内未能提交，或者被查实存在影响中标结果的违法行为等情形，不符合中标条件的，招标人可以按照评标委员会提出的中标候选人名单排序依次确定其他中标候选人为中标人。依次确定其他中标候选人与招标人预期差距较大，或者对招标人明显不利的，招标人可以重新招标。

招标人可以授权评标委员会直接确定中标人。

招标人不得向中标人提出压低报价、增加工作量、缩短工期或其他违背中标人意愿的要求，即不得以此作为发出中标通知书和签订合同的条件。

3.4.5　中标通知及签约准备

（1）发出中标通知书

中标人确定后，招标人应当向中标人发出中标通知书，并同时将中标结果通知所有未中标的投标人。中标通知书对招标人和中标人具有法律效力。中标通知书发出后，招标人改变中标结果，或者中标人放弃中标项目的，应当依法承担法律责任。招标人自行招标的，应当自确定中标人之日起 15 日内，向有关行政监督部门提交招标投标情况的书面报告。书面报告中至少应包括下列内容：

    1）招标方式和发布资格预审公告、招标公告的媒介；

    2）招标文件中投标人须知、技术规格、评标标准和方法、合同主要条款等内容；

    3）评标委员会的组成和评标报告；

    4）中标结果。

（2）履约担保

在签订合同前，招标文件要求中标人提交履约保证金的，中标人应当提交。履约保证金属于中标人向招标人提供用以保障其履行合同义务的担保。中标人以及联合体的中标人应按招标文件规定的金额、担保形式和提交时间，向招标人提交履约担保。履约担保有现金、支票、汇票、履约担保书和银行保函等形式，可以选择其中一种作为招标项目的履约保证金，履约保证金金额最高不得超过中标合同金额的 10%。中标人不能按要求提交履约保证金的，视为放弃中标，其投标保证金不予退还，给招标人造成的损失超过投标保证金数额的，中标人还应当对超过部分予以赔偿。履约保证金的有效期自合同生效之日起至合同约定的中标人主要义务履行完毕止。

招标人要求中标人提供履约保证金或其他形式履约担保的，招标人应当同时向中标人提供工程款支付担保。中标后的承包人应保证其履约保证金在发包人颁发工程接收证书前一直有效。发包人应在工程接收证书颁发后 28 天内将履约保证金退还给承包人。

课证融通小测

根据《中华人民共和国招标投标法实施条例》，关于依法必须招标项目中标候选人的公示，下列说法中正确的有（   ）。

    A. 应公示中标候选人

    B. 公示对象是全部中标候选人

    C. 公示期不得少于 3 日

    D. 公示在开标后的第二天发布

    E. 对有业绩信誉条件的项目，其业绩信誉情况应一并进行公示

素养提升

（1）通过评标方法的应用，培养同学们的规矩意识；

（2）通过评标综合得分的计算，培养同学们认真细致、精益求精的工作作风。

（3）整理与清理作业环境，使同学们养成热爱劳动的意识。

任务 3.4　工作任务单

01　学生任务分配表

班级		组号		指导教师	
组长		学号			
组员 （组员姓名、 学号）					
任务分工					

02 任务准备表

工作目标	根据任务背景，计算总报价平均值，并确定基准价		
投标人	投标人报价	总报价平均值	基准价
A			
B			
C			
工作目标	根据任务背景，计算异形梁 C30 混凝土综合单价报价平均值		
投标人	异形梁 C30 混凝土综合单价		异形梁 C30 混凝土综合单价报价平均值
A			
B			
C			

03 小组合作

组号		姓名		学号	
工作目标		小组交流讨论，教师参与，形成正确的计算方案			
评标项目		投标人			
		A	B		C
总报价评分	总报价（万元）				
	总报价评分基准价百分比（%）				
	扣分				
	得分				
C30 混凝土综合单价评分	综合单价（元/m³）				
	综合单价占平均值（%）				
	扣分				
	得分				
总得分					
自己在任务工作中的不足					

04　小组总结

组号			姓名		学号	
工作目标			小组推荐一位小组长，汇报计算方案，借鉴每组经验，进一步优化方案			

评标项目		投标人		
		A	B	C
总报价评分	总报价（万元）			
	总报价评分基准价百分比（％）			
	扣分			
	得分			
C30 混凝土综合单价评分	综合单价（元/m³）			
	综合单价占平均值（％）			
	扣分			
	得分			
总得分				

本组工作的不足	

任务 3.4 案例详解：

任务 3.5　合同价款的约定

 案例导入

某建设单位（甲方）拟建造一栋建筑面积 3600m² 的职工住宅，采用工程量清单招标方式由某施工单位（乙方）承建。甲乙双方签订的施工合同摘要如下：

"一、协议书中的部分条款

1. 合同工期

计划开工日期：2018 年 10 月 16 日；计划竣工日期：2019 年 9 月 30 日；

工期总日历天数：333 天（扣除春节放假 16 天）。

2. 质量标准

工程质量符合甲方规定的质量标准。

3. 签约合同价与合同价格形式

签约合同价：人民币（大写）陆佰捌拾玖万元（￥6890000.00 元），

其中：①安全文明施工费为签约合同价 5％；②暂列金额为签约合同价 5％。

合同价格形式：总价合同。

4. 项目经理

承包人项目经理：在开工前由承包人采用内部竞聘方式确定。

5. 合同文件构成

本协议书与下列文件一起构成合同文件：

①中标通知书；②投标函及投标函附录；③专用合同条款及其附件；④通用合同条款；⑤技术标准和要求；⑥图纸；⑦已标价工程量清单；⑧其他合同文件。

上述文件互相补充和解释，如有不明确或不一致之处，以上述顺序作为优先解释顺序（合同履行过程中另行约定的除外）。

二、专用条款中有关合同价款的条款

1. 合同价款及其调整

本合同价款除如下约定外，不得调整。

（1）当工程量清单项目工程量的变化幅度在 15％以上时，合同价款可作调整。

（2）当材料价格上涨超过 5％时，调整相应分项工程价款。

2. 合同价款的支付

（1）工程预付款：于开工之日支付合同总价的 10％作为预付款。工程实施后，预付款从工程后期进度款中扣回。

（2）工程进度款：基础工程完成后，支付合同总价的 10％；主体结构三层完成后，支付合同总价的 20％；主体结构全部封顶后，支付合同总价的 20％；工程基本竣工时，支付合同总价的 30％。为确保工程如期竣工，乙方不得因甲方资金的暂时不到位而停工和拖延工期。

（3）竣工结算：工程竣工验收后，进行竣工结算。结算时按工程结算总额的 3％扣留工程质量保证金。在保修期（50 年）满后，质量保证金及其利息扣除已支出费用后的剩

余部分退还给乙方。

三、补充协议条款

在上述施工合同协议条款签订后，甲乙双方签订了补充施工合同协议条款。摘要如下：

补1. 木门窗均用水曲柳板包门窗套；

补2. 铝合金窗90系列改用42型系列某铝合金厂产品；

补3. 挑阳台均采用42型系列某铝合金厂铝合金窗封闭。"

问题：该合同签订的条款有哪些不妥之处？如有，应如何修改？

(1) 掌握签约合同价与中标价的关系（重点）。

(2) 掌握合同价款约定的内容。

签约合同价与
中标价的关系

能根据招标文件和中标人的投标文件内容确定合同价款约定的内容
（重点、难点）。

合同价款约定

(1) 培养规矩意识；

(2) 培养认真细致、精益求精的工作作风；

(3) 培养劳动意识。

合同价款是合同文件的核心要素，建设项目不论是招标发包还是直接发包，合同价款的具体数额均在"合同协议书"中载明。

(1) 签约合同价与中标价的关系

签约合同价是指合同双方签订合同时在协议书中列明的合同价格，对于以单价合同形式招标的项目，工程量清单中各种价格的总计即为合同价。合同价就是中标价，因为中标价是指评标时经过算术修正的、并在中标通知书中载明招标人接受的投标价格。法理上，经公示后招标人向投标人所发出的中标通知书（投标人向招标人回复确认中标通知书已收到），中标人的中标价就受到法律保护，招标人不得以任何理由反悔。这是因为合同价格属于招标投标活动中的核心内容，根据《中华人民共和国招标投标法》第四十六条有关"招标人和中标人应当自中标通知书发出之日起三十日内，按照招标文件和中标人的投标文件订立书面合同。招标人和中标人不得再行订立背离合同实质性内容的其他协议。"之规定，发包人应根据中标通知书确定的价格签订合同。

(2) 合同价款约定的规定和内容

1) 合同签订的时间及规定

招标人和中标人应当在投标有效期内并在自中标通知书发出之日起30日内，按照招标文件和中标人的投标文件订立书面合同。中标人无正当理由拒签合同的，招标人取消其中标资，其投标保证金不予退还；给招标人造成的损失超过投标保证金数额的，中标人还应当对超过部分予以赔偿。发出中标通知书后，招标人无正当理由拒签合同的，招标人向中标人退还投标保证金；给中标人造成损失的，还应当赔偿损失。招标人最迟应当在与中标人签订合同后5日内，向中标人和未中标的投标人退还投标保证金及银行同期存款息。

2）合同价款类型的选择

实行招标的工程合同价款应由发承包双方依据招标文件和中标人的投标文件在书面合同中约定。合同约定不得违背招、投标文件中关于工期、造价、质量等方面的实质性内容。招标文件与中标人投标文件不一致的地方，以投标文件为准。不实行招标的工程合同价款，在发承包双方认可的合同价款基础上，由发承包双方在合同中约定。

根据《建筑工程施工发包与承包计价管理办法》（住房和城乡建设部令第16号），实行工程量清单计价的建筑工程，鼓励发承包双方采用单价方式确定合同价款；建设规模较小，技术难度较低，工期较短的建设工程，发承包双方可以采用总价方式确定合同价款；紧急抢险、救灾以及施工技术特别复杂的建设工程，发承包双方可以采用成本加酬金方式确定合同价款。

3）合同价款约定的内容

发承包双方应在合同条款中对下列事项进行约定：

① 预付工程款的数额、支付时间及抵扣方式；

② 安全文明施工措施费的支付计划，使用要求等；

③ 工程计量与支付工程进度款的方式、数额及时间；

④ 工程价款的调整因素、方法、程序、支付及时间；

⑤ 施工索赔与现场签证的程序、金额确认与支付时间；

⑥ 承担计价风险的内容、范围以及超出约定内容、范围的调整方法；

⑦ 工程竣工结算价款的编制与核对、支付及时间；

⑧ 工程质量保证金的数额、预留方式及时间；

⑨ 违约责任以及发生合同价款争议的解决方法与时间；

⑩ 与履行合同、支付价款有关的其他事项等。

课证融通小测

1. 下列条件下的建设工程，其施工承包合同适合采用成本加酬金方式确定合同价款的有（　　）。

A. 建设规模小

B. 施工技术特别复杂

C. 工期较短

D. 紧急抢险项目

E. 施工图有待于进一步深化

2. 关于招标人与中标人合同的签订，下列说法正确的有（　　）。

A. 双方按照招标文件和投标文件订立书面合同

B. 双方在投标有效期内并在自中标通知书发出之日起30日内签订施工合同

C. 招标人要求中标人按中标价下浮 3‰后签订施工合同

D. 中标人无正当理由拒绝签订合同的，招标人可不退还其投标保证金

E. 招标人在与中标人签订合同后 5 日内，向所有投标人退还投标保证金

 素养提升

（1）通过确定签约合同价和中标价的关系，培养同学们的规矩意识；

（2）通过确定合同有关价款条款内容，培养同学们认真细致、精益求精的工作作风。

（3）整理与清理作业环境，使同学们养成热爱劳动的意识。

任务 3.5　工作任务单

01　学生任务分配表

班级		组号		指导教师	
组长		学号			
组员 （组员姓名、 学号）					
任务分工					

02 任务准备表

工作目标	请将施工合同价款条款的规定做一个汇报 PPT

03 小组合作

组号		姓名		学号	
工作目标		小组交流讨论，教师参与，形成正确的解决方案			
条款项目		是否妥当		原因	
协议书	1. 合同工期				
	2. 质量标准				
	3. 签约合同价与合同价格形式				
	4. 项目经理				
	5. 合同文件构成				
专用条款	1. 合同价款及其调整				
	2. 合同价款的支付	工程预付款			
		工程进度款			
		竣工结算			
	补充条款				
自己在任务工作中的不足					

04　小组总结

组号		姓名		学号	
工作目标		小组推荐一位小组长，汇报计算方案，借鉴每组经验，进一步优化方案			

条款项目			是否妥当	原因
协议书	1. 合同工期			
	2. 质量标准			
	3. 签约合同价与合同价格形式			
	4. 项目经理			
	5. 合同文件构成			
专用条款	1. 合同价款及其调整			
	2. 合同价款的支付	工程预付款		
		工程进度款		
		竣工结算		
补充条款				
本组工作的不足				

任务 3.5 案例详解：

模块 4　建设项目施工阶段工程造价确定与控制

任务 4.1　合同价款调整

案例导入

　　某省会城市生活垃圾深度综合处理（清洁焚烧）项目，属于公开招标项目，在施工过程中发生了系列价款调整事件。请根据《建设工程施工合同（示范文本）》GF—2017—0201、《标准施工招标文件（2007 版）》、《建设工程工程量清单计价规范》GB 50500—2013 对该项目进行合理的价款调整。试回答：

　　1. 投标截止日期为 2018 年 10 月 21 日，最后建设单位与 A 施工单位按照《建设工程施工合同（示范文本）》GF—2017—0201 签订了建设工程施工合同。在签订施工合同前（同年 10 月 1 日），该地区修订实施了工程消防验收办法，导致新增消防测试费用。问题：该项新增费用 A 施工单位可否向建设单位提出价款调增要求？请说明理由并提出解决方案。

　　2. 在施工过程中发生了以下事件：

　　(1) 招标文件中估计土方工程的工程量为 100 万 m^3，全费用综合单价为 5 元/m^3；根据合同约定，实际完成工程量超过估计量 15% 时，全费用综合单价调为 4 元/m^3；该工程实际完成工程量为 130 万 m^3，其应结算的工程款是多少？

　　(2) 由于某分部分项工程变更引起二次搬运费增加 200 万，环境保护费增加 100 万，报价浮动率为 5%，若承包人事先将拟实施的方案提交给发包人确认，则变更导致调整的二次搬运费和环境保护费分别是多少万元？

　　(3) 在施工过程中发生了计日工，请确认计日工签证申请应提交的内容有哪些？

　　3. 项目内部道路工程进行施工招标，投标截止日期为 2019 年 8 月 1 日。通过评标确定中标人后，签订的施工合同总价为 80000 万元，工程于 2019 年 9 月 20 日开工。施工合同中约定：①预付款为合同总价的 5%，分 10 次按相同比例从每月应支付的工程进度款中扣还。②工程进度款按月支付，进度款金额包括：当月完成的清单子目的合同价款；当月确认的变更、索赔金额；当月价格调整金额；扣除合同约定应当抵扣的预付款和扣留的质量保证金。③质量保证金从月进度付款中按 3% 扣留，最高扣至合同总价的 3%。④工程价款结算时人工单价、钢材、水泥、沥青、砂石料以及机具使用费采用价格指数法给承包商以调价补偿，各项权重系数及价格指数见表 4-1-1 所列。根据表 4-1-2 所列工程前 4 个月的完成情况，计算 11 月应当实际支付给承包人的工程款数额。

工程调价因子权重系数及造价指数　　　　　　　表 4-1-1

权重系数及造价指数	人工	钢材	水泥	沥青	砂石料	机具使用费	定值部分
权重系数	0.12	0.10	0.08	0.15	0.12	0.10	0.33
2019 年 7 月指数	91.7 元/日	78.95	106.97	99.92	114.57	115.18	—
2019 年 8 月指数	91.7 元/日	82.44	106.80	99.13	114.26	115.39	—
2019 年 9 月指数	91.7 元/日	86.53	108.11	99.09	114.03	115.41	—
2019 年 10 月指数	95.96 元/日	85.84	106.88	99.38	113.01	114.94	—
2019 年 11 月指数	95.96 元/日	86.75	107.27	99.66	116.08	114.91	—
2019 年 12 月指数	101.47 元/日	87.80	128.37	99.85	126.26	116.41	—

2019 年 9 月—12 月工程完成情况（单位：万元）　　　　表 4-1-2

支付项目	金额			
	9 月	10 月	11 月	12 月
截至当月完成的清单子目价款	1200	3510	6950	9840
当月确认的变更金额（调价前）	0	60	−110	100
当月确认的索赔金额（调价前）	0	10	30	50

4. 项目办公楼工程施工合同中约定，承包人承担的钢筋价格风险幅度为±5%，超出部分依据《建设工程工程量清单计价规范》GB 50500—2013 造价信息法调差。已知投标人投标价格、基准期发布价格分别为 5000 元/t、4500 元/t，2018 年 12 月、2019 年 7 月的造价信息发布价分别为 4200 元/t、5400 元/t。则该两月钢筋的实际结算价格应分别为多少？

5. 施工合同中约定，施工中如因业主原因造成窝工，则人工窝工费和机械的停工费按工日费和台班费的 60%结算支付。在计划执行中，出现了下列情况（同一工作由不同原因引起的停工时间，都不在同一时间）。

① 业主不能及时供应材料使工作 A 延误 3 天，B 延误 2 天，C 延误 3 天。

② 因机械发生故障检修使工作 A 延误 2 天，B 延误 2 天。

③ 因业主要求设计变更使工作 D 延误 3 天。

④ 公网停电使工作 D 延误 1 天，E 延误 1 天。

已知起重机台班单价为 240 元/台班，小型机械的台班单价为 55 元/台班，混凝土搅拌机的台班单价为 70 元/台班，人工工日单价为 28 元/工日。A 工序需要使用起重机，每日人工数 30 人；B 工序需要使用小型机械，每日人工数 15 人；C 工序和 D 工序都需要使用混凝土搅拌机，C、D 工序每日人工数均为 35 人；E 工序每日人工数 20 人。请计算费用索赔值。

工程变更类
价款调整

物价变化类
价款调整

工程索赔类
价款调整

知识目标

掌握合同价款调整的方法（重点）。

能力目标

具备调整合同价款的能力。

思政与素养目标

（1）培养牢固的规矩意识。
（2）培养认真细致、精益求精的工作作风。
（3）培养劳动意识。

发承包双方应当在施工合同中约定合同价款，实行招标工程的合同价款由合同双方依据中标通知书的中标价款在合同协议书中约定；不实行招标工程的合同价款由合同双方依据双方确定的施工图预算的总造价在合同协议书中约定。在工程施工阶段，由于项目实际情况的变化，发承包双方在施工合同中约定的合同价款可能会出现变动。为合理分配双方的合同价款变动风险，有效地控制工程造价，发承包双方应当在施工合同中明确约定合同价款的调整事件、调整方法及调整程序。

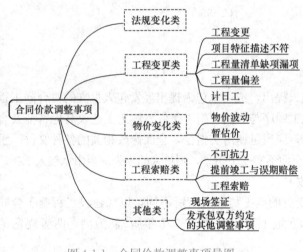

发承包双方按照合同约定调整合同价款的若干事项，可以分为五类：①法规变化类，主要包括法律法规变化事件；②工程变更类，主要包括工程变更、项目特征不符、工程量清单缺项、漏项、工程量偏差、计日工等事件；③物价变化类，主要包括物价波动、暂估价事件；④工程索赔类，主要包括不可抗力、提前竣工（赶工补偿）、误期赔偿、索赔等事件；⑤其他类，主要包括现场签证以及发承包双方约定的其他调整事项，现场签证根据签证内容，有的可归于工程变更

图 4-1-1　合同价款调整事项导图

类，有的可归于索赔类，有的可能不涉及合同价款调整（图 4-1-1）。

经发承包双方确认调整的合同价款，作为追加（减）合同价款，应与工程进度款或结算款同期支付。

4.1.1　法规变化类合同价款调整

因国家法律、法规、规章和政策发生变化影响合同价款的风险，发承包双方应在合同中约定由发包人承担。

（1）基准日的确定

为了合理划分发承包双方的合同风险，施工合同中应当约定一个基准日，对于基准日之后发生的、作为一个有经验的承包人在招标投标阶段不可能合理预见的风险，应当由发包人承担。对于实行招标的建设工程，一般以施工招标文件中规定提交投标文件的截止时间前的第 28 天作为基准日；对于不实行招标的建设工程，一般以建设工程施工合同签订前的第 28 天作为基准日。

（2）合同价款的调整方法

施工合同履行期间，国家颁布的法律、法规、规章和有关政策在合同工程基准日之后发生变化，且因执行相应的法律、法规、规章和政策引起工程造价发生增减变化的，合同双方当事人应当依据法律、法规、规章和有关政策的规定调整合同价款。但是，如果有关价格（如人工、材料和工程设备等价格）的变化已经包含在物价波动事件的调价公式中，则不再予以考虑。

（3）工期延误期间的特殊处理

如果由于承包人的原因导致的工期延误，按不利于承包人的原则调整合同价款。在工程延误期间国家的法律、行政法规和相关政策发生变化引起工程造价变化的，造成合同价款增加的，合同价款不予调整；造成合同价款减少的，合同价款予以调整。

 课证融通小测

根据现行《建设工程工程量清单计价规范》GB 50500—2013，对于不实行招标的建设工程，建设工程施工合同签订前的第（　　）天作为基准日。

A. 28　　　　　　　B. 30　　　　　　　C. 35　　　　　　　D. 42

4.1.2　工程变更类合同价款调整

1. 工程变更

工程变更是合同实施过程中由发包人提出，或由承包人提出经发包人批准的对合同工程的工作内容、工程数量、质量要求、施工顺序与时间、施工条件、施工工艺或其他特征及合同条件等的改变。工程变更指令发出后，应当迅速落实指令，全面修改相关的各种文件。承包人也应当抓紧落实，如果承包人不能全面落实变更指令，则扩大的损失应当由承包人承担。

（1）工程变更的范围（增、删、改）

在不同的合同文本中规定的工程变更的范围可能会有所不同，以《建设工程施工合同（示范文本）》GF—2017—0201 和《标准施工招标文件（2007 年版）》为例，两者规定的工程变更范围的差异见表 4-1-3。

不同合同文本中工程变更范围的差异　　　　　　　　　　　表 4-1-3

《建设工程施工合同（示范文本）》GF—2017—0201	《标准施工招标文件（2007 年版）》
（1）增加或减少合同中任何工作，或追加额外的工作； （2）取消合同中任何工作，但转由他人实施的工作除外； （3）改变合同中任何工作的质量标准或其他特性； （4）改变工程的基线、标高、位置和尺寸； （5）改变工程的时间安排或实施顺序	（1）取消合同中任何一项工作，但被取消的工作不能转由发包人或其他人实施； （2）改变合同中任何一项工作的质量或其他特性； （3）改变合同工程的基线、标高、位置或尺寸； （4）改变合同中任何一项工作的施工时间或改变已批准的施工工艺或顺序； （5）为完成工程需要追加的额外工作

（2）工程变更的价款调整方法

1）分部分项工程费的调整。工程变更引起分部分项工程项目发生变化的，应按照下列规定调整：

① 已标价工程量清单中有适用于变更工程项目的，且工程变更导致该清单项目的工程数量变化不足 15% 时，采用该项目的单价。直接采用适用的项目单价的前提是其采用的材料、施工工艺和方法相同，也不因此增加关键线路上工程的施工时间。

② 已标价工程量清单中没有适用、但有类似于变更工程项目的，可在合理范围内参照类似项目的单价或总价调整。采用类似的项目单价的前提是其采用的材料、施工工艺和方法基本相似，不增加关键线路上工程的施工时间，可仅就其变更后的差异部分，参考类似的项目单价由发承包双方协商新的项目单价。

③ 已标价工程量清单中没有适用也没有类似于变更工程项目的，由承包人根据变更工程资料、计量规则和计价办法、工程造价管理机构发布的信息（参考）价格和承包人报价浮动率，提出变更工程项目的单价或总价，报发包人确认后调整。承包人报价浮动率可按下列公式计算：

实行招标的工程：承包人报价浮动率 $L=(1-中标价/最高投标限价)\times100\%$

不实行招标的工程：承包人报价浮动率 $L=(1-报价值/施工图预算)\times100\%$

④ 已标价工程量清单中没有适用也没有类似于变更工程项目，且工程造价管理机构发布的信息（参考）价格缺价的，由承包人根据变更工程资料、计量规则、计价办法和通过市场调查等有合法依据的市场价格提出变更工程项目的单价或总价，报发包人确认后调整。

分部分项工程费的调整方法见表 4-1-4。

分部分项工程费的调整方法

表 4-1-4

类型	具体条件
有适用的项目	变更导致清单项目工程量变化 <15%，采用"已标价清单项目"的单价
没有适用、但有类似项目	在合理范围内参照类似项目，确定单价或总价
没有适用、没有类似项目	承包人提出单价或总价 根据：变更工程资料、计量规则和计价办法、工程造价管理机构发布的信息（参考）价格和承包人报价浮动率 发包人确认后调整
没有适用、没有类似项目且造价信息缺价的	承包人提出单价或总价 根据：变更工程资料、计量规则、计价办法和通过市场调查等取得的有合法依据的市场价格 发包人确认后调整

2）措施项目费的调整。工程变更引起措施项目发生变化，承包人提出调整措施项目费的，应事先将拟实施的方案提交发包人确认，并详细说明与原方案措施项目相比的变化情况。拟实施的方案经发承包双方确认后执行，并应按照下列规定调整措施项目费：

① 安全文明施工费，按照实际发生变化的措施项目调整，不得浮动。

② 采用单价计算的措施项目费，按照实际发生变化的措施项目按前述分部分项工程费的调整方法确定单价。

③ 按总价（或系数）计算的措施项目费，除安全文明施工费外，按照实际发生变化的措施项目调整，但应考虑承包人报价浮动因素，即调整金额按照实际调整金额乘以承包人报价浮动率（L）计算。

如果承包人未事先将拟实施的方案提交给发包人确认，则视为工程变更不引起措施项目费的调整或承包人放弃调整措施项目费的权利。

3）删减工程或工作的补偿。如果发包人提出的工程变更，因非承包人原因删减了合同中的某项原定工作或工程，致使承包人发生的费用或（和）得到的收益不能被包括在其他已支付或应支付的项目中，也未被包含在任何替代的工作或工程中，则承包人有权提出并得到合理的费用及利润补偿。

（3）工程变更调整的程序

工程施工过程中出现的工程变更可分为监理人指示的工程变更和施工承包单位申请的工程变更两类。

1）监理人指示的工程变更。监理人根据工程施工的实际需要或建设单位要求实施的工程变更，可以进一步划分为直接指示的工程变更和通过与施工承包单位协商后确定的工程变更两种情况。

① 监理人直接指示的工程变更。监理人直接指示的工程变更属于必需的变更，如按照建设单位的要求提高质量标准、设计错误需要进行的设计修改、协调施工中的交叉干扰等情况。此时不需征求施工承包单位意见，监理人经过建设单位同意后发出变更指示要求施工承包单位完成工程变更工作。

② 与施工承包单位协商后确定的工程变更。此类情况属于可能发生的变更，与施工承包单位协商后再确定是否实施变更，如增加承包范围外的某项新工作等。此时，工程变更程序如下：

A. 监理人首先向施工承包单位发出变更意向书，说明变更的具体内容和建设单位对变更的时间要求等，并附必要的图纸和相关资料。

B. 施工承包单位收到监理人的变更意向书后，如果同意实施变更，则向监理人提出书面变更建议。建议书的内容包括提交包含拟实施变更工作的计划、措施、竣工时间等内容的实施方案以及费用要求。若施工承包单位收到监理人的变更意向书后认为难以实施此项变更，也应立即通知监理人，说明原因并附详细依据。如不具备实施变更项目的施工资质、无相应的施工机具等原因或其他理由。

C. 监理人审查施工承包单位的建议书，施工承包单位根据变更意向书要求提交的变更实施方案可行并经建设单位同意后，发出变更指示。如果施工承包单位不同意变更，监理人与施工承包单位和建设单位协商后确定撤销、改变或不改变原变更意向书。

2）施工承包单位提出的工程变更。施工承包单位提出的工程变更可能涉及建议变更和要求变更两类：

① 施工承包单位建议的变更。施工承包单位对建设单位提供的图纸、技术要求等，提出了可能降低合同价格、缩短工期或提高工程经济效益的合理化建议，均应以书面形式提交监理人。合理化建议书的内容应包括建议工作的详细说明、进度计划和效益以及与其他工作的协调等，并附必要的设计文件。

监理人与建设单位协商是否采纳施工承包单位提出的建议。建议被采纳并构成变更的，监理人向施工承包单位发出工程变更指示。

施工承包单位提出的合理化建议使建设单位获得工程造价降低、工期缩短、工程运行效益提高等实际利益，应按专用合同条款中的约定给予奖励。

② 施工承包单位要求的变更。施工承包单位收到监理人按合同约定发出的图纸和文件，经检查认为其中存在属于变更范围的情形，如提高工程质量标准、增加工作内容、改变工程的位置或尺寸等，可向监理人提出书面变更建议。变更建议应阐明要求变更的依据，并附必要的图纸和说明。

监理人收到施工承包单位的书面建议后，应与建设单位共同研究，确认存在变更的，应在收到施工承包单位书面建议后的 14 天内作出变更指示。经研究后不同意变更的，应由监理人书面答复施工承包单位。

 课证融通小测

1. 因工程变更引起措施项目发生变化时，关于合同价款的调整，下列说法正确的是（　　）。

A. 安全文明施工费不予调整

B. 按总价计算的措施项目费的调整，不考虑承包人报价浮动因素

C. 按单价计算的措施项目费的调整，以实际发生变化的措施项目数量为准

D. 招标清单中漏项的措施项目费的调整，以承包人自行拟定的实施方案为准

2. 根据《建设工程施工合同（示范文本）》GF—2017—0201，下列变化应纳入工程变更范围的有（　　）。

A. 改变墙体厚度　　　　　　　　B. 工程设备价格上涨

C. 转由他人实施土石方工程　　　D. 提高地基沉降控制标准

E. 增加排水沟长度

2. 项目特征不符

（1）项目特征描述

项目特征描述是确定综合单价的重要依据之一，承包人在投标报价时应依据发包人提供的招标工程量清单中的项目特征描述，确定其清单项目的综合单价。发包人在招标工程量清单中对项目特征的描述，应被认为是准确的和全面的，并且与实际施工要求相符合。承包人应按照发包人提供的招标工程量清单，根据其项目特征描述的内容及有关要求实施合同工程，直到其被改变为止。

（2）合同价款的调整方法

承包人应按照发包人提供的设计图纸实施合同工程，若在合同履行期间，出现设计图纸（含设计变更）与招标工程量清单任一项目的特征描述不符，且该变化引起该项目工程造价增减变化的，发承包双方应当按照实际施工的项目特征，重新确定相应工程量清单项目的综合单价，调整合同价款。

3. 工程量清单缺项

（1）清单缺项漏项的责任

招标工程量清单必须作为招标文件的组成部分，其准确性和完整性由招标人负责。因此，招标工程量清单是否准确和完整，其责任应当由提供工程量清单的发包人负责，作为投标人的承包人不应承担因工程量清单的缺项、漏项以及计算错误带来的风险与损失。

（2）合同价款的调整方法

1）分部分项工程费的调整。施工合同履行期间，由于招标工程量清单中分部分项工程出现缺项漏项，造成新增工程清单项目的，应按照工程变更事件中关于分部分项工程费的调整方法，调整合同价款。

2）措施项目费的调整。新增分部分项工程清单项目后，引起措施项目发生变化的，应当按照工程变更事件中关于措施项目费的调整方法，在承包人提交的实施方案被发包人批准后，调整合同价款；由于招标工程量清单中措施项目缺项，承包人应将新增措施项目实施方案提交发包人批准后，按照工程变更事件中的有关规定调整合同价款。

课证融通小测

关于招标工程量清单缺项、漏项的处理，下列说法中正确的是（　　）。

A. 工程量清单缺项、漏项及计算错误带来的风险由发承包双方共同承担

B. 分部分项工程量清单漏项造成新增工程量的，应按变更事件的有关方法调整合同价款

C. 分部分项工程量清单缺项引起措施项目发生变化的，应按与分部分项工程相同的方法进行调整

D. 招标工程量清单中措施工程项目缺项，投标人在投标时未予以填报的，合同实施期间不予增加

4. 工程量偏差

（1）工程量偏差的概念

工程量偏差是指承包人根据发包人提供的图纸（包括由承包人提供经发包人批准的图纸）进行施工，按照现行国家工程量计算规范规定的工程量计算规则，计算得到的完成合同工程项目应予计量的工程量与相应的招标工程量清单项目列出的工程量之间出现的量差。

（2）合同价款的调整方法

施工合同履行期间，若应予计算的实际工程量与招标工程量清单列出的工程量出现偏差，或者因工程变更等非承包人原因导致工程量偏差，该偏差对工程量清单项目的综合单价将产生影响，是否调整综合单价以及如何调整，发承包双方应当在施工合同中约定。如果合同中没有约定或约定不明的，可以按以下原则处理：

1）综合单价的调整原则。当应予计算的实际工程量与招标工程量清单出现偏差（包括因工程变更等原因导致的工程量偏差）超过15%时，对综合单价的调整原则为：当工程量增加15%以上时，其增加部分的工程量的综合单价应予调低；当工程量减少15%以上时，减少后剩余部分的工程量的综合单价应予调高。具体的调整方法可参见以下计算

公式：

当 Q_1（最终量）$>1.15Q_0$（清单量）时：

某分部分项工程调整后的结算价 $S=1.15Q_0 \times P_0$（原综合单价）$+(Q_1-1.15Q_0) \times P_1$

当 $Q_1 < 0.85Q_0$ 时：

$$S = Q_1 \times P_1（新综合单价）$$

式中 S——调整后的某一分部分项工程费结算价；

    Q_1——最终完成的工程量；

    Q_0——招标工程量清单中列出的工程量；

    P_1——按照最终完成工程量重新调整后的综合单价；

    P_0——承包人在工程量清单中填报的综合单价。

2）总价措施项目费的调整。当应予计算的实际工程量与招标工程量清单出现偏差（包括因工程变更等原因导致的工程量偏差）超过 15%，且该变化引起措施项目相应发生变化，如该措施项目是按系数或单一总价方式计价的，对措施项目费的调整原则为：工程量增加的，措施项目费调增；工程量减少的，措施项目费调减。具体的调整方法应由双方当事人在合同专用条款中约定。

【例 4-1-1】某独立土方工程，招标文件中估计工程量 100 万 m^3，全费用综合单价为 5 元/m^3；实际完成工程量超过估计量 15% 时，全费用综合单价调为 4 元/m^3；该工程实际完成工程量为 130 万 m^3。试计算其应结算的工程款。

解：

$$新单价的调整点=100 \times (1+15\%)=115 万 m^3$$

$$计算应结算的工程款=115 \times 5+(130-115) \times 4=635 万元$$

课证融通小测

某招标工程项目执行《建设工程工程量清单计价规范》GB 50500—2013，招标工程量清单中某分项工程的工程量为 1500m^3，施工中由于设计变更调增为 1900m^3，该分项工程最高投标限价综合单价为 40 元/m^3，投标报价为 47 元/m^3，则该分项工程的结算价为（ ）元。

A. 87400   B. 88900   C. 89125   D. 89300

5. 计日工

(1) 计日工费用的产生

发包人通知承包人以计日工方式实施的零星工作，承包人应予执行。采用计日工计价的任何一项变更工作，承包人应在该项变更的实施过程中，按合同约定提交以下报表和有关凭证送发包人复核：

1）工作名称、内容和数量；

2）投入该工作所有人员的姓名、工种、级别和耗用工时；

3）投入该工作的材料名称、类别和数量；

4）投入该工作的施工设备型号、台数和耗用台时；

5）发包人要求提交的其他资料和凭证。

（2）计日工费用的确认和支付

任一计日工项目实施结束。承包人应按照确认的计日工现场签证报告核实该类项目的工程数量，并根据核实的工程数量和承包人已标价工程量清单中的计日工单价计算，提出应付价款；已标价工程量清单中没有该类计日工单价的，由发承包双方按工程变更的有关规定商定计日工单价计算。

每个支付期末，承包人应与进度款同期向发包人提交本支付期间所有计日工记录的签证汇总表，以说明本支付期间自己认为有权得到的计日工金额，并调整合同价款，列入进度款支付。

关于计日工费用的确认和支付，下列说法正确的是（　　　）。

A. 承包人应按照确认的计日工现场签证报告提出计日工项目的数量

B. 发包人应根据已标价工程量清单中的工程数量和计日工单价确定应付价款

C. 已标价工程量清单中没有计日工单价的，由发包人确定价格

D. 已标价工程量清单中没有计日工单价的，由承包人确定价格

4.1.3　物价变化类合同价款调整事项

（1）物价波动

施工合同履行期间，因人工、材料、工程设备和施工机具台班等价格波动影响合同价款时，发承包双方可以根据合同约定的调整方法，对合同价款进行调整。因物价波动引起的合同价款调整方法有两种：一种是采用价格指数调整价格差额；另一种是采用造价信息调整价格差额（图 4-1-2）。承包人采购材料和工程设备的，应在合同中约定主要材料、工程设备价格变化的范围或幅度。如没有约定，则材料、工程设备单价变化超过 5%，超过部分的价格按两种方法之一进行调整。

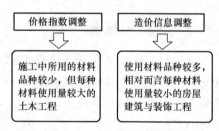

图 4-1-2　调整方法适用情况

1）采用价格指数调整价格差额

采用价格指数调整价格差额的方法，主要适用于施工中所用的材料品种较少，但每种材料使用量较大的土木工程，如公路、水坝等。

① 价格调整公式。因人工、材料、工程设备和施工机具台班等价格波动影响合同价款时，根据投标函附录中的价格指数和权重表约定的数据，按以下价格调整公式计算差额并调整合同价款：

$$\Delta P = P_0 \times \left[A + \left(B_1 \times \frac{F_{t1}}{F_{01}} + B_2 \times \frac{F_{t2}}{F_{02}} + B_3 \times \frac{F_{t3}}{F_{03}} + \cdots + B_n \times \frac{F_{tn}}{F_{0n}} \right) - 1 \right]$$

式中　　　　　　　　ΔP——需调整的价格差额；

P_0——根据进度付款、竣工付款和最终结清等付款证书中，承包人应得到的已完成工程量的金额。此项金额应不包括价格调整、不计质量保证金的扣留和支付、预付款的支付和扣回。变更及其他金额已按现行价格计价的，也不计在内；

A——定值权重（即不调部分的权重）；

B_1，B_2，B_3，$\cdots$，B_n——各可调因子的变值权重（即可调部分的权重）为各可调因子在投标函投标总报价中所占的比例；

F_{t1}，F_{t2}，F_{t3}，$\cdots$，F_{tn}——各可调因子的现行价格指数，指根据进度付款、竣工付款和最终结清等约定的付款证书相关周期最后一天的前 42 天的各可调因子的价格指数；

F_{01}，F_{02}，F_{03}，$\cdots$，F_{0n}——各可调因子的基本价格指数，指基准日的各可调因子的价格指数。

以上价格调整公式中的各可调因子、定值和变值权重、基本价格指数及其来源应在投标函附录价格指数和权重表中约定。价格指数应首先采用工程造价管理机构提供的价格指数；缺乏上述价格指数时，可采用工程造价管理机构提供的价格代替。

在计算调整差额时得不到现行价格指数的，可暂用上一次价格指数计算，并在以后的付款中再按实际价格指数进行调整。

② 权重的调整。按变更范围和内容所约定的变更，导致原定合同中的权重不合理时，由承包人和发包人协商后进行调整。

③ 工期延误后的价格调整。由于发包人原因导致工期延误的，则对于计划进度日期（或竣工日期）后续施工的工程，在使用价格调整公式时，应采用计划进度日期（或竣工日期）与实际进度日期（或竣工日期）的两个价格指数中较高者作为现行价格指数。

由于承包人原因导致工期延误的，则对于计划进度日期（或竣工日期）后续施工的工程，在使用价格调整公式时，应采用计划进度日期（或竣工日期）与实际进度日期（或竣工日期）的两个价格指数中较低者作为现行价格指数。

【例 4-1-2】某市政工程施工合同中约定：①基准日为 2020 年 2 月 20 日；②竣工日期为 2020 年 7 月 30 日；③工程价款结算时人工单价、钢材、商品混凝土及施工机具使用费采用价格指数法调差，各项权重系数及价格指数见下表。工程开工后，由于发包人原因导致原计划 7 月施工的工程延误至 8 月实施，2020 年 8 月承包人当月完成清单子目价款 3000 万元，当月按已标价工程量清单价格确认的变更金额为 100 万元，则本工程 2020 年 8 月的价格调整金额为（　　）万元。

价格指数	权重系数				
	人工	钢材	商品混凝土	施工机具使用费	定值部分
权重系数	0.15	0.10	0.30	0.10	0.35
2020 年 2 月指数	100.0	85.0	113.4	110.0	
2020 年 7 月指数	105.0	89.0	118.6	113.0	
2020 年 8 月指数	104.0	88.0	116.7	112.0	

解：8月调整价格＝(3000＋100)×[0.35＋(0.15×105/100＋0.1×89/85＋0.3×118.6/113.4＋0.1×113/110)－1]＝88.94万元。

2) 采用造价信息调整价格差额

采用造价信息调整价格差额的方法，主要适用于使用的材料品种较多，相对而言每种材料使用量较小的房屋建筑与装饰工程。

施工合同履行期间，因人工、材料、工程设备和施工机具台班价格波动影响合同价格时，人工、施工机具使用费按照国家或省、自治区、直辖市建设行政管理部门、行业建设管理部门或其授权的工程造价管理机构发布的人工成本信息、施工机具台班单价或施工机具使用费系数进行调整；需要进行价格调整的材料，其单价和采购数应由发包人复核，发包人确认需调整的材料单价及数量，作为调整合同价款差额的依据。

① 人工单价的调整。人工单价发生变化时，发承包双方应按省级或行业建设主管部门或其授权的工程造价管理机构发布的人工成本文件调整合同价款。

② 材料和工程设备价格的调整。材料、工程设备价格变化的价款调整，按照承包人提供主要材料和工程设备一览表，根据发承包双方约定的风险范围，按以下规定进行调整：

A. 如果承包人投标报价中材料单价低于基准单价，工程施工期间材料单价涨幅以基准单价为基础超过合同约定的风险幅度值时，或材料单价跌幅以投标报价为基础超过合同约定的风险幅度值时，其超过部分按实调整。

B. 如果承包人投标报价中材料单价高于基准单价，工程施工期间材料单价跌幅以基准单价为基础超过合同约定的风险幅度值时，或材料单价涨幅以投标报价为基础超过合同约定的风险幅度值时，其超过部分按实调整。

C. 如果承包人投标报价中材料单价等于基准单价，工程施工期间材料单价涨、跌幅以基准单价为基础超过合同约定的风险幅度值时，其超过部分按实调整。

D. 承包人应当在采购材料前将采购数量和新的材料单价报发包人核对，确认用于本合同工程时，发包人应当确认采购材料的数量和单价。发包人在收到承包人报送的确认资料后3个工作日不予答复的，视为已经认可，作为调整合同价款的依据。承包人未报经发包人核对即自行采购材料，再报发包人确认调整合同价款的，如发包人不同意，则不作调整。

【例4-1-3】某项目施工合同约定，由承包人承担±10%范围内的碎石价格风险，超出部分采用造价信息法调差。已知承包人投标价格、基准期的价格分别为100元/m³、96元/m³，2020年7月的造价信息发布价为130元/m³，则该月碎石的实际结算价格为(　　　)元/m³。

解：如果承包人投标报价中材料单价高于基准单价，工程施工期间材料单价跌幅以基准单价为基础超过合同约定的风险幅度值时，或材料单价涨幅以投标报价为基础超过合同约定的风险幅度值时，其超过部分按实调整。100＋[130－100×(1＋10%)]＝100＋20＝120元/m³

(2) 暂估价

暂估价是指招标人在工程量清单中提供的用于支付必然发生但暂时不能确定价格的材料、工程设备的单价以及专业工程的金额。

1) 给定暂估价的材料、工程设备

① 不属于依法必须招标的项目。发包人在招标工程量清单中给定暂估价的材料和工程设备不属于依法必须招标的，由承包人按照合同约定采购，经发包人确认后以此为依据

取代暂估价，调整合同价款。

② 属于依法必须招标的项目。发包人在招标工程量清单中给定暂估价的材料和工程设备属于依法必须招标的，由发承包双方以招标的方式选择供应商。依法确定中标价格后，以此为依据取代暂估价，调整合同价款。

2) 给定暂估价的专业工程

① 不属于依法必须招标的项目。发包人在工程量清单中给定暂估价的专业工程不属于依法必须招标的，应按照前述工程变更事件的合同价款调整方法，确定专业工程价款，并以此为依据取代专业工程暂估价，调整合同价款。

② 属于依法必须招标的项目。发包人在招标工程量清单中给定暂估价的专业工程，依法必须招标的，应当由发承包双方依法组织招标选择专业分包人，并接受建设工程招标投标管理机构的监督。

A. 除合同另有约定外，承包人不参加投标的专业工程，应由承包人作为招标人，但拟定的招标文件、评标方法、评标结果应报送发包人批准。与组织招标工作有关的费用应当被认为已经包括在承包人的签约合同价（投标总报价）中。

B. 承包人参加投标的专业工程，应由发包人作为招标人，与组织招标工作有关的费用由发包人承担。同等条件下，应优先选择承包人中标。

C. 专业工程依法进行招标后，以中标价为依据取代专业工程暂估价，调整合同价款。

 课证融通小测

关于依法必须招标的给定暂估价的专业工程招标，下列说法正确的有(　　　)。

A. 承包人不参加投标的，应由承包人作为招标人

B. 承包人组织招标工作的有关费用应另行计算

C. 承包人参加投标的，应由发包人负责招标

D. 发包人组织招标工作的有关费用应从签约合同价中扣回

E. 承包人参加投标的，同等条件下应优先中标

4.1.4　工程索赔类合同价款调整事项

1. 不可抗力

（1）不可抗力的范围

不可抗力是指在合同履行中出现的不能预见、不能避免并不能克服的客观情况。不可抗力的范围一般包括因战争、敌对行动（无论是否宣战）、入侵、外敌行为、军事政变、恐怖主义、骚动、暴动、空中飞行物坠落或其他非合同双方当事人责任或原因造成的罢工、停工、爆炸、火灾等，以及当地气象、地震、卫生等部门规定的情形。发承包双方应当在施工合同中明确约定不可抗力的范围以及具体的判断标准。

（2）不可抗力造成损失的承担

1) 费用损失的承担原则。因不可抗力事件导致的人员伤亡、财产损失及其费用增加，发承包双方应按施工合同的约定进行分担并调整合同价款和工期。施工合同没有约定或者约定不明的，应当根据《建设工程工程量清单计价规范》GB 50500—2013规定的下列原

则进行分担：

① 合同工程本身的损害、因工程损害导致第三方人员伤亡和财产损失以及运至施工场地用于施工的材料和待安装的设备的损害，由发包人承担；

② 发包人、承包人人员伤亡由其所在单位负责，并承担相应费用；

③ 承包人的施工机械设备损坏及停工损失，由承包人承担；

④ 停工期间，承包人应发包人要求留在施工场地的必要的管理人员及保卫人员的费用由发包人承担。

⑤ 工程所需清理、修复费用，由发包人承担。

2) 工期的处理。因发生不可抗力事件导致工期延误的，工期相应顺延。发包人要求赶工的，承包人应采取赶工措施，赶工费用由发包人承担。

 课证融通小测

因不可抗力造成的下列损失，应由承包人承担的是（　　　）。

A. 工程所需清理、修复费用

B. 运至施工场地待安装设备的损失

C. 承包人的施工机械设备损坏及停工损失

D. 停工期间，发包人要求承包人留在工地的保卫人员费用

2. 提前竣工（赶工补偿）与误期赔偿

（1）提前竣工（赶工补偿）

1) 赶工费用。发包人应当依据相关工程的工期定额合理计算工期，压缩的工期天数不得超过定额工期的20%，超过的，应在招标文件中明示增加赶工费用。赶工费用的主要内容包括：

① 人工费的增加，例如新增加投入人工的报酬，不经济使用人工的补贴等；

② 材料费的增加，例如可能造成不经济使用材料而损耗过大，材料提前交货可能增加的费用、材料运输费的增加等；

③ 机械费的增加，例如可能增加机械设备投入，不经济地使用机械等。

2) 提前竣工奖励。发承包双方可以在合同中约定提前竣工的奖励条款，明确每日历天应奖励额度。约定提前竣工奖励的，如果承包人的实际竣工日期早于计划竣工日期，承包人有权向发包人提出并得到提前竣工天数和合同约定的每日历天应奖励额度的乘积计算的提前竣工奖励。一般来说，双方还应当在合同中约定提前竣工奖励的最高限额（如合同价款的5%）。提前竣工奖励列入竣工结算文件中，与结算款一并支付。

发包人要求合同工程提前竣工，应征得承包人同意后与承包人商定采取加快工程进度的措施，并修订合同工程进度计划。发包人应承担承包人由此增加的提前竣工（赶工补偿）费。发承包双方应在合同中约定每日历天的赶工补偿额度，此项费用作为增加合同价款，列入竣工结算文件中，与结算款一并支付。

（2）误期赔偿

承包人未按照合同约定施工，导致实际进度迟于计划进度的，承包人应加快进度，实

现合同工期。合同工程发生误期，承包人应赔偿发包人由此造成的损失，并应按照合同约定向发包人支付误期赔偿费。即使承包人支付误期赔偿费，也不能免除承包人按照合同约定应承担的任何责任和应履行的任何义务。

发承包双方应在合同中约定误期赔偿费，明确每日历天应赔偿额度。如果承包人的实际进度迟于计划进度，发包人有权向承包人索取并得到实际延误天数和合同约定的每日历天应赔偿额度的乘积计算的误期赔偿费。一般来说，双方还应当在合同中约定误期赔偿费的最高限额（如合同价款的 5%）。误期赔偿费列入竣工结算文件中，并应在结算款中扣除。

如果在工程竣工之前，合同工程内的某单项（或单位）工程已通过了竣工验收，且该单项（或单位）工程接收证书中表明的竣工日期并未延误，而是合同工程的其他部分产生了工期延误，则误期赔偿费应按照已颁发工程接收证书的单项（或单位）工程造价占合同价款的比例幅度予以扣减。

某施工合同中的工程内容由主体工程与附属工程两部分组成，两部分工程的合同额分别为 800 万元和 200 万元。合同中对误期赔偿费的约定是：每延误一个日历天应赔偿 2 万元，且总赔偿费不超过合同总价款的 5%。该工程主体工程按期通过竣工验收，附属工程延误 30 日历天后通过竣工验收，则该工程的误期赔偿费为（　　）万元。

A. 10　　　　　　B. 12　　　　　　C. 50　　　　　　D. 60

3. 索赔

（1）索赔的概念及分类

工程索赔是指在工程合同履行过程中，当事人一方因非己方原因而遭受经济损失或工期延误，按照合同约定或法律规定，应由对方承担责任，而向对方提出工期和（或）费用补偿要求的行为。

1）按索赔的当事人分类。根据索赔的合同当事人不同，可以将工程索赔分为：

① 承包人与发包人之间的索赔。该类索赔发生在建设工程施工合同的双方当事人之间，既包括承包人向发包人的索赔，也包括发包人向承包人的索赔。但是在工程实践中，经常发生的索赔事件，大都是承包人向发包人提出的，本教材中所提及的索赔，如果未做特别说明，即是指此类情形。

② 总承包人和分包人之间的索赔。在建设工程分包合同履行过程中，索赔事件发生后，无论是发包人的原因还是总承包人的原因所致，分包人都只能向总承包人提出索赔要求，而不能直接向发包人提出。

2）按索赔目的和要求分类。根据索赔的目的和要求不同，可以将工程索赔分为工期索赔和费用索赔。

① 工期索赔。工期索赔一般是指工程合同履行过程中，由于非自身原因造成工期延误，按照合同约定或法律规定，承包人向发包人提出合同工期补偿要求的行为。工期顺延的要求获得批准后，不仅可以免除承包人承担拖期违约赔偿金的责任，而且承包人还有可

能因工期提前获得赶工补偿（或奖励）。

② 费用索赔。费用索赔是指工程承包合同履行中，当事人一方因非己方原因而遭受费用损失，按合同约定或法律规定应由对方承担责任，而向对方提出增加费用要求的行为。

3）按索赔事件的性质分类。根据索赔事件的性质不同，可以将工程索赔分为：

① 工程延误索赔，因发包人未按合同要求提供施工条件，或因发包人指令工程暂停或不可抗力事件等原因造成工期拖延的，承包人可以向发包人提出索赔；如果由于承包人原因导致工期拖延，发包人可以向承包人提出索赔。

② 加速施工索赔，由于发包人指令承包人加快施工速度，缩短工期，引起承包人的人力、物力、财力的额外开支，承包人提出的索赔。

③ 工程变更索赔，由于发包人指令增加或减少工程量或增加附加工程、修改设计、变更工程顺序等，造成工期延长和（或）费用增加，承包人就此提出索赔。

④ 合同终止的索赔，由于发包人违约或发生不可抗力事件等原因造成合同非正常终止，承包人因其遭受经济损失而提出索赔。如果由于承包人的原因导致合同非正常终止，或者合同无法继续履行，发包人可以就此提出索赔。

⑤ 不可预见的不利条件索赔，承包人在工程施工期间，施工现场遇到有经验的承包人通常不能合理预见的不利施工条件或外界障碍，例如，地质条件与发包人提供的资料不符，出现不可预见的地下水、地质断层、溶洞、地下障碍物等，承包人可以就因此遭受的损失提出索赔。

⑥ 不可抗力事件的索赔，工程施工期间，因不可抗力事件的发生而遭受损失的一方，可以根据合同中对不可抗力风险分担的约定，向对方当事人提出索赔。

⑦ 其他索赔，如因货币贬值、汇率变化、物价上涨、政策法令变化等原因引起的索赔。

《标准施工招标文件（2007年版）》的通用合同条款中，按照引起索赔事件的原因不同，对一方当事人提出的索赔可能给予合理补偿工期、费用和（或）利润的情况，分别做出了相应的规定。其中，引起承包人索赔的事件以及可能得到的合理补偿内容见表4-1-5。

《标准施工招标文件（2007年版）》中承包人的索赔事件及可补偿内容　　　表 4-1-5

序号	索赔事件	可补偿内容		
		工期	费用	利润
1	迟延提供图纸	√	√	√
2	施工中发现文物、古迹	√	√	
3	迟延提供施工场地	√	√	√
4	施工中遇到不利物质条件	√	√	
5	提前向承包人提供材料、工程设备		√	
6	发包人提供材料、工程设备不合格或迟延提供或变更交货地点	√	√	√
7	承包人依据发包人提供的错误资料导致测量放线错误	√	√	√
8	因发包人原因造成承包人人员工伤事故		√	

续表

序号	索赔事件	可补偿内容		
		工期	费用	利润
9	因发包人原因造成工期延误	√	√	√
10	异常恶劣的气候条件导致工期延误	√		
11	承包人提前竣工		√	
12	发包人暂停施工造成工期延误	√	√	√
13	工程暂停后因发包人原因无法按时复工	√	√	√
14	因发包人原因导致承包人工程返工	√	√	√
15	监理人对已经覆盖的隐蔽工程要求重新检查且检查结果合格	√	√	
16	因发包人提供的材料、工程设备造成工程不合格	√	√	
17	承包人应监理人要求对材料、工程设备和工程重新检验且检验结果合格	√	√	√
18	基准日后法律的变化		√	
19	发包人在工程竣工前提前占用工程	√	√	√
20	因发包人的原因导致工程试运行失败	√	√	√
21	工程移交后因发包人原因出现新的缺陷或损坏的修复		√	
22	工程移交后因发包人原因出现缺陷修复后的试验和试运行		√	
23	因不可抗力停工期间应监理人要求照管、清理、修复工程		√	
24	因不可抗力造成工期延误	√		
25	因发包人违约导致承包人暂停施工	√	√	√

（2）索赔的依据和前提条件

1）索赔的依据。提出索赔和处理索赔都要依据下列文件或凭证：

① 工程施工合同文件。工程施工合同是工程索赔中最关键、最主要的依据。工程施工期间，发承包双方关于工程的洽商、变更等书面协议或文件，也是索赔的重要依据。

② 国家法律、法规。国家制定的相关法律、行政法规，是工程索赔的法律依据。部门规章以及工程项目所在地的地方性法规或地方政府规章，也可以作为工程索赔的依据，但应当在施工合同专用条款中约定为工程合同的适用法律。

③ 国家、部门和地方有关的标准、规范和定额。对于工程建设的强制性标准，是合同双方必须严格执行的；对于非强制性标准，必须在合同中有明确规定的情况下，才能作为索赔的依据。

④ 工程施工合同履行过程中与索赔事件有关的各种凭证。这是承包人因索赔事件所遭受费用或工期损失的事实依据，它反映了工程的计划情况和实际情况。

2）索赔成立的条件。承包人工程索赔成立的基本条件包括：

① 索赔事件已造成了承包人直接经济损失或工期延误；

② 造成费用增加或工期延误的索赔事件是因非承包人的原因发生的；

③ 承包人已经按照工程施工合同规定的期限和程序提交了索赔意向通知、索赔报告

及相关证明材料。

（3）费用索赔的计算

1）索赔费用的组成。对于不同原因引起的索赔，承包人可索赔的具体费用内容是不完全一样的。但归纳起来，索赔费用的要素与工程造价的构成基本类似，一般可归结为人工费、材料费、施工机械使用费、分包费、施工管理费、利息、利润、保险费等。

① 人工费。人工费的索赔包括：由于完成合同之外的额外工作所花费的人工费用；超过法定工作时间加班劳动；法定人工费增长；因非承包商原因导致工效降低所增加的人工费用；因非承包商原因导致工程停工的人员窝工费和工资上涨费等。在计算停工损失中的人工费时，通常采取人工单价乘以折算系数计算。

② 材料费。材料费的索赔包括：由于索赔事件的发生造成材料实际用量超过计划用量而增加的材料费；由于发包人原因导致工程延期期间的材料价格上涨和超期储存费用。材料费中应包括运输费、仓储费以及合理的损耗费用。如果由于承包商管理不善，造成材料损坏失效，则不能列入索赔款项内。

③ 施工机具使用费。施工机具使用费主要内容为施工机械使用费。施工机械使用费的索赔包括：由于完成合同之外的额外工作所增加的机械使用费；因非承包人原因导致工效降低所增加的机械使用费；由于发包人或工程师指令错误或迟延导致机械停工的台班停滞费。在计算机械设备台班停滞费时，不能按机械设备台班费计算，因为台班费中包括设备使用费。如果机械设备是承包人自有设备，一般按台班折旧费、人工费与其他费之和计算；如果是承包人租赁的设备，一般按台班租金加每台班分摊的施工机械进出场费计算。

④ 现场管理费。现场管理费的索赔包括承包人完成合同之外的额外工作以及由于发包人原因导致工期延期期间的现场管理费，包括管理人员工资、办公费、通信费、交通费等。

现场管理费索赔金额的计算公式为：

$$现场管理费索赔金额＝索赔的直接成本费用×现场管理费率$$

其中，现场管理费率的确定可以选用下面的方法：a. 合同百分比法，即管理费比率在合同中规定；b. 行业平均水平法，即采用公开认可的行业标准费率；c. 原始估价法，即采用投标报价时确定的费率；d. 历史数据法，即采用以往相似工程的管理费率。

⑤ 总部（企业）管理费。总部（企业）管理费的索赔主要指的是由于发包人原因导致工程延期期间所增加的承包人向公司总部提交的管理费，包括总部职工工资、办公大楼折旧、办公用品、财务管理、通信设施以及总部领导人员赴工地检查指导工作等开支。总部管理费索赔金额的计算，目前还没有统一的方法。

⑥ 保险费。因发包人原因导致工程延期时，承包人必须办理工程保险、施工人员意外伤害保险等各项保险的延期手续，对于由此而增加的费用，承包人可以提出索赔。

⑦ 保函手续费。因发包人原因导致工程延期时，承包人必须办理相关履约保函的延期手续，对于由此而增加的手续费，承包人可以提出索赔。

⑧ 利息。利息的索赔包括：发包人拖延支付工程款利息；发包人迟延退还工程质量保证金的利息；承包人垫资施工的垫资利息；发包人错误扣款的利息等。具体的利率标准，双方可以在合同中明确约定，没有约定或约定不明的，可以按照中国人民银行发布的

同期同类贷款利率计算。

⑨ 利润。一般来说，由于工程范围的变更、发包人提供的文件有缺陷或错误、发包人未能提供施工场地以及因发包人违约导致的合同终止等事件引起的索赔，承包人都可以列入利润。比较特殊的是，根据《标准施工招标文件（2007 年版）》通用合同条款第 11.3 款的规定，对于因发包人原因暂停施工导致的工期延误，承包人有权要求发包人支付合理的利润。索赔利润的计算通常是与原报价单中的利润百分率保持一致。但是应当注意的是，由于工程量清单中的单价是综合单价，已经包含了人工费、材料费、施工机具使用费、企业管理费、利润以及一定范围内的风险费用，在索赔计算中不应重复计算。

同时，由于一些引起索赔的事件，同时也可能是合同中约定的合同价款调整因素（如工程变更、法律法规的变化以及物价波动等），因此，对于已经进行了合同价款调整的索赔事件，承包人在费用索赔的计算时，不能重复计算。

⑩ 分包费用。由于发包人的原因导致分包工程费用增加时，分包人只能向总承包人提出索赔，但分包人的索赔款项应当列入总承包人对发包人的索赔款项中。分包费用索赔指的是分包人的索赔费用，一般也包括与上述费用类似的内容索赔。

2）费用索赔的计算方法。索赔费用的计算应以赔偿实际损失为原则，包括直接损失和间接损失。索赔费用的计算方法通常有三种，即实际费用法、总费用法和修正的总费用法。

① 实际费用法。实际费用法又称分项法，即根据索赔事件所造成的损失或成本增加，按费用项目逐项进行分析、计算索赔金额的方法。这种方法比较复杂，但能客观地反映施工单位的实际损失，比较合理，易于被当事人接受，在国际工程中被广泛采用。

由于索赔费用组成的多样化，不同原因引起的索赔，承包人可索赔的具体费用内容有所不同，必须具体问题具体分析。由于实际费用法所依据的是实际发生的成本记录或单据，因此，在施工过程中，系统、准确地积累记录资料是非常重要的。

② 总费用法。总费用法也被称为总成本法，就是当发生多次索赔事件后，重新计算工程的实际总费用，再从该实际总费用中减去投标报价时的估算总费用，即为索赔金额。总费用法计算索赔金额的公式如下：

$$索赔金额 = 实际总费用 - 投标报价估算总费用$$

但是，在总费用法的计算方法中，没有考虑实际总费用中可能包括由于承包商的原因（如施工组织不善）而增加的费用，投标报价估算总费用也可能由于承包人为谋取中标而导致过低的报价。因此，总费用法并不十分科学。只有在难以精确地确定某些索赔事件导致的各项费用增加额时，总费用法才得以应用。

③ 修正的总费用法。修正的总费用法是对总费用法的改进，即在总费用计算的原则上，去掉一些不合理的因素，使其更为合理。修正的内容如下：

A. 将计算索赔款的时段局限于受到索赔事件影响的时间，而不是整个施工期；只计算受到索赔事件影响时段内的某项工作所受影响的损失，而不是计算该时段内所有施工工作所受的损失；

B. 与该项工作无关的费用不列入总费用中；

C. 对投标报价费用重新进行核算，即按受影响时段内该项工作的实际单价进行核算，乘以实际完成的该项工作的工程量，得出调整后的报价费用。

按修正后的总费用计算索赔金额的公式如下：

$$索赔金额＝某项工作调整后的实际总费用－该项工作的报价费用$$

修正的总费用法与总费用法相比，有了实质性的改进，它的准确程度已接近于实际费用法。

【例 4-1-4】某施工合同约定：施工现场主导施工机械一台，由施工企业租得，台班单价为 300 元/台班，租赁费为 100 元/台班，人工工资为 40 元/工日，窝工补贴为 10 元/工日，以人工费为基数的综合费率为 35%。在施工过程中，发生了如下事件：①出现异常恶劣天气导致工程停工 2 天，人员窝工 30 个工日；②因恶劣天气导致场外道路中断抢修道路用工 20 工日；③场外大面积停电，停工 2 天，人员窝工 10 工日。试计算施工企业可向业主索赔的费用。

解： 各事件处理结果如下：

① 异常恶劣天气导致的停工通常不能进行费用索赔。

② 抢修道路用工的索赔额＝20×40×(1＋35%)＝1080 元

③ 停电导致的索赔额＝2×100＋10×10＝300 元

总索赔费用＝1080＋300＝1380 元

（4）工期索赔的计算

工期索赔一般是指承包人依据合同对由于非自身原因导致的工期延误向发包人提出的工期顺延要求。

1）工期索赔中应当注意的问题

① 划清施工进度拖延的责任。因承包人的原因造成施工进度滞后，属于不可原谅的延期；只有承包人不应承担任何责任的延误，才是可原谅的延期。有时工程延期的原因中可能包含有双方责任，此时监理人应进行详细分析，分清责任比例，只有可原谅延期部分才能批准顺延合同工期。可原谅延期，又可细分为可原谅并给予补偿费用的延期和可原谅但不给予补偿费用的延期；后者是指非承包人责任事件的影响并未导致施工成本的额外支出，大多属于发包人应承担风险责任事件的影响，如异常恶劣的气候条件影响的停工等。

② 被延误的工作应是处于施工进度计划关键线路上的施工内容。只有位于关键线路上工作内容的滞后，才会影响到竣工日期。但有时也应注意，既要看被延误的工作是否在批准进度计划的关键路线上，又要详细分析这一延误对后续工作的可能影响。因为若对非关键路线工作的影响时间较长，超过了该工作可用于自由支配的时间，也会导致进度计划中非关键路线转化为关键路线，其滞后将造成总工期的拖延。此时，应充分考虑该工作的自由时间，给予相应的工期顺延，并要求承包人修改施工进度计划。

2）工期索赔的具体依据。承包人向发包人提出工期索赔的具体依据主要包括：

① 合同约定或双方认可的施工总进度规划；

② 合同双方认可的详细进度计划；

③ 合同双方认可的对工期的修改文件；

④ 施工日志、气象资料；

⑤ 业主或工程师的变更指令；

⑥ 影响工期的干扰事件；

⑦ 受干扰后的实际工程进度等。

3）工期索赔的计算方法

① 直接法。如果某干扰事件直接发生在关键线路上，造成总工期的延误，可以直接将该干扰事件的实际干扰时间（延误时间）作为工期索赔值。

② 比例计算法。如果某干扰事件仅仅影响某单项工程、单位工程或分部分项工程的工期，要分析其对总工期的影响，可以采用比例计算法。

A. 已知受干扰部分工程的延期时间：

$$工期索赔值 = 受干扰部分工期拖延时间 \times \frac{受干扰部分工程的合同价格}{原合同总价}$$

B. 已知额外增加工程量的价格：

$$工期索赔值 = 原合同总工期 \times \frac{额外增加的工程量的价格}{原合同总价}$$

比例计算法虽然简单方便，但有时不符合实际情况，而且比例计算法不适用于变更施工顺序、加速施工、删减工程量等事件的索赔。

③ 网络图分析法。网络图分析法是利用进度计划的网络图，分析其关键线路。如果延误的工作为关键工作，则延误的时间为索赔的工期；如果延误的工作为非关键工作，当该工作由于延误超过时差限制而成为关键工作时，可以索赔延误时间与时差的差值；若该工作延误后仍为非关键工作，则不存在工期索赔问题。

该方法通过分析干扰事件发生前和发生后网络计划的计算工期之差来计算工期索赔值，可以用于各种干扰事件和多种干扰事件共同作用所引起的工期索赔。

4）共同延误的处理。在实际施工过程中，工期拖期很少是只由一方造成的，往往是两、三种原因同时发生（或相互作用）而形成的，故称为"共同延误"。在这种情况下，要具体分析哪一种情况延误是有效的，应依据以下原则：

① 首先判断造成拖期的哪一种原因是最先发生的，即确定"初始延误"因素，该因素应对工程拖期负责。在初始延误发生作用期间，其他并发的延误者不承担拖期责任。

② 如果初始延误者是发包人原因，则在发包人原因造成的延误期内，承包人既可得到工期延长，又可得到经济补偿。

③ 如果初始延误者是客观原因，则在客观因素发生影响的延误期内，承包人可以得到工期延长，但很难得到费用补偿。

④ 如果初始延误者是承包人原因，则在承包人原因造成的延误期内，承包人既不能得到工期补偿，也不能得到费用补偿。

课证融通小测

1. 根据《标准施工招标文件（2007 年版）》通用合同条款，下列引起承包人索赔的事件中，可以同时获得工期和费用补偿的是(　　　)。

A. 发包人原因造成承包人人员工伤事故　　B. 施工中遇到不利物质条件

C. 承包人提前竣工　　　　　　　　　　　D. 基准日后法律的变化

2. 下列资料中，可以作为施工发承包双方提出和处理索赔直接依据的有(　　)。

A. 未在合同中约定的工程所在地地方性法规

B. 工程施工合同文件

C. 合同中约定的非强制性标准

D. 现场签证

E. 合同中未明确规定的地方定额

3. 某施工现场主导施工机械一台，由承包人租得。施工合同约定：当发生索赔事件时，该机械台班单价、租赁费分别按 900 元/台班、400 元/台班计；人工工资、窝工补贴分别按 100 元/工日、50 元/工日计；以人工费与机械费之和为基数的综合费率为 30%。在施工过程中，发生如下事件：①出现异常恶劣天气导致工程停工 2 天，人员窝工 20 个工日；②因恶劣天气导致工程修复用工 10 个工日，主导机械 1 个台班。为此承包人可向发包人索赔的费用为(　　)元。

A. 1820　　　　　B. 2470　　　　　C. 2820　　　　　D. 3470

4. 关于施工合同履行过程中共同延误的处理原则，下列说法中正确的是(　　)。

A. 在初始延误发生作用期间，其他并发延误者按比例承担责任

B. 若初始延误者是发包人，则在其延误期内，承包人可得到经济补偿

C. 若初始延误者是客观原因，则在其延误期内，承包人不能得到经济补偿

D. 若初始延误者是承包人，则在其延误期内，承包人只能得到工期补偿

(5) 其他类合同价款调整事项

其他类合同价款调整事项主要指现场签证。现场签证是指发包人或其授权现场代表(包括工程监理人、工程造价咨询人)与承包人或其授权现场代表就施工过程中涉及的责任事件所作的签认证明。施工合同履行期间出现现场签证事件的，发承包双方应调整合同价款。

1) 现场签证的提出。承包人应发包人要求完成合同以外的零星项目、非承包人责任事件等工作的，发包人应及时以书面形式向承包人发出指令，提供所需的相关资料；承包人在收到指令后，应及时向发包人提出现场签证要求。

承包人在施工过程中，若发现合同工程内容因场地条件、地质水文、发包人要求等不一致时，应提供所需的相关资料，提交发包人签证认可，作为合同价款调整的依据。

2) 现场签证的价款计算

① 现场签证的工作如果已有相应的计日工单价，现场签证报告中仅列明完成该签证工作所需的人工、材料、工程设备和施工机具台班的数量。

② 如果现场签证的工作没有相应的计日工单价，应当在现场签证报告中列明完成该签证工作所需的人工、材料、工程设备和施工机具台班的数量及其单价。

承包人应按照现场签证内容计算价款，报送发包人确认后，作为增加合同价款，与进度款同期支付。

经承包人提出，发包人核实并确认后的现场签证表见表 4-1-6。

现场签证表

表 4-1-6

工程名称：　　　　　　　　　标段：　　　　　　　　　编号：

施工部位		日期	

致：_____（发包人全称）

　　根据_____（指令人姓名）　年　月　日的口头指令或你方_____（或监理人）　年　月　日的书面通知，我方要求完成此项工作应支付价款金额为（大写）_____（小写_____），请予核准。

附：1. 签证事由及原因：

　　2. 附图及计算式：

承包人（章）

造价人员_____　　承包人代表_____　　日　期_____

复核意见： 你方提出的此项签证申请经复核： □不同意此项签证，具体意见见附件。 □同意此项签证，签证金额的计算，由造价工程师复核。 监理工程师_____ 日　期_____	复核意见： 　□此项签证按承包人中标的计日工单价计算，金额为（大写）_____元，（小写_____元）。 　□此项签证因无计日工单价，金额为（大写）_____元，（小写_____）。 造价工程师_____ 日　期_____

审核意见：

□不同意此项签证。

□同意此项签证，价款与本期进度款同期支付。

发包人（章）
发包人代表_____
日　期_____

注：1. 在选择栏中的"□"内作标识"√"；

　　2. 本表一式四份，由承包人在收到发包人（监理人）的口头或书面通知后填写，发包人、监理人、造价咨询人、承包人各存一份。

　　3）现场签证的限制。合同工程发生现场签证事项，未经发包人签证确认，承包人便擅自实施相关工作的，除非征得发包人书面同意，否则发生的费用由承包人承担。

 素养提升

（1）通过法规类合同价款调整的学习，使同学们养成学习法规、政策的习惯，牢固树立规矩意识。

（2）通过价款调整事项的整理与认知，使同学们养成认真细致、精益求精的工作作风。

（3）通过整理与清理作业环境，使同学们养成热爱劳动的意识。

任务 4.1　工作任务单

01　学生任务分配表

班级		组号		指导教师	
组长		学号			
组员 （组员姓名、 学号）					
任务分工					

02　任务准备表

工作目标		根据任务背景，填写各项费用的数额或费率
序号	事件类型	产生价款调整的原因

03　合同价款调整处理方案工作单

组号		姓名		学号	
工作目标		制定合同价款调整处理方案			

04　小组合作

组号		姓名		学号	
工作目标		小组交流讨论，教师参与，形成正确的价款调整工作思路			
错误信息		产生的原因		改进的措施	
自己在任务工作中的不足					

05　小组总结

组号		姓名		学号	
工作目标		小组推荐一位小组长，汇报绘制方案，借鉴每组经验，进一步优化方案			
序号		调整要素		调整方案	
本组工作的不足					

06 合同价款调整方法

组号		姓名		学号	
工作目标		(1) 根据事件类型与调整原则，形成正确的价款调整方案。 (2) 对比分析合同价款调整实际数据，并进行订正			

任务 4.1 案例详解：

任务 4.2　工　程　结　算

 案例导入

某省会城市生活垃圾深度综合处理（清洁焚烧）工程，其办公用房项目施工合同约定如下：

（1）建筑安装工程造价为 1600 万元，建筑材料及设备费占施工产值的比重为 60％。

（2）工程预付款为建筑安装工程造价的 20％。工程实施后，工程预付款从未施工工程尚需的主要材料及构件的价值相当于工程预付款数额时起扣，从每次结算工程价款中按材料和设备占施工产值的比重扣抵工程预付款，竣工前全部扣清。

（3）工程进度款逐月计算。

（4）工程保修金为建筑安装工程造价的 3％，竣工结算月一次扣留。

（5）材料和设备价差调整按规定进行（按有关规定上半年材料和设备价差上调 10％，在 5 月份一次调增）。

承包商每月实际完成并经工程师签证确认的工程量见表 4-2-1。

承包商每月实际完成并经工程师签证确认的工程量　　　　表 4-2-1

月份	1 月	2 月	3 月	4 月	5 月
完成产值（万元）	134	266	400	534	266

试确定：（1）该工程的工程预付款、起扣点各为多少？该工程每月应拨付工程款为多少？累计工程款为多少？

（2）项目 5 月份办理工程竣工结算，该工程结算造价为多少？甲方应付工程结算款为多少？

 知识目标

（1）掌握预付款的支付与扣回方法（重点、难点）。

（2）掌握进度款的支付与结算方法（重点、难点）。

（3）掌握工程结算编审要求。

（4）掌握工程结算的支付流程。

（5）掌握质量保证金与最终结清的处理方法（重点）。

价款结算

 能力目标

（1）具备处理施工过程结算的能力。

（2）具备处理竣工结算的能力。

 思政与素养目标

（1）培养牢固的规矩意识。

（2）培养认真细致、精益求精的工作作风。

（3）培养法律意识。

（4）培养劳动意识。

施工过程结算，是指在工程项目实施过程中，发承包双方依据施工合同，对约定结算周期（时间或进度节点）内完成的工程内容（包括现场签证、工程变更、索赔等）开展工程价款计算、调整、确认及支付等的活动。相较于竣工结算，推行施工过程结算，主要作用是规范施工合同管理，避免发承包双方争议，节省审计成本，有效解决"结算难"的问题。2016 年，《国务院办公厅关于全面治理拖欠农民工工资问题的意见》（国办发〔2016〕1 号）中，首次明确要求全面推行施工过程结算；2017 年，《住房和城乡建设部关于加强和改善工程造价监管的意见》（建标〔2017〕209 号）中，再次提出要推行工程价款施工过程结算制度；随后湖南、浙江等多地都已经开始推行施工过程结算。2020 年 5 月 28 日，湖南省住建厅发布《关于在房屋建筑和市政基础设施工程中推行施工过程结算的实施意见（征求意见稿）》，在省内房建、市政项目中全面推行施工过程结算。

4.2.1 工程计量

对承包人已经完成的合格工程进行计量并予以确认，是发包人支付工程价款的前提。因此，工程计量不仅是发包人控制施工阶段工程造价的关键环节，也是约束承包人履行合同义务的重要手段。

（1）工程计量的原则与范围

1）工程计量的概念

所谓工程计量，就是发承包双方根据合同约定，对承包人完成合同工程的数量进行的计算和确认。具体地说，就是双方根据设计图纸、技术规范以及施工合同约定的计量方式和计算方法，对承包人已经完成的质量合格的工程实体数量进行测量与计算，并以物理计量单位或自然计量单位进行标识、确认的过程。

招标工程量清单中所列的数量，通常是根据设计图纸计算的数量，是对合同工程的估计工程量。工程施工过程中，通常会由于一些原因导致承包人实际完成工程量与工程量清单中所列工程量不一致。例如，招标工程量清单缺项或项目特征描述与实际不符、工程变更、现场施工条件的变化、现场签证及暂估价中的专业工程发包等。因此，在工程合同价款结算前，必须对承包人履行合同义务所完成的实际工程进行准确计量。

2）工程计量的原则

工程计量的原则包括下列三个方面：

① 不符合合同文件要求的工程不予计量。即工程必须满足设计图纸、技术规范等合同文件对其在工程质量上的要求，同时有关的工程质量验收资料齐全、手续完备，满足合同文件对其在工程管理上的要求。

② 按合同文件所规定的方法、范围、内容和单位计量。工程计量的方法、范围、内容和单位受合同文件所约束，其中工程量清单（说明）、技术规范、合同条款均会从不同角度、不同侧面体现这方面的内容。在计量中要严格遵循这些文件的规定，并且一定要结合起来使用。

③ 因承包人原因造成的超出合同工程范围施工或返工的工程量，发包人不予计量。

3）工程计量的范围与依据

① 工程计量的范围：工程量清单及工程变更所修订的工程量清单的内容；合同文件中规定的各种费用支付项目，如费用索赔、各种预付款、价格调整、违约金等。

② 工程计量的依据：工程量清单及说明、合同图纸、工程变更令及其修订的工程量清单、合同条件、技术规范、有关计量的补充协议、质量合格证书等。

（2）工程计量的方法

工程量必须按照相关工程现行国家工程量计算规范规定的工程量计算规则计算。工程计量可选择按月或按工程形象进度分段计量，具体计量周期在合同中约定。因承包人原因造成的超出合同工程范围施工或返工的工程量，发包人不予计量。通常区分单价合同和总价合同规定不同的计量方法，成本加酬金合同按照单价合同的计量规定进行计量。

1）单价合同计量

单价合同工程量必须以承包人完成合同工程应予计量的且依据国家现行工程量计算规则计算得到的工程量确定。施工中工程计量时，若发现招标工程量清单中出现缺项、工程量偏差，或因工程变更引起工程量的增减，应按承包人在履行合同义务中完成的工程量计算。

2）总价合同计量

采用工程量清单方式招标形成的总价合同，工程量应按照与单价合同相同的方式计算。采用经审定批准的施工图纸及其预算方式发包形成的总价合同，除按照工程变更规定引起的工程量增减外，总价合同各项目的工程量是承包人用于结算的最终工程量。总价合同约定的项目计量应以合同工程经审定批准的施工图纸为依据，发承包双方应在合同中约定工程计量的形象目标或时间节点进行计量。

课证融通小测

发生下列工程事项时，发包人应予计量的是（　　　）。

A. 承包人自行增建的临时工程工程量

B. 因监理人抽查不合格返工增加的工程量

C. 承包人修复因不可抗力损坏工程增加的工程量

D. 承包人自检不合格返工增加的工程量

4.2.2　预付款及期中支付

（1）预付款

工程预付款是由发包人按照合同约定，在正式开工前预先支付给承包人，用于购买工程施工所需的材料、组织施工机械和人员进场等的价款。

1）预付款的支付

工程预付款额度，各地区、各部门的规定不完全相同，主要是保证施工所需材料和构件的正常储备。工程预付款额度一般是根据施工工期、建安工程量、主要材料和构件费用占建安工程费的比例以及材料储备周期等因素经测算来确定。

① 百分比法。发包人根据工程的特点、工期长短、市场行情、供求规律等因素，招

标时在合同条件中约定工程预付款的百分比。包工包料工程的预付款支付比例不得低于签约合同价（扣除暂列金额）的 10%，不宜高于签约合同价（扣除暂列金额）的 30%。

② 公式计算法。公式计算法是根据主要材料（含结构件等）占年度承包工程总价的比重、材料储备定额天数和年度施工天数等因素，通过公式计算预付款额度的一种方法。其计算公式为：

$$工程预付款数额 = \frac{工程总价 \times 材料比例(\%)}{年度施工天数} \times 材料储备定额天数$$

式中，年度施工天数按 365 天日历天计算；材料储备定额天数由当地材料供应的在途天数、加工天数、整理天数、供应间隔天数、保险天数等因素决定。

2）预付款的扣回

发包人支付给承包人的工程预付款属于预支性质，随着工程的逐步实施，原已支付的预付款应以冲抵工程价款的方式陆续扣回，抵扣方式应当由双方当事人在合同中明确约定。扣款的方法主要有以下两种：

① 按合同约定扣款。预付款的扣款方法由发包人和承包人通过洽商后在合同中确定，一般是在承包人完成金额累计达到合同总价的一定比例后，由承包人开始向发包人还款，发包人从每次应付给承包人的金额中扣回工程预付款，发包人至少在合同规定的完工期前将工程预付款的总金额逐次扣回。

② 起扣点计算法。从未施工工程尚需的主要材料及构件的价值相当于工程预付款数额时起扣，此后每次结算工程价款时，按材料所占比重扣减工程价款，至工程竣工前全部扣清。起扣点的计算公式如下：

$$T = P - \frac{M}{N}$$

式中　T——起扣点（即工程预付款开始扣回时）的累计完成工程金额；

　　　P——承包工程合同总额；

　　　M——工程预付款总额；

　　　N——主要材料及构件所占比重。

该方法对承包人比较有利，最大限度地占用了发包人的流动资金。但是，该方法显然不利于发包人资金使用。

3）预付款担保

① 预付款担保的概念及作用。预付款担保是指承包人与发包人签订合同后领取预付款前，承包人正确、合理使用发包人支付的预付款而提供的担保。其主要作用是保证承包人能够按合同规定的目的使用并及时偿还发包人已支付的全部预付金额。如果承包人中途毁约，中止工程，使发包人不能在规定期限内从应付工程款中扣除全部预付款，则发包人有权从该项担保金额中获得补偿。

② 预付款担保的形式。预付款担保的主要形式为银行保函。预付款担保的担保金额通常与发包人的预付款是等值的。预付款一般逐月从工程进度款中扣除，预付款担保的担保金额也相应逐月减少。承包人的预付款保函的担保金额根据预付款扣回的数额相应扣减，但在预付款全部扣回之前一直保持有效。预付款担保也可以采用发承包双方约定的其他形式，如由担保公司提供担保，或采取抵押等担保形式。

4）安全文明施工费

发包人应在工程开工后的 28 天内预付不低于当年施工进度计划的安全文明施工费总额的 60%，其余部分按照提前安排的原则进行分解，与进度款同期支付。发包人没有按时支付安全文明施工费的，承包人可催告发包人支付；发包人在付款期满后的 7 天内仍未支付的，若发生安全事故，发包人应承担连带责任。

 课证融通小测

某工程合同总额为 20000 万元，其中主要材料占比 40%，合同中约定的工程预付款总额为 2400 万元，则按起扣点计算法计算的预付款起扣点为（　　）万元。

A. 6000　　　　　B. 8000　　　　　C. 12000　　　　　D. 14000

（2）期中支付

合同价款的期中支付，是指发包人在合同工程施工过程中，按照合同约定对付款周期内承包人完成的合同价款给予支付的款项，也就是工程进度款的结算支付。发承包双方应按照合同约定的时间、程序和方法，根据工程计量结果，办理期中价款结算，支付进度款。进度款支付周期，应与合同约定的工程计量周期一致。

1）期中支付价款的计算

① 已完工程的结算价款。已标价工程量清单中的单价项目，承包人应按工程计量确认的工程量与综合单价计算。如综合单价发生调整的，以发承包双方确认调整的综合单价计算进度款。

已标价工程量清单中的总价项目，承包人应按合同中约定的进度款支付分解，分别列入进度款支付申请中的安全文明施工费和本周期应支付的总价项目金额中。

② 结算价款的调整。承包人现场签证和得到发包人确认的索赔金额列入本周期应增加的金额中。由发包人提供的材料、工程设备金额，应按照发包人签约提供的单价和数量从进度款支付中扣除，列入本周期应扣减的金额中。

③ 进度款的支付比例。进度款的支付比例按照合同约定，按期中结算价款总额计算，不低于 60%，不高于 90%。

2）期中支付的文件

① 进度款支付申请。承包人应在每个计量周期到期后向发包人提交已完工程进度款支付申请（一式四份），详细说明此周期认为有权得到的款额，包括分包人已完工程的价款。支付申请的内容包括：

A. 累计已完成的合同价款；

B. 累计已实际支付的合同价款；

C. 本周期合计完成的合同价款，其中包括：①本周期已完成单价项目金额；②本周期应支付的总价项目金额；③本周期已完成的计日工价款；④本周期应支付的安全文明施工费；⑤本周期应增加的金额；

D. 本周期合计应扣减的金额，其中包括：①本周期应扣回的预付款；②本周期应扣减的金额；

E. 本周期实际应支付的合同价款。

② 进度款支付证书。发包人应在收到承包人进度款支付申请后，根据计量结果和合同约定对申请内容予以核实，确认后向承包人出具进度款支付证书。若发承包双方对有的清单项目的计量结果出现争议，发包人应对无争议部分的工程计量结果向承包人出具进度款支付证书。

③ 支付证书的修正。发现已签发的任何支付证书有错、漏或重复的数额，发包人有权予以修正，承包人也有权提出修正申请。经发承包双方复核同意修正的，应在本次到期的进度款中支付或扣除。

关于合同价款的期中支付，下列说法正确的是(　　　)。

A. 进度款支付周期应与发包人实际的工程计量周期一致

B. 已标价工程量清单中单价项目结算价款应按承包人确认的工程量计算

C. 承包人现场签证金额不应列入期中支付进度款，在竣工结算时一并处理

D. 进度款的支付按期中结算价款总额和约定比例计算，一般不低于60%，不高于90%

4.2.3　竣工结算文件的编制和审核

工程竣工结算是指工程项目完工并经竣工验收合格后，发承包双方按照施工合同的约定对所完成的工程项目进行的合同价款计算、调整和确认。财政部、建设部于2004年10月发布的《建设工程价款结算暂行办法》规定，工程完工后，发承包双方应按照约定的合同价款、合同价款调整内容以及索赔事项，进行工程竣工结算。工程竣工结算分为单位工程竣工结算、单项工程竣工结算和建设项目竣工总结算。《住房城乡建设部关于进一步推进工程造价管理改革的指导意见》（建标〔2014〕142号）中指出，应"完善建设工程价款结算办法，转变结算方式，推行过程结算，简化竣工结算"。

（1）竣工结算文件的编制

1）竣工结算文件的编制依据

工程竣工结算文件编制的主要依据包括：

① 建设工程工程量清单计价规范；

② 工程合同；

③ 发承包双方实施过程中已确认的工程量及其结算的合同价款；

④ 发承包双方实施过程中已确认调整后追加（减）的合同价款；

⑤ 建设工程设计文件及相关资料；

⑥ 投标文件；

⑦ 其他依据。

2）编制竣工结算文件的计价原则

在采用工程量清单计价的方式下，工程竣工结算的编制应当遵循下列计价原则：

① 分部分项工程和措施项目中的单价项目应依据双方确认的工程量与已标价工程量清单的综合单价计算；如发生调整的，以发承包双方确认调整的综合单价计算。

② 措施项目中的总价项目应依据合同约定的项目和金额计算；如发生调整的，以发承包双方确认调整的金额计算，其中安全文明施工费必须按照国家或省级、行业建设主管部门的规定计算。

③ 其他项目应按下列规定计价：

A. 计日工应按发包人实际签证确认的事项计算；

B. 暂估价应按发承包双方按照《建设工程工程量清单计价规范》GB 50500—2013 的相关规定计算；

C. 总承包服务费应依据合同约定金额计算，如发生调整的，以发承包双方确认调整的金额计算；

D. 施工索赔费用应依据发承包双方确认的索赔事项和金额计算；

E. 现场签证费用应依据发承包双方签证资料确认的金额计算；

F. 暂列金额应减去工程价款调整（包括索赔、现场签证）金额计算，如有余额归发包人。

④ 规费和税金应按照国家或省级、行业建设主管部门的规定计算。规费中的工程排污费应按工程所在地环境保护部门规定标准缴纳后按实列入。

⑤ 其他原则。采用总价合同的，应在合同总价基础上，对合同约定能调整的内容及超过合同约定范围的风险因素进行调整；采用单价合同的，在合同约定风险范围内的综合单价应固定不变，并应按合同约定进行计量，且应按实际完成的工程量进行计量。此外，发承包双方在工程实施过程中已经确认的工程计量结果和合同价款，在竣工结算办理中应直接进入结算。

3）竣工结算文件的提交

工程完工后，承包方应当在工程完工后的约定期限内提交竣工结算文件。未在规定期限内完成的并且提不出正当理由延期的，承包人经发包人催告后仍未提交竣工结算文件或没有明确答复，发包人有权根据已有资料编制竣工结算文件，作为办理竣工结算和支付结算款的依据，承包人应予以认可。

（2）竣工结算文件的审核

1）竣工结算文件审核的委托

国有资金投资建设工程的发包人，应当委托具有相应资质的工程造价咨询机构对竣工结算文件进行审核，并在收到竣工结算文件后的约定期限内向承包人提出由工程造价咨询机构出具的竣工结算文件审核意见；逾期未答复的，按照合同约定处理，合同没有约定的，竣工结算文件视为已被认可。

非国有资金投资的建筑工程发包人，应当在收到竣工结算文件后的约定期限内予以答复，逾期未答复的，按照合同约定处理，合同没有约定的，竣工结算文件视为已被认可；发包人对竣工结算文件有异议的，应当在答复期内向承包人提出，并可以在提出异议之日起的约定期限内与承包人协商；发包人在协商期内未与承包人协商或者经协商未能与承包人达成协议的，应当委托工程造价咨询机构进行竣工结算审核，并在协商期满后的约定期限内向承包人提出由工程造价咨询机构出具的竣工结算文件审核意见。

2）工程造价咨询机构的审核

接受委托的工程造价咨询机构从事竣工结算审核工作通常应包括下列三个阶段：

① 准备阶段。准备阶段应包括收集、整理竣工结算审核项目的审核依据资料，做好送审资料的交验、核实、签收工作，并应对资料等缺陷向委托方提出书面意见及要求。

② 审核阶段。审核阶段应包括现场踏勘核实，召开审核会议，澄清问题，提出补充依据性资料和必要的弥补性措施，形成会商纪要，进行计量、计价审核与确定工作，完成初步审核报告。

③ 审定阶段。审定阶段应包括就竣工结算审核意见与承包人和发包人进行沟通，召开协调会议，处理分歧事项，形成竣工结算审核成果文件，签认竣工结算审定签署表，提交竣工结算审核报告等工作。

竣工结算审核应采用全面审核法，除委托咨询合同另有约定外，不得采用重点审核法、抽样审核法或类比审核法等其他方法。

竣工结算审核的成果文件应包括竣工结算审核书封面、签署页、竣工结算审核报告、竣工结算审定签署表、竣工结算审核汇总对比表、单项工程竣工结算审核汇总对比表、单位工程竣工结算审核汇总对比表等。

3）承包人异议的处理

发包人委托工程造价咨询机构核对、审核竣工结算文件的，工程造价咨询机构应在规定期限内核对完毕，审核意见与承包人提交的竣工结算文件不一致的，应提交给承包人复核，承包人应在规定期限内将同意审核意见或不同意见的说明提交工程造价咨询机构。工程造价咨询机构收到承包人提出的异议后，应再次复核，复核无异议的，发承包双方应于规定期限内在竣工结算文件上签字确认，竣工结算办理完毕；复核后仍有异议的，对于无异议部分办理不完全竣工结算；有异议部分由发承包双方协商解决，协商不成的，按照合同约定的争议解决方式处理。承包人逾期未提出书面异议的，视为工程造价咨询机构核对的竣工结算文件已经承包人认可。

4）竣工结算文件的确认与备案

工程竣工结算文件经发承包双方签字确认的，应当作为工程结算的依据，未经对方同意，另一方不得就已生效的竣工结算文件委托工程造价咨询企业重复审核。发包人应当按照竣工结算文件及时支付竣工结算款。竣工结算文件应当由发包人报工程所在地县级以上地方人民政府住建主管部门备案。

（3）质量争议工程的竣工结算

发包人对工程质量有异议，拒绝办理工程竣工结算的，按以下情形分别处理：

1）已经竣工验收或已竣工未验收但实际投入使用的工程，其质量争议按该工程保修合同执行，竣工结算按合同约定办理。

2）已竣工未验收且未实际投入使用的工程以及停工、停建工程的质量争议，双方应就有争议的部分委托有资质的检测鉴定机构进行检测，根据检测结果确定解决方案，或按工程质量监督机构的处理决定执行办理竣工结算，无争议部分的竣工结算按合同约定办理。

4.2.4 竣工结算款的支付

（1）承包人提交竣工结算款支付申请

承包人应根据办理的竣工结算文件，向发包人提交竣工结算款支付申请。该申请应包括下列内容：

1）竣工结算合同价款总额；

2）累计已实际支付的合同价款；

3）应扣留的质量保证金（已缴纳履约保证金的或者提供其他工程质量担保方式的除外）；

4）实际应支付的竣工结算款金额。

（2）发包人签发竣工结算支付证书

发包人应在收到承包人提交竣工结算款支付申请后规定时间内予以核实，向承包人签发竣工结算支付证书。

（3）支付竣工结算款

发包人签发竣工结算支付证书后的规定时间内，按照竣工结算支付证书列明的金额向承包人支付结算款。

发包人在收到承包人提交的竣工结算款支付申请后规定时间内不予核实，不向承包人签发竣工结算支付证书的，视为承包人的竣工结算款支付申请已被发包人认可；发包人应在收到承包人提交的竣工结算款支付申请规定时间内，按照承包人提交的竣工结算款支付申请列明的金额向承包人支付结算款。

发包人未按照规定的程序支付竣工结算款的，承包人可催告发包人支付，并有权获得延迟支付的利息。发包人在竣工结算支付证书签发后或者在收到承包人提交的竣工结算款支付申请规定时间内仍未支付的，除法律另有规定外，承包人可与发包人协商将该工程折价，也可直接向人民法院申请将该工程依法拍卖。承包人就该工程折价或拍卖的价款优先受偿。

 课证融通小测

1. 关于政府投资项目竣工结算的审核，下列说法正确的是（　　　）。

A. 单位工程竣工结算由承包人审核

B. 单项工程竣工结算由承包人审核

C. 建设项目竣工总结算由发包人委托造价工程师审核

D. 竣工结算文件由发包人委托具有相应资质的工程造价咨询机构审核

2. 发包人未按规定程序支付竣工结算款项的，承包人可以（　　　）。

A. 催发包人支付 　　　　　　　　　B. 获得延迟支付利息的权利

C. 直接将工程折价 　　　　　　　　D. 直接将工程拍卖

E. 就工程拍卖价款获得优先受偿权

4.2.5　合同解除的价款结算与支付

发承包双方协商一致解除合同的，按照达成的协议办理结算和支付合同价款。

（1）不可抗力解除合同

由于不可抗力解除合同的，发包人除应向承包人支付合同解除之日前已完成工程但尚未支付的合同价款，还应支付下列金额：

1）合同中约定应由发包人承担的费用。

2) 已实施或部分实施的措施项目应付价款。

3) 承包人为合同工程合理订购且已交付的材料和工程设备货款。发包人一经支付此项货款，该材料和工程设备即成为发包人的财产。

4) 承包人撤离现场所需的合理费用，包括员工遣送费和临时工程拆除、施工设备运离现场的费用。

5) 承包人为完成合同工程而预期开支的任何合理费用，且该项费用未包括在本款其他各项支付之内。

发承包双方办理结算合同价款时，应扣除合同解除之日前发包人应向承包人收回的价款。当发包人应扣除的金额超过了应支付的金额，则承包人应在合同解除后的 56 天内将其差额退还给发包人。

（2）违约解除合同

1) 承包人违约。因承包人违约解除合同的，发包人应暂停向承包人支付任何价款。发包人应在合同解除后规定时间内核实合同解除时承包人已完成的全部合同价款以及按施工进度计划已运至现场的材料和工程设备货款，按合同约定核算承包人应支付的违约金以及造成损失的索赔金额，并将结果通知承包人。发承包双方应在规定时间内予以确认或提出意见，并办理结算合同价款。如果发包人应扣除的金额超过了应支付的金额，则承包人应在合同解除后的规定时间内将其差额退还给发包人。发承包双方不能就解除合同后的结算达成一致的，按照合同约定的争议解决方式处理。

2) 因发包人违约解除合同的，发包人除应按照有关不可抗力解除合同的规定向承包人支付各项价款外，还需按合同约定核算发包人应支付的违约金以及给承包人造成损失或损害的索赔金额费用。该笔费用由承包人提出，发包人核实后与承包人协商确定后的规定时间内向承包人签发支付证书。协商不能达成一致的，按照合同约定的争议解决方式处理。

4.2.6 质量保证金的处理

住房城乡建设部 财政部关于印发《建设工程质量保证金管理办法的通知》（建质〔2017〕138 号）规定，建设工程质量保证金是指发包人与承包人在建设工程承包合同中约定，从应付的工程款中预留，用以保证承包人在缺陷责任期内对建设工程出现的缺陷进行维修的资金。

（1）缺陷责任期的确定

1) 缺陷责任期相关概念

① 缺陷。缺陷是指建设工程质量不符合工程建设强制标准、设计文件以及承包合同的约定。

② 缺陷责任期。缺陷责任期是指承包人按照合同约定承担缺陷修复义务，且发包人预留质量保证金（已缴纳履约保证金的除外）的期限。

2) 缺陷责任期的期限

缺陷责任期从工程通过竣工验收之日起计，缺陷责任期一般为 1 年，最长不超过 2 年，由发承包双方在合同中约定。由于承包人原因导致工程无法按规定期限进行竣工验收的，缺陷责任期从实际通过竣工验收之日起计。由于发包人原因导致工程无法按规定期限进行竣工验收的，在承包人提交竣工验收报告 90 天后，工程自动进入缺陷责任期。

（2）质量保证金的预留、使用及返还

1）质量保证金的预留

发包人应按照合同约定方式预留质量保证金，质量保证金总预留比例不得高于工程价款结算总额的 3%。合同约定由承包人以银行保函替代预留质量保证金的，保函金额不得高于工程价款结算总额的 3%。在工程项目竣工前，已经缴纳履约保证金的，发包人不得同时预留工程质量保证金。采用工程质量保证担保、工程质量保险等其他方式的，发包人不得再预留质量保证金。

2）质量保证金的使用

① 质量保证金的管理。缺陷责任期内，实行国库集中支付的政府投资项目，质量保证金的管理应按国库集中支付的有关规定执行。其他政府投资项目，质量保证金可以预留在财政部门或发包方。缺陷责任期内，如发包人被撤销，质量保证金随交付使用资产一并移交使用单位，由使用单位代行发包人职责。社会投资项目采用预留质量保证金方式的，发承包双方可以约定将质量保证金交由金融机构托管。

② 质量保证金的使用。缺陷责任期内，由承包人原因造成的缺陷，承包人应负责维修，并承担鉴定及维修费用。如承包人不维修也不承担费用，发包人可按合同约定从质量保证金或银行保函中扣除，费用超出质量保证金额的，发包人可按合同约定向承包人进行索赔。承包人维修并承担相应费用后，不免除其对工程的损失赔偿责任。由他人原因造成的缺陷，发包人负责组织维修，承包人不承担费用，且发包人不得从质量保证金中扣除费用。

3）质量保证金的返还

缺陷责任期内，承包人认真履行合同约定的责任，到期后，承包人向发包人申请返还发包人在接到承包人返还质量保证金申请后，应于 14 天内会同承包人按照合同约定的内容进行核实。如无异议，发包人应当按照约定将质量保证金返还给承包人。对返还期限没有约定或者约定不明确的，发包人应当在核实后 14 天内将质量保证金返还承包人，逾期未返还的，依法承担违约责任。发包人在接到承包人返还质量保证金申请后 14 天内不予答复，经催告后 14 天内仍不予答复，视同认可承包人的返还保证金申请。

4.2.7　最终结清

所谓最终结清，是指合同约定的缺陷责任期终止后，承包人已按合同规定完成全部剩余工作且质量合格的，发包人与承包人结清全部剩余款项的活动。

（1）最终结清申请单

缺陷责任期终止后，承包人已按合同规定完成全部剩余工作且质量合格的，发包人签发缺陷责任期终止证书，承包人可按合同约定的份数和期限向发包人提交最终结清申请单，并提供相关证明材料，详细说明承包人根据合同规定已经完成的全部工程价款金额以及承包人认为根据合同规定应进一步支付的其他款项。发包人对最终结清申请单内容有异议的，有权要求承包人进行修正并提供补充资料，由承包人向发包人提交修正后的最终结清申请单。

（2）最终支付证书

发包人应在收到承包人提交的最终结清申请单后的规定时间内予以核实，向承包人签发最终支付证书。发包人未在约定时间内核实，又未提出具体意见的，视为承包人提交的最终结清申请单已被发包人认可。

（3）最终结清付款

发包人应在签发最终结清支付证书后的规定时间内，按照最终结清支付证书列明的金额向承包人支付最终结清款。承包人按合同约定接受了竣工结算支付证书后，应被认为已无权再提出在合同工程接收证书颁发前所发生的任何索赔。承包人在提交的最终结清申请中，只限于提出工程接收证书颁发后发生的索赔。提出索赔的期限自接受最终支付证书时终止。发包人未按期支付的，承包人可催告发包人在合理的期限内支付，并有权获得延迟支付的利息。最终结清时，如果承包人被扣留的质量保证金不足以抵减发包人工程缺陷修复费用的，承包人应承担不足部分的补偿责任。

最终结清付款涉及政府投资资金的，按照国库集中支付等国家相关规定和专用合同条款的约定办理。

承包人对发包人支付的最终结清款有异议的，按照合同约定的争议解决方式处理。

因承包人原因解除合同的，承包人有权要求发包人支付(　　)。

A. 承包人员遣送费　　　　　　　　B. 临时工程拆除费

C. 施工设备运离现场费　　　　　　D. 已完措施项目费

4.2.8　合同价款纠纷的处理

建设工程合同价款纠纷，是指发承包双方在建设工程合同价款的约定、调整以及结算等过程中所发生的争议。按照争议合同的类型不同，可以把工程合同价款纠纷分为总价合同价款纠纷、单价合同价款纠纷以及成本加酬金合同价款纠纷；按照纠纷发生的阶段不同，可以分为合同价款约定纠纷、合同价款调整纠纷和合同价款结算纠纷；按照纠纷的成因不同，可以分为合同无效的价款纠纷、工期延误的价款纠纷、质量争议的价款纠纷以及工程索赔的价款纠纷。

（1）合同价款纠纷的解决途径

建设工程合同价款纠纷的解决途径主要有四种：和解、调解、仲裁和诉讼。建设工程合同发生纠纷后，当事人可以通过和解或者调解解决合同争议。当事人不愿和解、调解或者和解、调解不成的，可以根据仲裁协议向仲裁机构申请仲裁。当事人没有订立仲裁协议或者仲裁协议无效的，可以向人民法院起诉。当事人应当履行发生法律效力的法院判决或裁定、仲裁裁决、法院或仲裁调解书；拒不履行的，对方当事人可以请求人民法院执行。

1）和解

和解是指当事人在自愿互谅的基础上，就已经发生的争议进行协商并达成协议，自行解决争议的一种方式。发生合同争议时，当事人应首先考虑通过和解解决争议。合同争议和解解决方式简便易行，能经济、及时地解决纠纷，同时有利于维护合同双方的友好合作关系，使合同能更好地得到履行。根据《建设工程工程量清单计价规范》GB 50500—2013 的规定，双方可通过以下方式进行和解：

① 协商和解。合同价款争议发生后，发承包双方任何时候都可以进行协商。协商达

成一致的，双方应签订书面和解协议，和解协议对发承包双方均有约束力。如果协商不能达成一致协议，发包人或承包人都可以按合同约定的其他方式解决争议。

② 监理或造价工程师暂定。若发包人和承包人之间就工程质量、进度、价款支付与扣除、工期延期、索赔、价款调整等发生任何法律上、经济上或技术上的争议，首先应根据已签约合同的规定，提交合同约定职责范围内的总监理工程师或造价工程师解决并抄送另一方。总监理工程师或造价工程师在收到此提交件后 14 天内应将暂定结果通知发包人和承包人。发承包双方对暂定结果认可的，应以书面形式予以确认，暂定结果成为最终决定。

发承包双方在收到总监理工程师或造价工程师的暂定结果通知之后的 14 天内，未对暂定结果予以确认也未提出不同意见的，视为发承包双方已认可该暂定结果。

发承包双方或一方不同意暂定结果的，应以书面形式向总监理工程师或造价工程师提出，说明自己认为正确的结果，同时抄送另一方，此时该暂定结果成为争议。在暂定结果不实质影响发承包双方当事人履约的前提下，发承包双方应实施该结果，直到其按照发承包双方认可的争议解决办法被改变为止。

2）调解

调解是指双方当事人以外的第三人应纠纷当事人的请求，依据法律规定或合同约定，对双方当事人进行疏导、劝说，促使他们互相谅解、自愿达成协议解决纠纷的一种途径。《建设工程工程量清单计价规范》GB 50500—2013 规定了以下的调解方式：

① 管理机构的解释或认定。合同价款争议发生后，发承包双方可就工程计价依据的争议以书面形式提请工程造价管理机构对争议以书面文件进行解释或认定。工程造价管理机构应在收到申请的 10 个工作日内就发承包双方提请的争议问题进行解释或认定。

发承包双方或一方在收到工程造价管理机构书面解释或认定后，仍可按照合同约定的争议解决方式提请仲裁或诉讼。除工程造价管理机构的上级管理部门作出了不同的解释或认定，或在仲裁裁决或法院判决中不予采信的外，工程造价管理机构作出的书面解释或认定是最终结果，对发承包双方均有约束力。

② 双方约定争议调解人进行调解。通常按照以下程序进行：

A. 约定调解人。发承包双方应在合同中约定或在合同签订后共同约定争议调解人，负责双方在合同履行过程中发生争议的调解。合同履行期间，发承包双方可以协议调换或终止任何调解人，但发包人或承包人都不能单独采取行动。除非双方另有协议，在最终结清支付证书生效后，调解人的任期即终止。

B. 争议的提交。如果发承包双方发生了争议，任何一方可以将该争议以书面形式提交调解人，并将副本抄送另一方，委托调解人调解。发承包双方应按照调解人提出的要求，给调解人提供所需的资料、现场进入权及相应设施。调解人应被视为不是在进行仲裁人的工作。

C. 进行调解。调解人应在收到调解委托后 28 天内，或由调解人建议并经发承包双方认可的其他期限内，提出调解书，发承包双方接受调解书的，经双方签字后作为合同的补充文件，对发承包双方具有约束力，双方都应立即遵照执行。

D. 异议通知。如果发承包任意一方对调解人的调解书有异议，应在收到调解书后 28 天内向另一方发出异议通知，并说明争议的事项和理由。除非调解书在协商和解或仲裁裁决、诉讼判决中作出修改，或合同已经解除，承包人应继续按照合同实施工程。

如果调解人已就争议事项向发承包双方提交了调解书，而任一方在收到调解书后28天内，均未发出表示异议的通知，则调解书对发承包双方均具有约束力。

3）仲裁

仲裁是当事人根据在纠纷发生前或纠纷发生后达成的有效仲裁协议，自愿将争议事项提交双方选定的仲裁机构进行裁决的一种纠纷解决方式。

① 仲裁方式的选择。在民商事仲裁中，有效的仲裁协议是申请仲裁的前提，没有仲裁协议或仲裁协议无效的，当事人就不能提请仲裁机构仲裁，仲裁机构也不能受理。因此，发承包双方如何选择仲裁方式解决纠纷，必须在合同中订立有仲裁条款或者以书面形式在纠纷发生前或者纠纷发生后达成了请求仲裁的协议。仲裁协议的内容应当包括：

A. 请求仲裁的意思表示；

B. 仲裁事项；

C. 选定的仲裁委员会。

前述三项内容必须同时具备，仲裁协议方为有效。

② 仲裁裁决的执行。仲裁裁决作出后，当事人应当履行裁决。一方当事人不履行的，另一方当事人可以向被执行人所在地或者被执行财产所在地的中级人民法院申请执行。

③ 关于通过仲裁方式解决合同价款争议，《建设工程工程量清单计价规范》GB 50500—2013作出了如下规定：

A. 如果发承包双方的协商和解或调解均未达成一致意见，其中一方已就此争议事项根据合同约定的仲裁协议申请仲裁的，应同时通知另一方。

B. 仲裁可在竣工之前或之后进行，但发包人、承包人、调解人各自的义务不得因在工程实施期间进行仲裁而有所改变。当仲裁是在仲裁机构要求停止施工的情况下进行时，承包人应对合同工程采取保护措施，由此增加的费用由败诉方承担。

C. 若双方通过和解或调解形成有关的暂定或和解协议或调解书已经有约束力的情况下，当发承包中一方未能遵守暂定或和解协议或调解书时，另一方可在不损害他可能具有的任何其他权利的情况下，将未能遵守暂定或不执行和解协议或调解书达成的事项提交仲裁。

4）诉讼

民事诉讼是指当事人请求人民法院行使审判权，通过审理争议事项并作出具有强制执行效力的裁判，从而解决民事纠纷的一种方式。在建设工程合同中，发承包双方在履行合同时发生争议，双方当事人不愿和解、调解或者和解、调解未能达成一致意见，又没有达成仲裁协议或者仲裁协议无效的，可依法向人民法院提起诉讼。

关于建设工程施工合同纠纷的诉讼管辖，根据《最高人民法院关于适用〈中华人民共和国民事诉讼法〉的解释》（法释〔2015〕5号）的规定，建设工程施工合同纠纷按照不动产纠纷确定管辖。根据《中华人民共和国民事诉讼法》的规定，因不动产纠纷提起的诉讼，由不动产所在地人民法院管辖。因此，因建设工程合同纠纷提起的诉讼，应当由工程所在地人民法院管辖。

（2）合同价款纠纷的处理原则

建设工程合同履行过程中会产生大量纠纷，有些纠纷并不容易直接适用现有的法律条款予以解决。针对这些纠纷，可以通过相关司法解释的规定进行处理。2002 年 6 月 11 日，最高人民法院通过了《关于建设工程价款优先受偿权问题的批复》（法释〔2002〕16 号），2004 年 9 月 29 日，最高人民法院通过了《关于审理建设工程施工合同纠纷案件适用法律问题的解释》（法释〔2004〕14 号）。2018 年 10 月 29 日，最高人民法院通过了《关于审理建设工程施工合同纠纷案件适用法律问题的解释（二）》（法释〔2018〕20 号）。

这些司法解释和批复，不仅为人民法院审理建设工程合同纠纷提供了明确的指导意见，同样为建设工程实践中出现的合同纠纷指明了解决的办法。司法解释中关于施工合同价款纠纷的处理原则和方法，可以为发承包双方在工程合同履行过程中出现类似纠纷的处理提供参考性极强的借鉴。

1）施工合同无效的价款纠纷处理

① 建设工程施工合同无效的认定。建设工程施工合同具有下列情形之一的，应当根据相关法律规定，认定无效：

A. 承包人未取得建筑施工企业资质或超越资质等级的；

B. 没有资质的实际施工人借用有资质的建筑施工企业名义的；

C. 建设工程必须进行招标而未招标或中标无效的。

当事人以发包人未取得建设工程规划许可证等规划审批手续为由，请求确认建设工程施工合同无效的，人民法院应予支持，但发包人在起诉前取得建设工程规划许可证等规划审批手续的除外。

② 建设工程施工合同无效的处理方式。建设工程施工合同无效，但建设工程经竣工验收合格，承包人请求参照合同约定支付工程价款的，应予支持。建设工程施工合同无效，且建设工程经竣工验收不合格的，按照以下情形分别处理：

A. 修复后的建设工程经竣工验收合格，发包人请求承包人承担修复费用的，应予支持；

B. 修复后的建设工程经竣工验收不合格，承包人请求支付工程价款的，不予支持。因建设工程不合格造成的损失，发包人有过错的，也应承担相应的民事责任。

承包人非法转包、违法分包建设工程或者没有资质的实际施工人借用有资质的建筑施工企业名义与他人签订建设工程施工合同的行为无效。人民法院可以根据相关法律的规定，收缴当事人已经取得的非法所得。

③ 不能认定为无效合同的情形：

A. 承包人超越资质等级许可的业务范围签订建设工程施工合同，在建设工程竣工前取得相应资质等级，当事人请求按照无效合同处理的，不予支持。

B. 具有劳务作业法定资质的承包人与总承包人、分包人签订的劳务分包合同，当事人以转包建设工程违反法律规定为由请求确认无效的，不予支持。

④ 合同无效后的损失赔偿。建设工程施工合同无效，一方当事人请求对方赔偿损失的，应当就对方过错、损失大小、过错与损失之间的因果关系承担举证责任；损失大小无法确定，一方当事人请求参照合同约定的质量标准、建设工期、工程价款支付时间等内容确定损失大小的，人民法院可以结合双方过错程度、过错与损失之间的因果关系等因素做出裁判。

缺乏资质的单位或者个人借用有资质的建筑施工企业名义签订建设工程施工合同，发包人请求出借方与借用方对建设工程质量不合格等因出借资质造成的损失承担连带赔偿责任的，人民法院应予支持。

2）垫资施工合同的价款纠纷处理

对于发包人要求承包人垫资施工的项目，对于垫资施工部分的工程价款结算，最高人民法院《关于审理建设工程施工合同纠纷案件适用法律问题的解释》提出了处理意见：

① 当事人对垫资和垫资利息有约定，承包人请求按照约定返还垫资及其利息的，应予支持，但是约定的利息计算标准高于中国人民银行发布的同期同类贷款利率的部分除外。

② 当事人对垫资没有约定的，按照工程欠款处理。

③ 当事人对垫资利息没有约定，承包人请求支付利息的，不予支持。

3）施工合同解除后的价款纠纷处理

① 承包人具有下列情形之一，发包人请求解除建设工程施工合同的，应予支持：

A. 明确表示或者以行为表明不履行合同主要义务的；

B. 合同约定的期限内没有完工，且在发包人催告的合理期限内仍未完工的；

C. 已经完成的建设工程质量不合格，并拒绝修复的；

D. 将承包的建设工程非法转包、违法分包的。

② 发包人具有下列情形之一，致使承包人无法施工，且在催告的合理期限内仍未履行相应义务，承包人请求解除建设工程施工合同的，应予支持：

A. 未按约定支付工程价款的；

B. 提供的主要建筑材料、建筑构配件和设备不符合强制性标准的；

C. 不履行合同约定的协助义务的。

③ 建设工程施工合同解除后，已经完成的建设工程质量合格的，发包人应当按照约定支付相应的工程价款。

④ 已经完成的建设工程质量不合格的：

A. 修复后的建设工程经验收合格，发包人请求承包人承担修复费用的，应予支持；

B. 修复后的建设工程经验收不合格，承包人请求支付工程价款的，不予支持。

4）发包人引起质量缺陷的价款纠纷处理

① 发包人应承担的过错责任。发包人具有下列情形之一，造成建设工程质量的缺陷的，应当承担过错责任：

A. 提供的设计有缺陷；

B. 提供或者指定购买的建筑材料、建筑构配件、设备不符合强制性标准；

C. 直接指定分包人分包专业工程。

② 发包人提前占用工程。建设工程未经竣工验收，发包人擅自使用后，又以使用部分质量不符合约定为由主张权利的，不予支持；但是承包人应当在建设工程的合理使用寿命内对地基基础工程和主体结构质量承担民事责任。

5）其他工程结算价款纠纷的处理

① 合同文件内容不一致时的结算依据：

A. 当事人就同一建设工程另行订立的建设工程施工合同与经过备案的中标合同实质性内容不一致的，应当以备案的中标合同作为结算工程价款的根据。

B. 当事人签订的建设工程施工合同与招标文件、投标文件、中标通知书载明的工程范围、建设工期、工程质量、工程价款不一致，一方当事人请求将招标文件、投标文件、中标通知书作为结算工程价款的依据的，人民法院应予支持。

C. 发包人将依法不属于必须招标的建设工程进行招标后，与承包人另行订立的建设工程施工合同背离中标合同的实质性内容，当事人请求以中标合同作为结算建设工程价款依据的，人民法院应予支持，但发包人与承包人因客观情况发生了招标投标时难以预见的变化而另行订立建设工程施工合同的除外。

D. 当事人就同一建设工程订立的数份建设工程施工合同均无效，但建设工程质量合格，一方当事人请求参照实际履行的合同结算建设工程价款的，人民法院应予支持。实际履行的合同难以确定，当事人请求参照最后签订的合同结算建设工程价款的，人民法院应予支持。

② 对承包人竣工结算文件的认可。当事人约定，发包人收到竣工结算文件后，在约定期限内不予答复，视为认可竣工结算文件的，按照约定处理。承包人请求按照竣工结算文件结算工程价款的，应予支持。

③ 当事人对工程量有争议的，按照施工过程中形成的签证等书面文件确认。承包人能够证明发包人同意其施工，但未能提供签证文件证明工程量发生的，可以按照当事人提供的其他证据确认实际发生的工程量。

④ 计价方法与造价鉴定。当事人对建设工程的计价标准或者计价方法有约定的，按照约定结算工程价款。因设计变更导致建设工程的工程量或者质量标准发生变化，当事人对该部分工程价款不能协商一致的，可以参照签订建设工程施工合同时当地建设行政主管部门发布的计价方法或者计价标准结算工程价款。当事人约定按照固定价结算工程价款，一方当事人请求人民法院对建设工程造价进行鉴定的，不予支持。

⑤ 工程欠款的利息支付：

A. 利率标准。当事人对欠付工程价款利息计付标准有约定的，按照约定处理；没有约定的，按照中国人民银行发布的同期同类贷款利率计息。

B. 计息日。利息从应付工程价款之日计付。当事人对付款时间没有约定或者约定不明的，下列时间视为应付款时间：

a. 建设工程已实际交付的，为交付之日；

b. 建设工程没有交付的，为提交竣工结算文件之日；

c. 建设工程未交付，工程价款也未结算的，为当事人起诉之日。

6）由于价款纠纷引起的诉讼处理

① 合同履行地点的确定。建设工程施工合同纠纷以施工行为地为合同履行地。

② 诉讼当事人的追加：

A. 因建设工程质量发生争议的，发包人可以以总承包人、分包人和实际施工人为共同被告提起诉讼。

B. 实际施工人以转包人、违法分包人为被告起诉的，人民法院应当依法受理。实际施工人以发包人为被告主张权利的，人民法院应当追加转包人或者违法分包人为本案当事人。发包人只在欠付工程价款范围内对实际施工人承担责任。

 课证融通小测

1. 为保证建设工程仲裁协议有效，合同双方签订的仲裁协议中必须包括的内容有( )。

A. 请求仲裁的意思表示   B. 仲裁事项

C. 选定的仲裁员   D. 选定的仲裁委员会

E. 仲裁结果的执行方式

2. 关于合同价款纠纷的处理，人民法院应予支持的是( )。

A. 施工合同无效，但工程验收合格，承包人请求支付工程价款的

B. 发包人与承包人对垫资利息没有约定，承包人请求支付利息的

C. 施工合同解除后，已完工程质量不合格，承包人请求支付工程价款的

D. 未经竣工验收，发包人擅自使用工程后，以使用部分的工程质量不合格为由主张权利的

 素养提升

（1）通过施工过程结算与竣工结算政策的学习，使同学们养成学习法规、政策的习惯，牢固树立规矩意识。

（2）通过施工过程结算与竣工结算方法的学习，使同学们养成认真细致、精益求精的工作作风。

（3）通过合同价款纠纷处理的学习，使同学们养成法律意识。

（4）通过整理与清理作业环境，使同学们养成热爱劳动的意识。

任务 4.2　工作任务单

01　学生任务分配表

班级		组号		指导教师	
组长		学号			
组员 （组员姓名、 学号）					
任务分工					

02　任务准备表

工作目标		根据案例背景，填写工程结算计算要素
序号	计算要素	事件描述
1	签约合同价	
2	建筑材料及设备费占施工产值的比重	
3	工程预付款	
4	工程保修金	
5	材料和设备价差调整	
6	1月完成施工产值	
7	2月完成施工产值	
8	3月完成施工产值	
9	4月完成施工产值	
10	5月完成施工产值	
简述工程结算计算要素确定的注意事项		

03　工程结算方案工作单

组号		姓名		学号	
工作目标		制定工程结算计算方案			
该工程的工程预付款、起扣点确定					
该工程每月应拨付工程款和累计工程款确定					
该项目 5 月份办理工程竣工结算，该工程结算造价为多少？甲方应付工程结算款为多少？					

04 小组合作

组号		姓名		学号	
工作目标		小组交流讨论，教师参与，形成正确的工程结算思路			
错误信息		产生的原因		改进的措施	
自己在任务工作中的不足					

05 小组总结

组号		姓名		学号	
工作目标		小组推荐一位小组长，汇报绘制方案，借鉴每组经验，进一步优化方案			
序号		调整要素		调整方案	
本组工作的不足					

06　案例导入问题解决

组号		姓名		学号	
工作目标		(1) 根据事件类型与调整原则，形成工程结算金额。 (2) 分析工程结算实际数据，并进行订正。			

任务 4.2 案例详解：

任务 4.3　资金使用计划编制

 案例导入

某省会城市生活垃圾深度综合处理（清洁焚烧）工程，其办公用房的施工数据资料见表 4-3-1，请绘制该项目的时间——投资 S 形曲线。

办公用房的施工数据　　　　　　　　　　表 4-3-1

编码	项目名称	最早开始时间（月）	工期（月）	投资强度（万元/月）
01	场地平整	01	1	20
02	基础施工	02	3	15
03	主体工程施工	04	5	30
04	砌筑工程施工	08	3	20
05	屋面工程施工	10	2	30
06	楼地面施工	11	2	20
07	室内设施安装	11	1	30
08	室内装饰	12	1	20
09	室外装饰	12	1	10
10	其他工程		1	10

 知识目标

（1）掌握资金使用计划的编制方法类型（重点）。
（2）掌握利用 S 形曲线法编制项目资金使用计划的步骤。

横道图的绘制

 能力目标

能绘制 S 形曲线（重点、难点）。

 思政与素养目标

S形曲线的绘制

（1）培养成本效益意识，降本增效；
（2）培养认真细致、精益求精的工作作风；
（3）培养全局意识；
（4）培养劳动意识。

4.3.1　资金使用计划的编制对工程造价的影响

建设工程周期长、规模大、造价高，施工阶段又是资金投入最直接、量最大、效果最明显的阶段。施工阶段资金使用计划的编制与控制在整个建设管理中处于重要的地位，它对工程造价有着重要的影响，表现如下：

（1）通过编制资金使用计划，合理确定造价控制目标值，包括造价的总目标值、分目标值、各详细目标值，为工程造价的控制提供依据，并为资金的筹集与协调打下基础。有了明确的目标值后，就能将工程实际支出与目标值进行比较，找出偏差，分析原因，采取措施纠正偏差。

（2）通过资金使用计划的编制，可以对未来工程项目的资金使用和进度控制进行预测，消除不必要的资金浪费和进度失控，也能够避免在今后工程项目中由于缺乏依据而做出轻率判断所造成损失，减少盲目性，让现有资金充分发挥作用。

（3）在建设项目的实施过程中，通过资金使用计划的严格执行，可以有效地控制工程造价的上升，最大限度地节约投资，提高投资效益。

（4）对脱离实际的工程造价目标值和资金使用计划，应在科学评估的前提下，允许修订和修改，使工程造价更加趋于合理水平，从而保障建设单位和施工单位各自的合法利益。

4.3.2 资金使用计划的编制方法

编制资金使用计划过程中最重要的步骤就是项目投资目标的分解。根据投资控制目标和要求的不同，资金使用计划的编制方法通常有三种，即按投资构成分解目标、按子项目分解投资目标、按时间进度分解投资计划等。

（1）按投资构成分解的资金使用计划

工程项目的投资主要分为建筑安装工程投资、设备工（器）具购置投资及工程建设其他投资。由于建筑工程和安装工程在性质上存在较大差异，投资的计算方法和标准也不尽相同。因此，在实际操作中往往将建筑工程投资和安装工程投资分解开来。这样，工程项目投资的总目标就可以按图 4-3-1 分解。

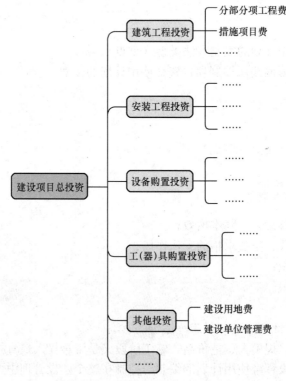

图 4-3-1　工程项目投资的总目标分解图

图 4-3-1 所示的建筑工程投资、安装工程投资、工（器）具购置投资可以进一步分解。另外，在按项目投资构成分解时，可以根据以往的经验和建立的数据库来确定适当的比例。必要时也可以做适当调整。例如，如果估计所购置的设备大多包括安装费，则可将安装工程投资和设备购置投资作为一个整体来确定他们所占的比例，然后再按具体情况决定细分或不细分。按投资的构成来分解的方法比较适用于有大量经验数据的工程项目。

（2）按子项目分解的资金使用计划

大中型的工程项目通常是由若干单项工程构成的，而每个单项工程包括了多个单位工程，每个单位工程又是由若干个分部分项工程构成，因此，首先要把项目总投资分解到单项工程和单位工程中。

一般来说，由于概算和预算大都是按照单项工程和单位工程来编制的，所以将项目总投资分解到各单项工程是比较容易的。需要注意的是，按照这种方法分解项目总投资，不能只是分解建筑工程投资、安装工程投资和设备工（器）具购置投资，还应该分解项目的其他投资。但项目其他投资所包含的内容既与具体单项工程或单位工程直接有关，也与整个项目建设有关，因此必须采取适当的方法将项目其他投资合理地分解到各个单项工程和单位工程中。最常用的也是最简单的方法就是按照单项工程的建筑安装工程投资和设备工（器）具购置投资之和的比例分摊，但其结果可能与实际支出投资相差甚远。因此，实践中一般应对工程项目其他投资的具体内容进行分析，将其中与各单项工程和单位工程有关的投资分离出来，按照一定比例分解到相应工程内容上。其他与整个项目有关的投资则不分解到单项工程和单位工程上。

另外，对各单位工程的建筑安装工程投资还需要进一步分解，在施工阶段一般可分解到分部分项工程。

（3）按时间进度分解的资金使用计划

工程项目的投资总是分阶段、分期支出的，资金使用是否合理与资金的时间安排有密切关系。编制项目资金使用计划，是为了合理筹措资金，尽可能减少资金占用和利息支出，因此有必要将项目总投资按其使用时间进行分解。

编制按时间进度的资金使用计划，通常可利用项目进度计划网络图进一步扩充而得。即在建立网络图时，一方面确定完成各项工作所需时间，另一方面确定完成这一工作的合适投资支出预算。在实践中，将工程项目分解为既能方便地表示时间，又能方便地表示投资支出预算的工作是不容易的，通常如果项目分解程度对时间控制合适的话，则对投资支出预算可能分配过细，以至于不可能对每项工作确定其投资支出预算。反之亦然。因此，在编制网络计划时应在充分考虑进度控制对项目划分要求的同时，还要考虑确定投资支出预算对项目划分的要求，做到二者兼顾。

按时间进度编制的资金使用计划通常采用横道图、时标网络图、S 形曲线、香蕉图等形式。

横道图法是用不同的横道图标识已完工程计划投资、实际投资及拟完工程计划投资，横道图的长度与其数据成正比。横道图的优点是形象直观，但信息量少，一般用于管理的较高层次。

时标网络图是在确定施工计划网络图基础上，将施工进度与工期相结合而形成的网络图。

4.3.3 S形曲线编制投资进度计划

S形曲线即时间-投资累计曲线。S形曲线绘制步骤如下：

（1）确定工程进度计划，编制进度计划横道图。

（2）根据每单位时间内完成的实物工程量或投入的人力、物力和财力，计算单位时间（月或旬）的投资，见表4-3-2。

单位时间的投资　　　　　　　　　　　表 4-3-2

时间（月）	1	2	3	4	5	6	7	8	9	10	11	12
投资（万元）	200	200	300	500	700	800	800	700	800	600	500	400

（3）将各单位时间 t 计划完成的投资额累计，得到计划累计完成的投资额，计算方法为：各单位时间计划完成的投资额累加求和，可按下式计算：

$$Q_t = \sum_{n=1}^{t} q_n$$

式中　Q_t——某时间 t 计划累计完成投资额；

q_n——单位时间 n 的计划完成投资额；

t——规定的计划时间。

根据投资额的累加计算公式，表4-3-2中各时间计划累计完成的投资额具体计算结果见表4-3-3。

单位时间累计投资　　　　　　　　　　表 4-3-3

时间（月）	1	2	3	4	5	6	7	8	9	10	11	12
投资（万元）	200	200	300	500	700	800	800	700	800	600	500	400
计划累计投资（万元）	200	400	700	1200	1900	2700	3500	4200	5000	5600	6100	6500

（4）按各规定时间的计划累计完成的投资额，绘制S形曲线，如图4-3-2所示。

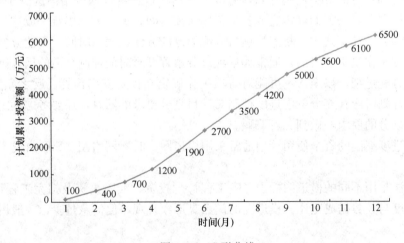

图 4-3-2　S形曲线

4.3.4　横道图、时标网络图、香蕉形曲线编制投资进度计划

读者可扫描二维码阅读横道图、时标网络图、香蕉形曲线编制投资进度计划。

时标网络图编制
成本计划

香蕉形曲线编制
投资进度计划

（1）通过编制计算资金使用计划，使同学们养成成本效益意识，降本增效。

（2）通过精确计算每个投资要素，使同学们养成认真细致、精益求精的工作作风。

（3）通过资金使用计划的编制，科学规划过程投资额，使同学们养成全局意识。

（4）通过整理与清理作业环境，使同学们养成热爱劳动的意识。

任务 4.3 工作任务单

01 学生任务分配表

班级		组号		指导教师	
组长		学号			
组员 （组员姓名、 学号）					
任务分工					

02　任务准备表

工作目标	根据任务背景，填写各项目的开工时间、结束时间和投资强度		
编码	项目名称	最早开始时间（月）	结束时间（月）	投资强度（万元/月）
01	场地平整			
02	基础施工			
03	主体工程施工			
04	砌筑工程施工			
05	屋面工程施工			
06	楼地面施工			
07	室内设施安装			
08	室内装饰			
09	室外装饰			
10	其他工程			
简述开工时间、结束时间确定的注意事项			

03-1　绘制流程工作单

组号		姓名		学号	
工作目标		制定工程结算计算方案			
制定该项目时间——投资S形曲线绘制流程					

组号		姓名		学号	
工作目标		结合任务背景，绘制 S 形曲线			

编码	项目名称	工期 （月）	投资强度 （万元/月）	时间——投资横道图											
				1	2	3	4	5	6	7	8	9	10	11	12
01	场地平整	1	20												
02	基础施工	3	15												
03	主体工程施工	5	30												
04	砌筑工程施工	3	20												
05	屋面工程施工	2	30												
06	楼地面施工	2	20												
07	室内设施安装	1	30												
08	室内装饰	1	20												
09	室外装饰	1	10												
10	其他工程	1	10												

单位时间累计投资额

时间（月）	1	2	3	4	5	6	7	8	9	10	11	12
投资（万元）												
计划累计投资额（万元）												

时间-投资累计曲线

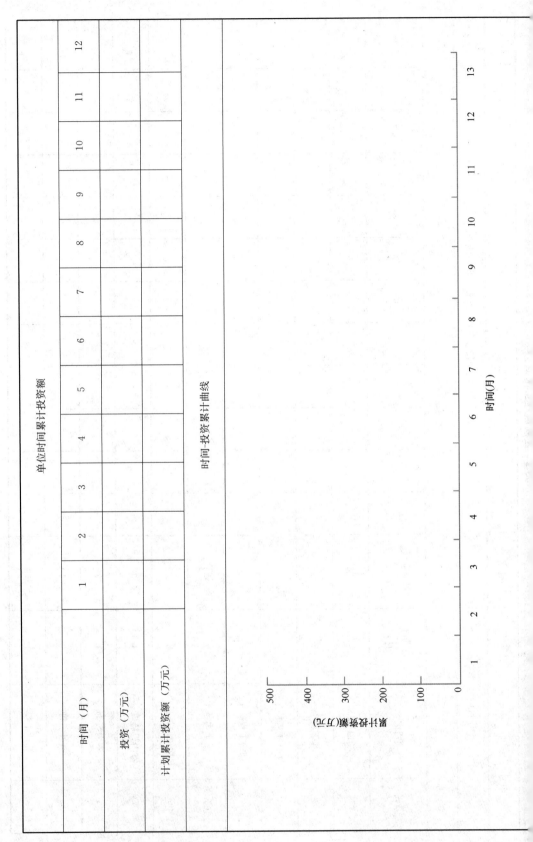

04　小组合作

组号		姓名		学号	
工作目标		小组交流讨论，教师参与，形成正确的计算方案			
错误信息		产生的原因		改进的措施	
自己在任务工作中的不足					

05　小组总结

组号		姓名		学号	
工作目标		小组推荐一位小组长，汇报绘制方案，借鉴每组经验，进一步优化方案			
序号		投资时间		投资强度确定	
自己在任务工作中的不足					

06　时间——投资 S 形曲线绘制

组号		姓名		学号	
工作目标		按照绘制方案，绘制项目的时间——投资 S 形曲线。对比分析 S 形曲线实际数据，并进行订正			

任务 4.3 案例详解：

任务 4.4　施工阶段投资偏差分析

 **案例导入**

　　某省会城市生活垃圾深度综合处理（清洁焚烧）项目钢结构工程，其 2 号主厂房的计划进度与实际进度见表 4-4-1，表中粗实线表示计划进度（进度线上方的数据为每周计划完成工作预算成本），粗虚线表示实际进度（进度线上方的数据为每周实际发生成本）。假定各分项工程每周计划完成总工程量和实际完成总工程量相等，且进度均匀。

工程计划进度与实际进度表（单位：万元）　　　　　　表 4-4-1

分项工程	进度计划								
	1	2	3	4	5	6	7	8	9
A	9（计划）/9（实际）	9（计划）/8（实际）							
B		10	10 / 9	10 / 10	9				
C					7 / 8	7 / 7	7 / 6		
D							5 / 4	5 / 4	5 / 5

　　问题：（1）计算每周成本数据，并将结果填入表 4-4-2 中。

　　（2）分析第 4 周和第 7 周末的投资偏差和进度偏差。

　　（3）计算第 8 周末的投资偏差程序和进度偏差程度并分析投资和进度状况。

投资数据表　　　　　　表 4-4-2

项目	进度计划								
	1	2	3	4	5	6	7	8	9
每周拟完工程计划投资									
拟完工程计划投资累计									
每周已完工程实际投资									
已完工程实际投资累计									
每周已完工程计划投资									
已完工程计划投资累计									

 知识目标

（1）熟悉投资偏差产生的原因。

（2）掌握投资偏差分析方法（重点）。

投资偏差的计算

 能力目标

能运用横道图法、时标网络图法、表格法中的一种方法进行投资偏差分析（难点）。

 思政与素养目标

（1）树立成本意识，降本增效；

（2）养成严谨、细致、认真、协作的工作习惯；

（3）培养热爱劳动的意识。

4.4.1 投资偏差的概念

在施工阶段，由于施工过程中随机因素和风险因素较多，使得工程实际情况与计划情况出现差异，这个差异就是偏差。在项目实施过程中，具体的偏差有两种，即投资偏差和进度偏差。投资的实际值与计划值的差异叫作投资偏差，实际工程进度与计划工程进度的差异叫作进度偏差。

其中，进度偏差对投资偏差分析的结果有重要影响，如果不加以考虑，就不能正确反映投资偏差的实际情况。如某一阶段的投资超支，可能是由于进度超前导致的，也可能是由于物价上涨导致的。为此，投资偏差分析必须引入进度偏差的概念。用公式表示为：

$$投资偏差＝已完工程实际投资－已完工程计划投资$$

式中：

$$已完工程实际投资＝已完工程量（实际工程量）×实际单价$$

$$已完工程计划投资＝\sum 已完工程量（实际工程量）×计划单价$$

投资偏差为正，表示投资超支；投资偏差为负，表示投资节约。

$$进度偏差＝已完工程实际时间－已完工程计划时间$$

为了与投资偏差联系起来，进度偏差也可表示为：

$$进度偏差＝拟完工程计划投资－已完工程计划投资$$

式中，拟完工程计划投资是指根据进度计划安排在某一确定时间内所应完成工程内容的计划投资。通俗地讲，拟完工程计划投资是指"计划进度下的计划投资"；已完工程计划投资是指"实际进度下的计划投资"；已完工程实际投资是指"实际进度下的实际投资"。即：

$$拟完工程计划投资＝\sum 拟完工程量（计划工程量）×计划单价$$

进度偏差为正，表示工期拖延；进度偏差为负，表示工期提前。

4.4.2 其他偏差概念

（1）局部偏差和累计偏差

局部偏差有两层含义：一是对于整个项目而言，指各单项工程、单位工程及分部分项

工程的投资偏差；另一含义是对于整个项目已经实施的时间而言，是指每一控制周期所发生的投资偏差。累计偏差是一个动态概念，其数值总是与具体时间联系在一起，第一个累计偏差在数值上等于局部偏差，最终的累计偏差就是整个项目的投资偏差。

局部偏差的引入，使项目投资管理人员清楚地了解偏差发生的时间、所在的单项工程，这有利于分析其发生的原因；而累计偏差所涉及的工程内容较多、范围较大，且原因也较复杂，因而累计偏差分析必须以局部偏差分析为基础。从另一方面看，因为累计偏差分析是建立在对局部偏差进行综合分析的基础上，所以其结果更能显示出代表性和规律性，对投资控制工作在较大范围内具有指导作用。

（2）绝对偏差和相对偏差

绝对偏差是指投资实际值与计划值比较所得到的差额，绝对偏差的结果很直观，有助于投资管理人员了解项目投资出现偏差的绝对数额，并依此采取一定措施，制订或调整投资支付计划和资金筹措计划。但是，绝对偏差有其不容忽视的局限性。如同样是 10 万元的投资偏差，对于总投资 1000 万元的项目和总投资 1 亿元的项目而言，其严重性显然是不同的。因此，绝对偏差仅适合于对同一项目进行偏差分析，于是实践中引入相对偏差这一参数。它不受项目层次的限制，也不受项目实施时间的限制，因而在各种投资比较中均可采用。与绝对偏差一样，相对偏差可正可负，且两者同正负。正值表示投资超支，反之表示投资节约。

（3）偏差程度

投资偏差程度是指投资实际值与投资计划值的偏离程度，其表达式为：

$$投资偏差程度＝投资实际值/投资计划值$$

投资偏差程度＞1，表示超支，即实际投资大于计划投资；投资偏差程度＜1，表示节支，即实际投资小于计划投资。

将投资偏差程度与进度结合起来，引入进度偏差程度的概念，其表达式为：

$$进度偏差程度＝拟完工程计划时间/已完工程计划时间$$
$$进度偏差程度＝拟完工程计划投资/已完工程计划投资$$

进度偏差程度＞1，表示进度延误，即实际进度比计划进度拖后；进度偏差程度＜1，表示进度提前，即实际进度比计划进度快。

4.4.3　投资偏差的分析方法

偏差分析可采用不同的方法，常用的有横道图法、时标网络图法、表格法和曲线法。

（1）横道图法

横道图法进行投资偏差分析是用不同的横道标识已完工程计划投资、拟完工程计划投资和已完工程实际投资。在实际工程中需要根据拟完工程计划投资和已完工程实际投资确定已完工程计划投资后，再确定投资偏差、进度偏差。具体做法是：已完工程计划进度横道长度与已完工程实际进度横道长度一致，投资额按拟完工程计划投资额加总平均确定。

横道图法具有形象、直观、一目了然等优点，它能够准确表达投资的绝对偏差，而且能直接感受到偏差的严重程度。但是这种方法反映的信息量少，一般在项目的较高管理层应用。

（2）时标网络图法

双代号时标网络图以水平时间坐标尺度表示工作时间，时标的时间单位根据需要可以是天、周、月等。时标网络计划中，实箭线表示工作；实箭线的长度表示工作持续时间；虚箭线表示虚工作；波浪线表示工作与其紧后工作时间间隔。点画线表示对应施工检查日施工的实际进度，某一检查日各个工作实际进度的连线称为实际进度前锋线。图中实箭线上标入的数字表示实箭线对应工作的单位时间的计划投资值。如图 4-4-1 中①→②工作上的 5 即表示该工作每周计划投资 5 万元；图中对应第 4 周有②→③、②→⑤、②→④三项工作列入计划，由上述数字可确定第 4 周拟完工程计划投资为 3+4+3＝10 万元。表 4-4-3 中第一行数字为拟完工程计划投资的逐周累计值，例如 4 周为 5+5+10+10＝30 万元；表格中第二行数字为已完工程实际投资逐周累计值，表示工程进度实际变化所对应的实际投资值。

某钢结构连廊工程投资数据（单位：万元）　　　　　表 4-4-3

周次	1	2	3	4	5	6	7	8	9	10	11	12	13	14	15
累计拟完工程计划投资	5	10	20	30	40	50	60	70	80	90	100	106	112	115	118
累计已完工程实际投资	5	15	25	35	45	53	61	69	77	85	94	103	112	116	120

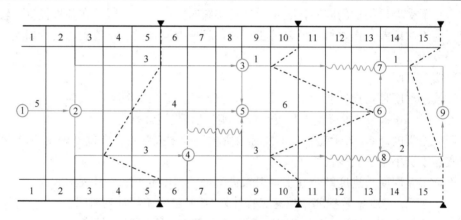

图 4-4-1　某钢结构连廊工程时标网络计划

　　图 4-4-1 中如果不考虑实际进度前锋线，可以得到每月的拟完工程计划投资。例如，第 4 周有 3 项工作投资额分别为 3 万元、4 万元、3 万元，则第 4 周拟完工程计划投资值为 10 万元。将各周中的数字累计计算即可产生拟完工程计划投资累计值，即表 4-4-3 中的第一行数字、第二行数字为已完工程实际投资，其数字根据实际工程开支单独给出。如果考虑实际进度前锋线，则可以得到对应周次的已完工程计划投资。

　　（3）表格法

　　表格法是进行偏差分析最常用的一种方法，它将项目编号、名称、投资参数及投资偏差数等综合归纳入一张表格中，并且直接在表格中进行比较。由于各偏差参数都在表中列出，使投资管理者能够综合地了解并处理这些数据。用表格法进行偏差分析具有如下优点：灵活适用性强，可根据实际需要设计表格，进行增减项；信息量大，可以反映偏差分析所需的资料，从而有利于投资控制人员及时采取针对措施，加强控制；表格处理可以借助于计算机，从而节约大量数据处理所需的人力，并大大提高速度。

　　曲线法本教材不作详细介绍。

4.4.4 偏差形成原因及纠偏措施

（1）投资偏差原因分析

1）引起偏差的原因

偏差分析的一个重要目的就是找出引起偏差的原因，从而有可能采取有针对性的措施，减少或避免相同原因的再次发生。在进行偏差原因分析时，首先应当将已经导致和可能导致偏差的各种原因逐一列举出来。导致不同工程项目产生投资偏差的原因具有一定共性，因而可以通过对已建设项目的投资偏差原因进行归档、总结，为该项目采用防御措施提供依据。一般来讲，引起投资偏差的原因主要有四个方面，即客观原因、业主原因、设计原因和施工原因，如图 4-4-2 所示。

2）偏差的类型

① 投资增加且工期拖延。这种类型是纠正偏差的主要对象。

② 投资增加但工期提前。这种情况下要适当考虑工期提前带来的效益。如果增加的资金值超过增加的效益，应采取纠偏措施；若这种收益与增加的投资大致相当甚至高于投资增加额，则未必需要采取纠偏措施。

③ 工期拖延但投资节约。这种情况下是否采取纠偏措施要根据实际需要。

④ 工期提前且投资节约。这种情况是最理想的，不需要采取纠偏措施。

（2）纠偏措施

对偏差原因进行分析的目的是有针对性地采取纠偏措施，从而实现投资的动态控制和主动控制。

纠偏首先应确定纠偏的主要对象（如偏差原因），有些原因是无法避免和控制的，如客观原因，充其量只能对其中少数原因做

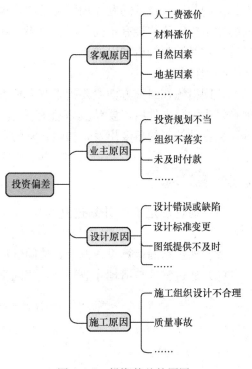

图 4-4-2 　 投资偏差的原因

到防患未然，力求减少该原因所产生的经济损失。对于施工原因所导致的经济损失通常是由承包商自己承担的，从投资控制的角度只能加强合同的管理，避免被承包商索赔。所以，这些偏差原因都不是纠偏的主要对象。纠偏的主要对象是业主原因和设计原因造成的投资偏差。

确定了纠偏的主要对象后，需要采取有针对性的纠偏措施，纠偏可采用组织措施、经济措施、技术措施和合同措施等。

1）组织措施

组织措施是指从投资控制的组织管理方面采取的措施，包括：①落实投资控制的组织机构和人员；②明确各级投资控制人员的任务、职能分工、权利和责任；③改善投资控制工作流程等。组织措施往往被忽视，其实它是其他措施的前提和保障，而且一般无须增加费用，运用得当可以收到很好的效果。

2）经济措施

经济措施主要指审核工程量和签发支付证书，最易被人们接受。但是，在应用中不能把经济措施简单地理解为就是审核工程量和签发支付证书，应从全局出发来考虑问题，如检查投资目标分解是否合理；资金使用计划有无保障，会不会与施工进度计划发生冲突；工程变更是否必要、是否超标等，解决这些问题往往是标本兼治，事半功倍。另外，通过偏差分析和未完工程的预测还可以发现潜在的问题，及时采取预防措施，从而取得造价控制的主动权。

3）技术措施

技术措施主要指对工程方案进行技术经济比较。从造价控制的要求来看，技术措施并不都是因为有了技术问题才加以考虑的，也可以因为出现较大的投资偏差而加以运用。不同的技术措施往往会有不同的经济效果，因此运用技术措施纠偏时，要对不同的技术方案进行技术经济分析后加以选择。

4）合同措施

合同措施在纠偏方面主要指索赔管理。施工过程中，索赔事件的发生是难免的，工程师在发生索赔事件后，要认真审查有关索赔依据是否符合合同规定，索赔计算是否合理等，从主动控制的角度出发，加强日常的合同管理，落实合同规定的责任。

 素养提升

（1）通过确定工程计划进度与实际进度情况，使同学们养成成本效益意识，降本增效。

（2）通过精确计算投资偏差，使同学们养成认真细致、精益求精的工作作风。

（3）通过整理与清理作业环境，使同学们养成热爱劳动的意识。

任务 4.4　工作任务单

01　学生任务分配表

班级		组号		指导教师	
组长		学号			
组员 （组员姓名、 学号）					
任务分工					

02 任务准备表

工作目标	根据任务背景，确定各周工程计划进度与实际进度情况		
编码	时间	计划进度	实际进度
01			
02			
03			
04			
05			
06			
07			
08			
09			
简述各周工程计划进度与实际进度情况确定的注意事项			

03-1　投资偏差分析方案制定

组号		姓名		学号	
工作目标		制定该项目投资偏差分析方案			
工作目标		利用横道图法完成工作			

投资数据表

项目	进度计划								
	1	2	3	4	5	6	7	8	9
每周拟完工程计划投资									
拟完工程计划投资累计									
每周已完工程实际投资									
已完工程实际投资累计									
每周已完工程计划投资									
已完工程计划投资累计									

03-2 投资偏差分析方案制定

工程计划进度与实际进度表（单位：万元）

分项工程	进度计划								
	1	2	3	4	5	6	7	8	9
A	9	9							
	9	8							
B		10	10	10					
			9	9	9				
C					7	7	7		
					8	7	6		
D							5	5	5
							4	4	5
判断结果									

04　小组合作

组号		姓名		学号	
工作目标		小组交流讨论，教师参与，形成正确的项目投资偏差分析方案			
错误信息		产生的原因		改进的措施	
自己在任务工作中的不足					

05　小组总结

组号		姓名		学号	
工作目标		小组推荐一位小组长，汇报项目投资偏差分析方案，借鉴每组经验，进一步优化方案			
序号		计算要素		计算方案	
自己在任务工作中的不足					

06　项目投资偏差分析

组号		姓名		学号	
工作目标		按照项目投资偏差分析方案，分析该项目投资偏差。对比分析投资偏差实际数据，并进行订正			

任务 4.4 案例详解：

模块 5　建设项目竣工阶段工程计价与控制

任务 5.1　竣工决算确定

某企业新投资建设某一工业生产项目，2023 年初开工建设，请根据 2023 年底有关财务核算资料编制该建设项目竣工财务决算表。

（1）已经完成部分单项工程，经验收合格后，已经交付使用的资产包括：

1）固定资产 43650 万元，其中房屋建筑物价值 21200 万元，折旧年限 50 年，机械设备价值 22450 万元，折旧年限为 12 年；

2）为生产准备的使用年限在一年以内的随机备件、工具、器具等流动资产价值 7020 万元；

3）建设期内购置的专利权、非专利技术 1400 万元，摊销期为 5 年；

4）筹建期间发生的开办费 90 万元。

（2）基建支出的项目

1）建筑工程和安装工程支出 28600 万元；

2）设备工器具投资 20800 万元；

3）建设单位管理费、勘察设计费等待摊投资 600 万元；

4）通过出让方式购置的土地使用权形成的其他投资 400 万元。

（3）非经营项目发生待摊核销基建支出 70 万元。

（4）应收生产单位投资借款 1600 万元。

（5）购置需要安装的器材 60 万元，其中待处理器材损失 30 万元。

（6）货币资金 700 万元。

（7）工程预付款及应收有偿调出器材款 25 万元。

（8）建设单位自用的固定资产原价 48600 万元，累计折旧 6080 万元。

反映在《资金平衡表》上的各类资金来源的期末余额是：

（1）预算拨款 81000 万元。

（2）自筹资金拨款 48000 万元。

（3）其他拨款 450 万元。

（4）建设单位向商业银行借入的借款 11000 万元。

（5）建设单位当年完成交付生产单位使用的资产价值中，有 270 万元属利用投资借款形成的待冲基建支出。

（6）应付器材销售商 25 万元贷款和尚未支付的应付工程款 160 万元。

（7）未交税金 30 万元。

（8）其他未交款 10 万元。

（9）其余为法人资本金。

基本建设项目竣工财务决算表见表 5-1-1。

基本建设项目竣工财务决算表

表 5-1-1

资金来源	金额	资金占用	金额
一、基建拨款		一、基本建设支出	
1. 中央财政资金		（一）交付使用资产	
其中：一般公共预算资金		1. 固定资产	
中央基建投资		2. 流动资产	
财政专项资金		3. 无形资产	
政府性基金		（二）在建工程	
国有资本经营预算安排的基建项目资金		1. 建筑安装工程投资	
2. 地方财政资金		2. 设备投资	
其中：一般公共预算资金		3. 待摊投资	
地方基建投资		4. 其他投资	
财政专项资金		（三）待核销基建支出	
政府性资金基金		（四）转出投资	
国有资本经营预算安排的基建项目资金		二、货币资金合计	
二、部门自筹资金（非负债性资金）		其中：银行存款	
三、项目资本		财政应返还额度	
1. 国家资本		其中：直接支付	
2. 法人资本		授权支付	
3. 个人资本		现金	
4. 外商资本		有价证券	
四、项目资本公积		三、预付及应收款合计	
五、基建借款		1. 预付备料款	
其中：企业债券资金		2. 预付工程款	
六、待冲基建支出		3. 预付设备款	
七、应付款合计		4. 应收票据	
1. 应付工程款		5. 其他应收款	
2. 应付设备款		四、固定资产合计	
3. 应付票据		固定资产原价	
4. 应付工资及福利费		减：累计折旧	
5. 其他应付款		固定资产净值	
八、未交款合计		固定资产清理	
1. 未交税金		待处理固定资产损失	
2. 未交结余财政资金			
3. 未交基建收入			
4. 其他未交款			
合计		合计	

（1）掌握竣工决算的概念和作用（重点）。

（2）掌握竣工决算的内容和编制方法。

具备编制竣工决算书的能力（难点）。

（1）培养认真细致、精益求精的工作作风。

（2）培养有效沟通、团结协作的良好习惯。

（3）培养劳动意识。

5.1.1　建设项目竣工决算的概念和作用

（1）建设项目竣工决算的概念

建设项目竣工决算是指所有项目竣工后，项目单位按照国家有关规定在项目竣工验收阶段编制的竣工决算报告。竣工决算是以实物数量和货币指标为计量单位，综合反映竣工项目从筹建开始到项目竣工交付使用为止的全部建设费用、建设成果和财务情况的总结性文件，是竣工验收报告的重要组成部分。

项目竣工时，应编制建设项目竣工财务决算。建设周期长、建设内容多的项目，单项工程竣工，具备交付使用条件的，可编制单项工程竣工财务决算。建设项目全部竣工后应编制竣工财务总决算。

（2）建设项目竣工决算的作用

1）建设项目竣工决算是综合全面地反映竣工项目建设成果及财务情况的总结性文件，它采用货币指标、实物数量、建设工期和各种技术经济指标综合、全面地反映建设项目自开始建设到竣工为止全部建设成果和财务状况。

2）建设项目竣工决算是办理交付使用资产的依据，也是竣工验收报告的重要组成部分。建设单位与使用单位在办理交付资产的验收交接手续时，通过竣工决算反映了交付使用资产的全部价值，包括固定资产、流动资产、无形资产和其他资产的价值。及时编制竣工决算可以正确核定固定资产价值并及时办理交付使用，可缩短工程建设周期，节约建设项目投资，准确考核和分析投资效果，可作为建设主管部门向企业使用单位转移财产的依据。

3）为确定建设单位新增固定资产价值提供依据。在竣工决算中，详细地计算了建设项目所有的建安费、设备购置费、其他工程建设费等新增固定资产总额及流动资金，可作为建设主管部门向企业使用单位移交财产的依据。

4）建设项目竣工决算是分析和检查设计概算的执行情况，考核建设项目管理水平和投资效果的依据。竣工决算反映了竣工项目计划、实际的建设规模、建设工期以及设计和实际的生产能力，反映了概算总投资和实际的建设成本，同时还反映了所达到的主要技术经济指标。通过对这些指标计划数、概算数与实际数进行对比分析，不仅可以全面掌握建设项目计划和概算执行情况，而且可以考核建设项目投资效果，为今后制订建设项目计划、降低建设成本、提高投资效果提供必要的参考资料。

5.1.2　竣工决算的内容和编制

建设项目竣工决算应包括从筹集到竣工投产全过程的全部实际费用，即包括建筑工程费、安装工程费、设备工器具购置费用及预备费等费用。根据财政部、国家发改委、住房和城乡建设部的有关文件规定，竣工决算是由竣工财务决算说明书、竣工财务决算报表、工程竣工图和工程竣工造价对比分析四部分组成。其中竣工财务决算说明书和竣工财务决算报表两部分又称建设项目竣工财务决算，是竣工决算的核心内容。

（1）竣工财务决算说明书

竣工财务决算说明书有时也称为竣工决算报告情况说明书，主要反映竣工工程建设成果和经验，是对竣工决算报表进行分析和补充说明的文件，是全面考核分析工程投资与造价的书面总结，是竣工决算报告的重要组成部分，其内容主要包括：

1）项目概况。一般从进度、质量、安全和造价方面进行分析说明。进度方面主要说明开工和竣工时间，对照合理工期和要求工期分析是提前还是延期；质量方面主要根据竣工验收委员会或相当一级质量监督部门的验收评定等级、合格率和优良品率；安全方面主要根据劳动工资和施工部门的记录，对有无设备和人身事故进行说明；造价方面主要对照概算造价，说明节约或超支的情况，用金额和百分率进行分析说明。

2）会计账务的处理、财产物资清理及债权债务的清偿情况。

3）项目建设资金计划及到位情况，财政资金支出预算、投资计划及到位情况。

4）项目建设资金使用、项目结余资金等分配情况。

5）项目概（预）算执行情况及分析，竣工实际完成投资与概算差异及原因分析。

6）尾工工程情况。项目一般不得预留尾工工程，确需预留尾工工程的，尾工工程投资不得超过批准的项目概（预）算总投资的5%。

7）历次审计、检查、审核、稽查意见及整改落实情况。

8）主要技术经济指标的分析、计算情况。概算执行情况分析，根据实际投资完成额与概算进行对比分析；新增生产能力的效益分析，说明交付使用财产占总投资额的比例，不增加固定资产的造价占投资总额的比例，分析有机构成和成果。

9）项目管理经验、主要问题和建议。

10）预备费动用情况。

11）项目建设管理制度执行情况、政府采购情况、合同履行情况。

12）征地拆迁补偿情况、移民安置情况。

13）需说明的其他事项。

（2）竣工财务决算报表

建设项目竣工决算报表包括：封面、基本建设项目概况表、基本建设项目竣工财务决算表、基本建设项目资金情况明细表、基本建设项目交付使用资产总表、基本建设项目交付使用资产明细表、待摊投资明细表、待核销基建支出明细表、转出投资明细表等。以下对其中几个主要报表进行介绍：

1）基本建设项目概况表（表 5-1-2）。该表综合反映基本建设项目的基本概况，内容包括该项目总投资、建设起止时间、新增生产能力、主要材料消耗、建设成本、完成主要工程量和主要技术经济指标，为全面考核和分析投资效果提供依据，可按下列要求填写：

基本建设项目概况表　　　　　　　　　　　　　　　　　表 5-1-2

建设项目 （单项工程） 名称			建设地址				项目	概算批 准金额 （元）	实际完 成金额 （元）	备注
主要设计单位			主要施工 企业				建筑安装工程			
							设备、工具、器具			
占地面积 （m²）	设计	实际	总投资 （万元）	设计	实际	基建 支出	待摊投资			
							其中： 项目建设管理费			
新增生产 能力	能力（效益）名称			设计	实际		其他投资			
							待核销基建支出			
建设起止 时间	设计	从　年　月　日至　年　月　日					转出投资			
	实际	从　年　月　日至　年　月　日					合计			
概算批准 部门及文号										

完成主要 工程量	建设规模		设备（台、套、吨）	
	设计	实际	设计	实际

尾工工程	单项工程项目、内容	批准概算	预计未完 部分投资额	已完成 投资额	预计完成时间
	小计				

① 建设项目名称、建设地址、主要设计单位和主要承包人，要按全称填列。

② 表中占地面积包括设计面积和使用面积。

③ 表中总投资包括设计概算总投资和决算实际总投资。

④ 表中各项目的设计、概算、计划等指标，根据批准的设计文件和概算、计划等确定的数字填列；

⑤ 表中所列新增生产能力、完成主要工程量的实际数据，根据建设单位统计资料和承包人提供的有关成本核算资料填列；

⑥ 表中基建支出是指建设项目从开工起至竣工为止发生的全部基本建设支出，包括形成资产价值的交付使用资产，如固定资产、流动资产、无形资产、其他资产支出，还包括不形成资产价值按照规定应核销的非经营项目的待核销基建支出和转出投资。上述支出，应根据财政部门历年批准的"基建投资表"中的有关数据填列。按照《基本建设财务规划》和《基本建设项目建设成本管理规定》的规定，需要注意以下几点：

A. 建筑安装工程投资支出、设备工器具投资支出、待摊投资支出和其他投资支出构成建设项目的建设成本。

B. 待核销基建支出包括以下内容：非经营性项目发生的江河清障、航道清淤、飞播造林、补助群众造林、退耕还林（草）、封山（沙）育林（草）、水土保持、城市绿化、毁损道路修复、护坡及清理等不能形成资产的支出，以及项目未被批准、项目取消和项目报废前已发生的支出；非经营性项目发生的农村沼气工程、农村安全饮水工程、农村危房改造工程、游牧民定居工程、渔民上岸工程等涉及家庭或者个人的支出，形成资产产权归属家庭或者个人的，也作为待核销基建支出处理。

上述待核销基建支出，若形成资产产权归属本单位的，计入交付使用资产价值；形成产权不归属本单位的，作为转出投资处理。

C. 非经营性项目转出投资支出是指非经营项目为项目配套的专用设施投资，包括专用道路、专用通信设施、送变电站、地下管道等，其产权不属于本单位的投资支出，对于产权归属本单位的，应计入交付使用资产价值。

⑦ 表中"概算批准部门及文号"，按最后经批准的文件号填列；

⑧ 表中收尾工程是指全部工程项目验收后尚遗留的少量收尾工程，在表中应明确填写收尾工程内容、完成时间、这部分工程的实际成本，可根据实际情况进行估算并加以说明，完工后不再编制竣工决算。

2）基本建设项目竣工财务决算表（表 5-1-3）。竣工财务决算表是竣工财务决算报表的一种，建设项目竣工财务决算表是用来反映建设项目的全部资金来源和资金占用情况，是考核和分析投资效果的依据。该表反映竣工的建设项目从开工到竣工为止全部资金来源和资金运用的情况。它是考核和分析投资效果，落实结余资金，并作为报告上级核销基本建设支出和基本建设拨款的依据。该表采用平衡表形式，即资金来源合计等于资金支出合计。在编制该表前，应先编制出项目竣工年度财务决算，根据编制出的竣工年度财务决算和历年财务决算编制项目的竣工财务决算。此表采用平衡表形式，即资金来源合计等于资金支出合计。

大中型建设项目竣工财务决算表（单位：万元）   表 5-1-3

资金来源	金额	资金占用	金额
一、基建拨款		一、基本建设支出	
1. 中央财政资金		（一）交付使用资产	
其中：一般公共预算资金		1. 固定资产	
中央基建投资		2. 流动资产	
财政专项资金		3. 无形资产	
政府性基金		（二）在建工程	
国有资本经营预算安排的基建项目资金		1. 建筑安装工程投资	
2. 地方财政资金		2. 设备投资	
其中：一般公共预算资金		3. 待摊投资	
地方基建投资		4. 其他投资	
财政专项资金		（三）待核销基建支出	

资金来源	金额	资金占用	金额
政府性资金基金		（四）转出投资	
国有资本经营预算安排的基建项目资金		二、货币资金合计	
二、部门自筹资金（非负债性资金）		其中：银行存款	
三、项目资本		财政应返还额度	
1. 国家资本		其中：直接支付	
2. 法人资本		授权支付	
3. 个人资本		现金	
4. 外商资本		有价证券	
四、项目资本公积		三、预付及应收款合计	
五、基建借款		1. 预付备料款	
其中：企业债券资金		2. 预付工程款	
六、待冲基建支出		3. 预付设备款	
七、应付款合计		4. 应收票据	
1. 应付工程款		5. 其他应收款	
2. 应付设备款		四、固定资产合计	
3. 应付票据		固定资产原价	
4. 应付工资及福利费		减：累计折旧	
5. 其他应付款		固定资产净值	
八、未交款合计		固定资产清理	
1. 未交税金		待处理固定资产损失	
2. 未交结余财政资金			
3. 未交基建收入			
4. 其他未交款			
合计		合计	

3）基本建设项目交付使用资产总表（表 5-1-4）。该表反映建设项目建成后新增固定资产、流动资产、无形资产价值的情况和价值，作为财产交接、检查投资计划完成情况和分析投资效果的依据。

基本建设项目交付使用资产总表　　　　表 5-1-4

序号	单项工程名称	总计	固定资产				流动资产	无形资产
			合计	建筑物及构筑物	设备	其他		

交付单位：　　　　负责人：　　　　接受单位：　　　　负责人：

基本建设项目交付使用资产总表具体编制方法如下：

① 表中各栏目数据根据"交付使用资产明细表"的固定资产、流动资产、无形资产的各相应项目的汇总数分别填写，表中总计栏的总计数应与竣工财务决算表中的交付使用资产的金额一致。

② 表中第 3 栏、第 4 栏、第 8 栏和第 9 栏的合计数，应分别与竣工财务决算表交付使用的固定资产、流动资产、无形资产的数据相符。

4）基本建设项目交付使用资产明细表（表 5-1-5）。该表反映交付使用的固定资产、流动资产、无形资产的明细情况，是办理资产交接和接收单位登记资产账目的依据，是使用单位建立资产明细账和登记新增资产价值的依据。编制时要做到齐全完整，数字准确，各栏目价值应与会计账目中相应科目的数据保持一致。

基本建设项目交付使用资产明细表 表 5-1-5

序号	单项工程名称	固定资产										流动资产		无形资产	
		建筑工程				设备、工具、器具、家具									
		结构	面积	金额	其中：分摊待摊投资	名称	规格型号	数量	金额	其中：设备安装费	其中：分摊待摊投资	名称	金额	名称	金额

基本建设项目交付使用资产明细表具体编制方法如下：

① 表中"建筑工程"项目应按单项工程名称填列其结构、面积和价值。其中"结构"是指项目按钢结构、钢筋混凝土结构、混合结构等结构形式填写；面积则按各项目实际完成面积填列；金额按交付使用资产的实际价值填写；

② 表中"固定资产"部分要在逐项盘点后，根据盘点实际情况填写，工具、器具和家具等低值易耗品可分类填写；

③ 表中"流动资产""无形资产"项目应根据建设单位实际交付的名称和价值分别填列。

竣工财务决算报表其他表如下：待摊投资明细表（表 5-1-6）、待核销基建支出明细表（表 5-1-7）、转出投资明细表（表 5-1-8）。

待摊投资明细表　　　　　　　　　　　　　　表 5-1-6

项目名称：　　　　　　　　　　　　　　　　　　　　　　　　　　单位：

项　目	金额	项　目	金额
1. 勘察费		25. 社会中介机构审计（查）费	
2. 设计费		26. 工程检测费	
3. 研究试验费		27. 设备检验费	
4. 环境影响评价费		28. 负荷联合试车费	
5. 监理费		29. 固定资产损失	
6. 土地征用及迁移补偿费		30. 器材处理亏损	
7. 土地复垦及补偿费		31. 设备盘亏及毁损	
8. 土地使用税		32. 报废工程损失	
9. 耕地占用税		33.（贷款）项目评估费	
10. 车船税		34. 国外借款手续费及承诺费	
11. 印花税		35. 汇兑损益	
12. 临时设施费		36. 坏账损失	
13. 文物保护费		37. 借款利息	
14. 森林植被恢复费		38. 减：存款利息收入	
15. 安全生产费		39. 减：财政贴息资金	
16. 安全鉴定费		40. 企业债券发行费用	
17. 网络租赁费		41. 经济合同仲裁费	
18. 系统运行维护监理费		42. 诉讼费	
19. 项目建设管理费		43. 律师代理费	
20. 代建管理费		44. 航道维护费	
21. 工程保险费		45. 航标设施费	
22. 招标投标费		46. 航测费	
23. 合同公证费		47. 其他待摊投资性质支出	
24. 可行性研究费		合计	

待核销基建支出明细表　　　　　　　　　　　表 5-1-7

项目名称：　　　　　　　　　　　　　　　　　　　　　　　　　　单位：

不能形成资产部分的财政投资支出				用于家庭或个人的财政补助支出			
支出类别	单位	数量	金额	支出类别	单位	数量	金额
1. 江河清障				1. 补助群众造林			
2. 航道清淤				2. 户用沼气工程			
3. 飞播造林				3. 户用饮水工程			
4. 退耕还林（草）				4. 农村危房改造工程			
5. 封山（沙）育林（草）				5. 垦区及林区棚户区改造			
6. 水土保持				……			

不能形成资产部分的财政投资支出				用于家庭或个人的财政补助支出			
支出类别	单位	数量	金额	支出类别	单位	数量	金额
7. 城市绿化							
8. 毁损道路修复							
9. 护坡及清理							
10. 取消项目可行性研究费							
11. 项目报废							
……				合计			

转出投资明细表　　　　　　　　　　　　　　　　表 5-1-8

项目名称：　　　　　　　　　　　　　　　　　　　　　　　　　　　　单位：

序号	单项工程名称	建筑工程				设备、工具、器具、家具							流动资产		无形资产	
		结构	面积	金额	其中:分摊待摊投资	名称	规格型号	单位	数量	金额	设备安装费	其中:分摊待摊投资	名称	金额	名称	金额
1																
2																
3																
4																
5																
6																
7																
8																
	合计															

交付单位：　　　　　　负责人：　　　　　　　接受单位：　　　　　　负责人：

盖章：　　　　　　年 月 日　　　　　盖章：　　　　　　年 月 日

需注意的是，在编制项目竣工财务决算时，项目建设单位应当按照规定将待摊投资支出按合理比例分摊计入交付使用资产价值、转出投资价值和待核销基建支出。

5.1.3 建设工程竣工图

建设工程竣工图是真实地记录各种地上、地下建筑物、构筑物等情况的技术文件，是工程进行交工验收、维护、改建和扩建的依据，是国家的重要技术档案。全国各建设、设计、施工单位和各主管部门都要认真做好竣工图的编制工作。国家规定：各项新建、扩建、改建的基本建设工程，特别是基础、地下建筑、管线、结构、井巷、桥梁、隧道、港口、水坝以及设备安装等隐蔽部位，都要编制竣工图。为确保竣工图质量，必须在施工过程中（不能在竣工后）及时做好隐蔽工程检查记录，整理好设计变更文件。编制竣工图的形式和深度，应根据不同情况区别对待，其具体要求包括：

（1）凡按图竣工没有变动的，由承包人（包括总包和分包承包人，下同）在原施工图上加盖"竣工图"图章后，即作为竣工图。

（2）凡在施工过程中，虽有一般性设计变更，但能将原施工图加以修改补充作为竣工图的，可不重新绘制，由承包人负责在原施工图（必须是新蓝图）上注明修改的部分，并附以设计变更通知单和施工说明，加盖"竣工图"图章后，作为竣工图。

（3）凡结构形式改变、施工工艺改变、平面布置改变、项目改变以及有其他重大改变，不宜再在原施工图上修改、补充时，应重新绘制改变后的竣工图。由原设计原因造成的，由设计单位负责重新绘制；由施工原因造成的，由承包人负责重新绘图；由其他原因造成的，由建设单位自行绘制或委托设计单位绘制。承包人负责在新图上加盖"竣工图"图章，并附以有关记录和说明，作为竣工图。

（4）为了满足竣工验收和竣工决算需要，还应绘制反映竣工工程全部内容的工程设计平面示意图。

（5）重大的改建、扩建工程项目涉及原有的工程项目变更时，应将相关项目的竣工图资料统一整理归档，并在原图案卷内增补必要的说明一起归档。竣工图绘制主要过程如图5-1-1 所示。

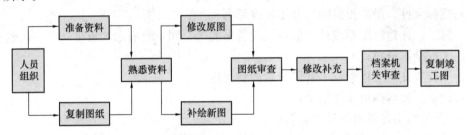

图 5-1-1　竣工图绘制主要过程图

5.1.4　工程造价对比分析

对控制工程造价所采取的措施、效果及其动态的变化需要进行认真的比较对比，总结经验教训。批准的概算是考核建设工程造价的依据。在分析时，可先对比整个项目的总概算，然后将建筑安装工程费、设备工器具费和其他工程费用逐一与竣工决算表中所提供的实际数据和相关资料及批准的概算、预算指标、实际的工程造价进行对比分析，以确定竣工项目总造价是节约还是超支，并在对比的基础上，总结先进经验，找出节约和超支的内容和原因，提出改进措施。在实际工作中，应主要分析以下内容：

（1）考核主要实物工程量。对于实物工程量出入比较大的情况，必须查明原因。

（2）考核主要材料消耗量。在建筑安装工程投资中，材料费一般占直接工程费的70%左右，所以要按照竣工决算表中所列明的三大材料实际超概算的消耗量，查明是在工程的哪个环节超出量最大，再进一步查明超耗的原因。

（3）考核建设单位管理费、措施费和间接费的取费标准。建设单位管理费、措施费和间接费的取费标准要按照国家和各地的有关规定，根据竣工决算报表中所列的建设单位管理费与概预算所列的建设单位管理费数额进行比较，依据规定查明是否多列或少列的费用项目，确定其节约超支的数额，并查明原因。

（4）主要工程子目的单价和变动情况。在工程项目的投标报价或施工合同中，项目的子目单价早已确定，但由于施工过程或设计的变化等原因，经常会出现单价变动或新增加子目单价如何确定的问题。因此，要对主要工程子目的单价进行核对，对新增子目的单价进行分析检查，如发现异常应查明原因。

5.1.5 竣工决算的编制

（1）建设项目竣工决算的编制条件

1）经批准的初步设计所确定的工程内容已完成；

2）单项工程或建设项目竣工结算已完成；

3）收尾工程投资和预留费用不超过规定的比例；

4）涉及法律诉讼、工程质量纠纷的事项已处理完毕；

5）其他影响工程竣工决算编制的重大问题已解决。

（2）竣工决算的编制依据

1）《基本建设财务规则》（财政部第81号令）等法律、法规和规范性文件；

2）项目计划任务书及立项批复文件；

3）项目总概算书、单项工程概算书文件及概算调整文件；

4）经批准的可行性研究报告、设计文件及设计交底、图纸会审资料；

5）招标文件、最高投标限价及招标投标书；

6）施工、代建、勘察设计、监理及设备采购等合同，政府采购审批文件、采购合同；

7）工程结算资料；

8）工程签证、工程索赔等合同价款调整文件；

9）设备、材料调价文件记录；

10）有关的会计及财务管理资料；

11）历年下达的项目年度财政资金投资计划、预算；

12）其他有关资料。

（3）竣工决算的编制要求

为了严格执行建设项目竣工验收制度，正确核定新增固定资产价值，考核分析投资效果，建立健全经济责任制，所有新建、扩建和改建等建设项目竣工后，都应及时、完整、正确地编制好竣工决算。建设单位要做好以下工作：

1）按照规定组织竣工验收，保证竣工决算的及时性。对建设工程的全面考核，所有的建设项目（或单项工程）按照批准的设计文件所规定的内容建成后，具备了投产和使用条件的，都要及时组织验收。对于竣工验收中发现的问题，应及时查明原因，采取措施加以解决，以保证建设项目按时交付使用和及时编制竣工决算。

2）积累、整理竣工项目资料，保证竣工决算的完整性。积累、整理竣工项目资料是编制竣工决算的基础工作，它关系到竣工决算的完整性和质量的好坏。因此，在建设过程中，建设单位必须随时收集项目建设的各种资料，并在竣工验收前，对各种资料进行系统整理，分类立卷，为编制竣工决算提供完整的数据资料，为投产后加强固定资产管理提供依据。在工程竣工时，建设单位应将各种基础资料与竣工决算一起移交给生产单位或使用单位。

3）清理、核对各项账目，保证竣工决算的正确性。工程竣工后，建设单位要认真核实各项交付使用资产的建设成本；做好各项账务、物资以及债权的清理结余工作，应偿还的及时偿还，该收回的应及时收回，对各种结余的材料、设备、施工机械工具等，要逐项青点核实，妥善保管，按照国家有关规定进行处理不得任意侵占；对竣工后的结余资金，要按规定上交财政部门或上级主管部门。在完成上述工作并核实各项数字的基础上，正确编制从年初起到竣工月份止的竣工年度财务决算，以便根据历年的财务决算和竣工年度财务决算进行整理汇总，编制建设项目决算。

（4）竣工决算的编制步骤

1）收集、整理和分析有关依据资料。在编制竣工决算文件之前，应系统地整理所有的技术资料、工料结算的经济文件、施工图纸和各种变更与签证资料，并分析它们的准确性。完整、齐全的资料，是准确而迅速编制竣工决算的必要条件。

2）清理各项财务、债务和结余物资。在收集、整理和分析有关资料中，要特别注意建设工程从筹建到竣工投产或使用的全部费用的各项账务，债权和债务的清理，做到工程完毕账目清晰，既要核对账目，又要查点库存实物的数量，做到账与物相等，账与账相符，对结余的各种材料、工器具和设备，要逐项清点核实、妥善管理，并按规定及时处理，收回资金。对各种往来款项要及时进行全面清理，为编制竣工决算提供准确的数据和结果。

3）核实工程变动情况。重新核实各单位工程、单项工程造价，将竣工资料与原设计图纸进行查对、核实，必要时可实地测量，确认实际变更情况；根据经审定的承包人竣工结算等原始资料，按照有关规定对原概、预算进行增减调整，重新核定工程造价。

4）编制建设工程竣工决算说明。按照建设工程竣工决算说明的内容要求，根据编制依据材料填写在报表中的结果，编写文字说明。

5）填写竣工决算报表。按照建设工程决算表格中的内容，根据编制依据中的有关资料进行统计或计算各个项目和数量，并将其结果填到相应表格的栏目内，完成所有报表的填写。

6）做好工程造价对比分析。

7）清理、装订好竣工图。

8）上报主管部门审查存档。

将上述编写的文字说明和填写的表格经核对无误，装订成册，即为建设工程竣工决算文件。将其上报主管部门审查，并把其中财务成本部分送交开户银行签证。竣工决算在上报主管部门的同时，抄送有关设计单位。大中型建设项目的竣工决算还应抄送财政部、建设银行总行及省、自治区、直辖市的财政厅（局）和建设银行分行各一份。建设工程竣工决算的文件，由建设单位负责组织人员编写，在竣工建设项目办理验收使用一个月之内完成。

（5）竣工决算的编制实例

【例 5-1-1】某建设项目 2020 年开工建设，2022 年年底有关财务核算资料如下：

1）已经完成部分单项工程，经验收合格后，已经交付使用的资产包括：

① 固定资产价值 100846 万元。

② 为生产准备的使用期限在一年以内的备品备件、工具、器具等流动资产价值 40000 万元，期限在一年以上，单位价值在 1500 元以上的工具 100 万元。

③ 建造期间购置的专利权、专有技术等无形资产 1800 万元，摊销期 5 年。

2）基本建设支出的未完成项目包括：

① 建筑安装工程支出 14000 万元。

② 设备工器具投资 46000 万元。

③ 建设单位管理费、勘察设计费等待摊投资 2500 万元。

④ 通过出让方式购置的土地使用权形成的其他投资 120 万元。

3）非经营项目发生待核销基建支出 60 万元。

4）应收生产单位投资借款 1200 万元。

5）购置需要安装的器材 60 万元，其中待处理器材 20 万元。

6）货币资金 500 万元。

7）预付工程款及应收有偿调出器材款 25 万元。

8）建设单位自用的固定资产原值 58550 万元，累计折旧 10022 万元。

9）反映在"资产负债表"上的各类资金来源的期末余额是：

① 预算拨款 60000 万元。

② 自筹资金拨款 62000 万元。

③ 其他拨款 400 万元。

④ 建设单位向商业银行借入的借款 134000 万元。

⑤ 建设单位当年完成交付生产单位使用的资产价值中，500 万元属于利用投资借款形成的待冲基建支出。

⑥ 应付器材销售商 60 万元贷款和尚未支付的应付工程款 2720 万元。

⑦ 未交税金 59 万元。

根据上述有关资料编制该项目竣工财务决算表，见表 5-1-9。

某建设项目竣工财务决算表　　　　　表 5-1-9

建设项目名称：××建设项目　　　　　　　　　　　　单位：万元

资金来源	金额	资金占用	金额
一、基建拨款	122400	一、基本建设支出	205426
1. 预算拨款	60000	1. 交付使用资产	142746
2. 基建基金拨款		2. 在建工程	62620
其中：国债专项资金拨款		3. 待核销基建支出	60
3. 专项建设基金拨款		4. 非经营性项目转出投资	
4. 进口设备转账拨款		二、应收生产单位投资借款	1200
5. 器材转账拨款		三、拨付所属投资借款	
6. 煤代油专用基金拨款		四、器材	60
7. 自筹资金拨款	62000	其中：待处理器材损失	20
8. 其他拨款	400	五、货币资金	500
二、项目资本金		六、预付及应收款	25
1. 国家资本		七、有价证券	
2. 法人资本		八、固定资产	52528
3. 个人资本		固定资产原值	62550
4. 外商资本			
三、项目资本公积金		减：累计折旧	10022

续表

资金来源	金额	资金占用	金额
四、基建借款	134000	固定资产净值	52528
其中：国债转贷	134000	固定资产清理	
五、上级拨入投资借款		待处理固定资产损失	
六、企业债券资金			
七、待冲基建支出	500		
八、应付款	2780		
九、未交款	59		
1. 未交税金	59		
2. 其他未交款			
十、上级拨入资金			
十一、留成收入			
合计	259739	合计	259739

  课证融通小测

1. 根据《基本建设项目建设成本管理规定》，建设项目的建设成本包括(　　)。

A. 为项目配套的专用送变电站投资　　　B. 非经营性项目转出投资支出

C. 非经营性的农村饮水工程　　　　　　D. 项目建设管理费

2. 根据《基本建设项目竣工财务决算管理暂行办法》，基本建设项目完工可投入使用或者试运行合格后，应当在(　　)内编报竣工财务决算。

A. 两个月　　　　　B. 三个月　　　　　C. 75 天　　　　　D. 100 天

素养提升

(1) 通过填写财务报表，使同学们养成认真细致、精益求精的工作作风。

(2) 通过多部门数据采集活动，使同学们养成有效沟通、团结协作的良好习惯。

(3) 通过整理与清理作业环境，使同学们养成热爱劳动的意识。

任务 5.1　工作任务单

01　学生任务分配表

班级		组号		指导教师	
组长		学号			
组员 （组员姓名、 学号）					
任务分工					

02-1 填写竣工决算报表

工作目标	根据任务背景，填写资金来源，包括基建拨款、部门自筹资金（非负债性资金）、项目资本、项目资本公积、基建借款、待冲基建支出、应付款和未交款等
资金来源	金额
一、基建拨款	
1. 预算拨款	
2. 基建基金拨款	
其中：国债专项资金拨款	
3. 专项建设基金拨款	
4. 进口设备转账拨款	
5. 器材转账拨款	
6. 煤代油专用基金拨款	
7. 自筹资金拨款	
8. 其他拨款	
二、项目资本金	
1. 国家资本	
2. 法人资本	
3. 个人资本	
4. 外商资本	
三、项目资本公积金	
四、基建借款	
其中：国债转贷	
五、上级拨入投资借款	
六、企业债券资金	
七、待冲基建支出	
八、应付款	
九、未交款	
1. 未交税金	
2. 其他未交款	
十、上级拨入资金	
十一、留成收入	
合计	

02-2　填写竣工决算报表

工作目标	根据任务背景，填写资金占用，包括基建支出、货币资金、预付及应收款、固定资产等，资金支出总额应等于资金来源总额
资金来源	金额
一、基本建设支出	
1. 交付使用资产	
2. 在建工程	
3. 待核销基建支出	
4. 非经营性项目转出投资	
二、应收生产单位投资借款	
三、拨付所属投资借款	
四、器材	
其中：待处理器材损失	
五、货币资金	
六、预付及应收款	
七、有价证券	
八、固定资产	
固定资产原值	
减：累计折旧	
固定资产净值	
固定资产清理	
待处理固定资产损失	
合计	

03 建设项目竣工财务决算表

建设项目名称： 单位：

资金来源	金额	资金占用	金额
一、基建拨款		一、基本建设支出	
1. 预算拨款		1. 交付使用资产	
2. 基建基金拨款		2. 在建工程	
其中：国债专项资金拨款		3. 待核销基建支出	
3. 专项建设基金拨款		4. 非经营性项目转出投资	
4. 进口设备转账拨款		二、应收生产单位投资借款	
5. 器材转账拨款		三、拨付所属投资借款	
6. 煤代油专用基金拨款		四、器材	
7. 自筹资金拨款		其中：待处理器材损失	
8. 其他拨款		五、货币资金	
二、项目资本金		六、预付及应收款	
1. 国家资本		七、有价证券	
2. 法人资本		八、固定资产	
3. 个人资本		固定资产原值	
4. 外商资本			
三、项目资本公积金		减：累计折旧	
四、基建借款		固定资产净值	
其中：国债转贷		固定资产清理	
五、上级拨入投资借款		待处理固定资产损失	
六、企业债券资金			
七、待冲基建支出			
八、应付款			
九、未交款			
1. 未交税金			
2. 其他未交款			
十、上级拨入资金			
十一、留成收入			
合计		合计	

04　小组合作

组号		姓名		学号	
工作目标		小组交流讨论，教师参与，计算正确的基本建设支出			
错误信息		产生的原因		改进的措施	
自己在任务工作中的不足					

05　小组总结

组号		姓名		学号	
工作目标		小组推荐一位小组长，汇报项目投资偏差分析方案，借鉴每组经验，进一步优化方案			
序号		费用名称		正确计算方案	
自己在任务工作中的不足					

06 完成任务案例

组号		姓名		学号	
工作目标		根据案例详解，对比资金来源和资金占用数据，最终确定竣工决算表			

任务 5.1 案例详解：

任务 5.2　新增资产价值确定

案例导入

某建设单位拟编制某工业生产项目的竣工决算。该建设项目包括 A、B 两个主要生产车间和 C、D、E 三个辅助生产车间及若干附属办公、生活建筑物。在建设期内，各单项工程竣工结算数据见表 5-2-1。工程建设其他投资完成情况如下：

支付行政划拨土地的土地征用及迁移费 600 万元，支付土地使用权出让金 800 万元；建设单位管理费 500 万元（其中 400 万元构成固定资产）；勘察设计费 360 万元；专利费 30 万元；非专利技术费 25 万元；获得商标权 80 万元；生产职工培训费 40 万元；报废工程损失 25 万元；生产线试运转支出 30 万元，试生产产品销售款 10 万元。

请根据以上资料：（1）确定 A 生产车间的新增固定资产价值。

（2）确定该建设项目的固定资产价值、无形资产价值以及流动资产价值。

某项目各单项工程竣工结算数据　　　　　　　表 5-2-1

项目名称	建筑工程	安装工程	需安装设备	不需安装设备	生产工器具	
					总额	达到固定资产标准
A 生产车间	1900	390	1700	350	130	90
B 生产车间	1600	360	1300	250	100	60
辅助生产车间	2100	240	900	180	90	50
附属建筑	800	50		20		
合计	6400	1040	3900	800	320	200

知识目标

（1）掌握新增固定资产的确定方法和计算方法（重点）。

（2）掌握新增无形资产的确定方法和计算方法。

（3）掌握新增流动资产的确定方法和计算方法。

新增固定资产
价值的确定

能力目标

具备项目资产价值确定的能力（难点）。

思政与素养目标

（1）培养认真细致、精益求精的工作作风。

（2）培养求真务实、恪尽职守的意识。

（3）培养劳动意识。

5.2.1　新增资产价值的分类

固定资产是指使用期限超过一年，单位价值在 1000 元以上，并且在使用过程中保持原有实物形态的资产。固定资产主要有房屋及建筑物、机电设备、运输设备等。

流动资产是指在一年或者超过一年的营业周期内变现或者耗用的资产。流动资产按资产的占用形态可分为现金、存货、银行存款、短期投资、应收账款及预付账款。

无形资产是指特定主体所控制的，不具有实物形态，对生产经营长期发挥作用且能带来经济利益的资源。无形资产主要有专利权、非专利技术、商标权、商誉等。

5.2.2　新增固定资产价值的确定

新增固定资产价值是建设项目竣工投产后所增加的固定资产的价值，它是以价值形态表示的固定资产投资最终成果的综合性指标。新增固定资产价值是投资项目竣工投产后所增加的固定资产价值，即交付使用的固定资产价值，是以价值形态表示建设项目的固定资产最终成果的指标。新增固定资产价值的计算是以独立发挥生产能力的单项工程为对象的。单项工程建成经有关部门验收鉴定合格，正式移交生产或使用，即应计算新增固定资产价值。一次交付生产或使用的工程一次计算新增固定资产价值，分期分批交付生产或使用的工程，应分期分批计算新增固定资产价值。新增固定资产价值的内容包括：已投入生产或交付使用的建筑、安装工程造价；达到固定资产标准的设备、工器具的购置费用；增加固定资产价值的其他费用。

新增固定资产价值的确定原则如下：一次交付生产或使用的单项工程，应一次计算确定新增固定资产价值；分期分批交付生产或使用的单项工程，应分批计算确定新增固定资产价值。

在计算时应注意以下几种情况：

（1）对于为了提高产品质量、改善劳动条件、节约材料消耗、保护环境而建设的附属辅助工程，只要全部建成，正式验收交付使用后就要计入新增固定资产价值。

（2）对于单项工程中不构成生产系统，但能独立发挥效益的非生产性项目，如住宅、食堂、医务所、托儿所、生活服务网点等，在建成并交付使用后，也要计算新增固定资产价值。

（3）凡购置达到固定资产标准不需安装的设备、工器具，应在交付使用后计入新增固定资产价值。

（4）属于新增固定资产价值的其他投资，应随同受益工程交付使用的同时一并计入。

（5）交付使用财产的成本，应按下列内容计算：

1）房屋、建筑物、管道、线路等固定资产的成本包括：建筑工程成果和待分摊的待摊投资。

2）动力设备和生产设备等固定资产的成本包括：需要安装设备的采购成本，安装工程成本，设备基础、支柱等建筑工程成本或砌筑锅炉及各种特殊炉的建筑工程成本，应分摊的待摊投资。

3）运输设备及其他不需要安装的设备、工具、器具、家具等固定资产一般仅计算采购成本，不计分摊的"待摊投资"。

（6）共同费用的分摊方法。新增固定资产的其他费用，如果是属于整个建设项目或两个以上单项工程的，在计算新增固定资产价值时，应在各单项工程中按比例分摊。一般情况下，建设单位管理费按建筑工程、安装工程、需安装设备价值总额等按比例分摊，而土地征用费、地质勘察和建筑工程设计费等费用则按建筑工程造价比例分摊，生产工艺流程系统设计费按安装工程造价比例分摊。

【例 5-2-1】某工业建设项目及其总装车间的建筑工程费、安装工程费、需安装设备费以及应摊入费用见表 5-2-2，计算总装车间新增固定资产价值。

分摊费用计算表（单位：万元）　　　　　　　　　　表 5-2-2

项目名称	建筑工程	安装工程	需安装设备	建设单位管理费	土地征用费	建筑设计费	工艺设计费
建设单位竣工决算	5000	1000	1200	105	120	60	40
总装车间竣工决算	1000	500	600	—	—	—	—

解：计算如下：

应分摊的建设单位管理费 $= \dfrac{1000 + 500 + 600}{5000 + 1000 + 1200} \times 105 = 30.625$ 万元

应分摊的土地征用费 $= \dfrac{1000}{5000} \times 120 = 24$ 万元

应分摊的建筑设计费 $= \dfrac{1000}{5000} \times 60 = 12$ 万元

应分摊的工艺设计费 $= \dfrac{500}{1000} \times 40 = 20$ 万元

总装车间新增固定资产价值
$= (1000 + 500 + 600) + (30.625 + 24 + 12 + 20)$
$= 2100 + 86.625 = 2186.625$ 万元

5.2.3　新增流动资产价值的确定

流动资产是指可以在一年内或者超过一年的一个营业周期内变现或者运用的资产，包括现金、各种银行存款以及其他货币资金、短期投资、存货、应收及预付款项以及其他流动资产等。

（1）货币性资金。货币性资金是指现金、各种银行存款及其他货币资金，其中现金是指企业的库存现金，包括企业内部各部门用于周转使用的备用金；各种银行存款是指企业的各种不同类型的银行存款；其他货币资金是指除现金和银行存款以外的其他货币资金，根据实际入账价值核定。

（2）应收及预付款项。应收款项是指企业因销售商品、提供劳务等应向购货单位或受益单位收取的款项；预付款项是指企业按照购货合同预付给供货单位的购货定金或部分货款。应收及预付款项包括应收票据、应收款项、其他应收款、预付货款和待摊费用。一般情况下，应收及预付款项按企业销售商品、产品或提供劳务时的实际成交金额入账核算。

（3）短期投资包括股票、债券、基金。股票和债券根据是否可以上市流通分别采用市场法和收益法确定其价值。

（4）存货。存货是指企业的库存材料、在产品、产成品等。各种存货应当按照取得时的实际成本计价。存货的形成，主要有外购和自制两个途径。外购的存货，按照买价加运输费、装卸费、保险费、途中合理损耗、入库前加工整理及挑选费用，以及缴纳的税金等计价；自制的存货，按照制造过程中的各项实际支出计价。

5.2.4　新增无形资产价值的确定

（1）无形资产的计价原则

1）投资者按无形资产作为资本金或者合作条件投入时，按评估确认或合同协议约定的金额计价；

2）购入的无形资产，按照实际支付的价款计价；

3）企业自创并依法申请取得的，按开发过程中的实际支出计价；

4）企业接受捐赠的无形资产，按照发票账单所载金额或者同类无形资产市场价作价；

5）无形资产计价入账后，应在其有效使用期内分期摊销，即企业为无形资产支出的费用应在无形资产的有效期内得到及时补偿。

（2）无形资产的计价方法

1）专利权的计价。专利权分为自创和外购两类。自创专利权的价值为开发过程中的实际支出，主要包括专利的研制成本和交易成本。研制成本包括直接成本和间接成本：直接成本是指研制过程中直接投入发生的费用（主要包括材料费用、工资费用、专用设备费、资料费、咨询鉴定费、协作费、培训费和差旅费等）；间接成本是指与研制开发有关的费用（主要包括管理费、非专用设备折旧费、应分摊的公共费用及能源费用）。交易成本是指在交易过程中的费用支出（主要包括技术服务费、交易过程中的差旅费及管理费手续费、税金）。由于专利权是具有独占性并能带来超额利润的生产要素，因此，专利权转让价格不按成本估价，而是按照其所能带来的超额收益计价。

2）专有技术（又称非专利技术）的计价。专有技术具有使用价值和价值，使用价值是专有技术本身应具有的，专有技术的价值在于专有技术的使用所能产生的超额获利能力，应在研究分析其直接和间接的获利能力的基础上，准确计算出其价值。如果专有技术是自创的，一般不作为无形资产入账，自创过程中发生的费用，按当期费用处理。对于外购专有技术，应由法定评估机构确认后再进行估价，其方法往往通过能产生的收益采用收益法进行估价。

3）商标权的计价。如果商标权是自创的，一般不作为无形资产入账，而将商标设计制作、注册、广告宣传等发生的费用直接作为销售费用计入当期损益。只有当企业购入或转让商标时，才需要对商标权计价。商标权的计价一般根据被许可方新增的收益确定。

4）土地使用权的计价。根据取得土地使用权的方式不同，土地使用权可有以下几种计价方式：当建设单位向土地管理部门申请土地使用权并为之支付一笔出让金时，土地使用权作为无形资产核算；当建设单位获得土地使用权是通过行政划拨的，这时土地使用权就不能作为无形资产核算；在将土地使用权有偿转让、出租、抵押、作价入股和投资，按规定补交土地出让价款时，才作为无形资产核算。

 课证融通小测

1.某建设项目由A、B两车间组成，其中A车间的建筑工程费6000万元，安装工程费2000万元，需安装设备费2400万元；B车间建筑工程费2000万元，安装工程费100

万元，需安装设备费 1200 万元；该建设项目的土地征用费 2000 万元，则 A 车间应分摊的土地征用费是(　　)万元。

A. 1500.00　　　　B. 1454.55　　　　C. 1424.66　　　　D. 1090.91

2. 根据现行财务制度和企业会计准则，新增固定资产价值的内容包括(　　)。

A. 专有技术　　　　　　　　B. 建设单位管理费

C. 土地征用费　　　　　　　D. 银行存款

E. 建筑工程设计费

 素养提升

(1) 通过精确计算项目资产价值，使同学们养成认真细致、精益求精的工作作风。

(2) 通过计算固定资产价值，使同学们养成求真务实、恪尽职守的工作作风。

(3) 通过整理与清理作业环境，使同学们养成热爱劳动的意识。

任务 5.2　工作任务单

01　学生任务分配表

班级		组号		指导教师	
组长		学号			
组员 （组员姓名、 学号）					
任务分工					

02 任务准备表

工作目标	根据任务背景，计算 A 生产车间应分摊的建设单位管理费、应分摊的勘察设计费、土地征用费等费用	
费用名称	计算过程	
工作目标	根据任务背景，确定该建设项目的固定资产价值、无形资产价值和流动资产价值计算方案	
新增资产类型	资产价值确定方案	
固定资产价值		
无形资产价值		
流动资产价值		

03 小组合作

组号		姓名		学号	
工作目标		小组交流讨论，教师参与，形成正确的计算思路			
错误信息		产生的原因		改进的措施	
自己在任务工作中的不足					

04 小组总结

组号		姓名		学号	
工作目标		小组推荐一位小组长，汇报项目投资偏差分析方案，借鉴每组经验，进一步优化方案			
序号		检测要素		检测方案	
自己在任务工作中的不足					

05 任务案例完成

组号		姓名		学号	
工作目标		完成新增资产价值确定案例			

任务 5.2 案例详解：

参 考 文 献

[1] 全国造价工程师执业资格考试培训教材编审委员会. 建设工程计价[M]. 北京：中国计划出版社，2021.

[2] 全国造价工程师执业资格考试培训教材编审委员会. 建设工程造价管理[M]. 北京：中国计划出版社，2021.

[3] 全国造价工程师执业资格考试培训教材编审委员会. 工程造价案例分析[M]. 北京：中国城市出版社，2021.

[4] 中华人民共和国住房和城乡建设部. 建设工程造价咨询规范：GB/T 51095—2015[S]. 北京：中国建筑工业出版社，2015.

[5] 中华人民共和国住房和城乡建设部. 工程造价术语标准：GB/T 50875—2013[S]. 北京：中国计划出版社，2013.

[6] 中华人民共和国住房和城乡建设部. 建设工程工程量清单计价规范：GB 50500—2013[S]. 北京：中国计划出版社，2013.

[7] 中国建设工程造价管理协会. 建设项目投资估算编审规程：CECA/GC 1—2015[S]. 北京：中国计划出版社，2015.

[8] 中国建设工程造价管理协会. 建设项目设计概算编审规程：CECA/GC 2—2015 [S]. 北京：中国计划出版社，2015.

[9] 中国建设工程造价管理协会. 建设项目工程竣工决算编制规程：CECA/GC 9—2013[S]. 北京：中国计划出版社，2013.

[10] 中国建设工程造价管理协会. 建设工程招标控制价编审规程：CECA/GC 6—2011[S]. 北京：中国计划出版社，2011.

[11] 中国建设工程造价管理协会. 建设项目工程结算编审规程：CECA/GC 3—2010[S]. 北京：中国计划出版社，2010.

[12] 中国建设工程造价管理协会. 建设项目施工图预算编审规程：CECA/GC 5—2010[S]. 北京：中国计划出版社，2010.

[13] 湖南省建设工程造价管理总站. 湖南省建设工程计价办法[M]. 北京：中国建材工业出版社，2020.

[14] 湖南省建设工程造价管理总站. 湖南省建设工程计价办法及附录[M]. 北京：中国建材工业出版社，2020.

[15] 胡芳珍，孙淑芬. 建设工程造价控制与管理[M]. 北京：北京大学出版社，2019.